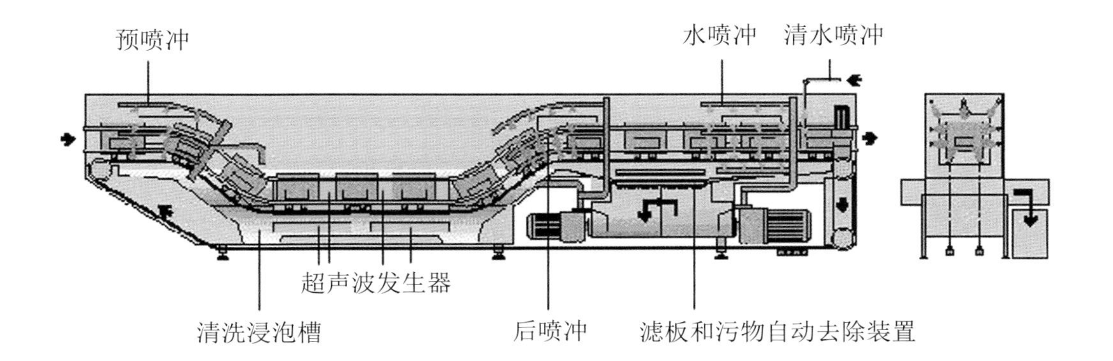

图4-8 T1型洗箱机（一个浸泡槽）

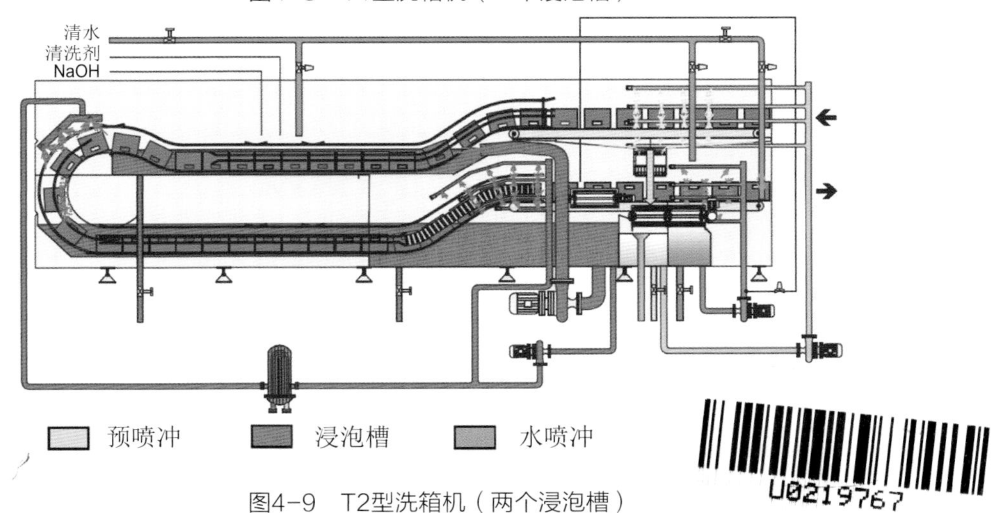

图4-9 T2型洗箱机（两个浸泡槽）

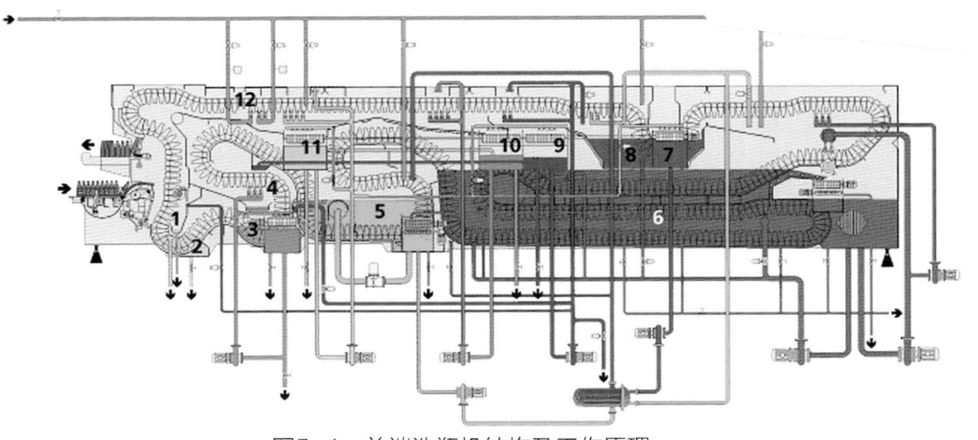

图5-4 单端洗瓶机结构及工作原理
（机型Lavatec KES, 克朗斯, Krones AG）

1-排残液　2-1＃预浸泡　3-2＃预浸泡（水温约40℃）
4-预温喷淋（水温40~50℃）　5-预碱浸泡（约60℃）　6-碱液浸泡（主碱槽，80℃）
7-后碱喷淋（50~55℃）　8-后碱浸泡（65~70℃）　9-热水喷冲2（40~50℃）
10-热水喷冲1（25~30℃）　11-冷水喷冲（15~20℃）　12-清水喷冲（10~12℃）

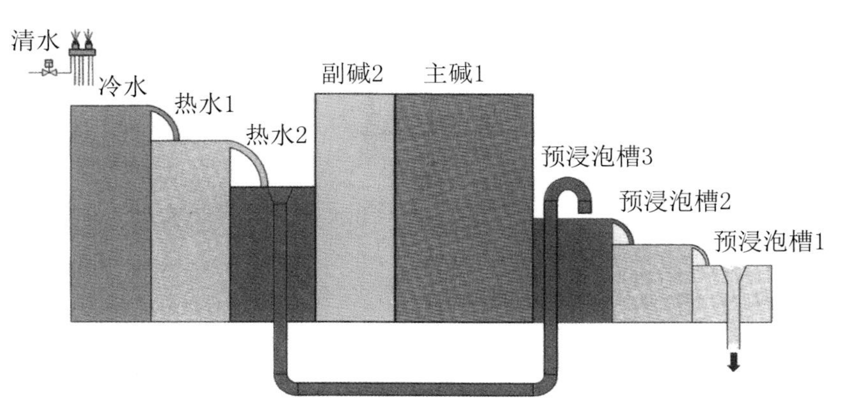

图5-5　洗瓶机中水的流程

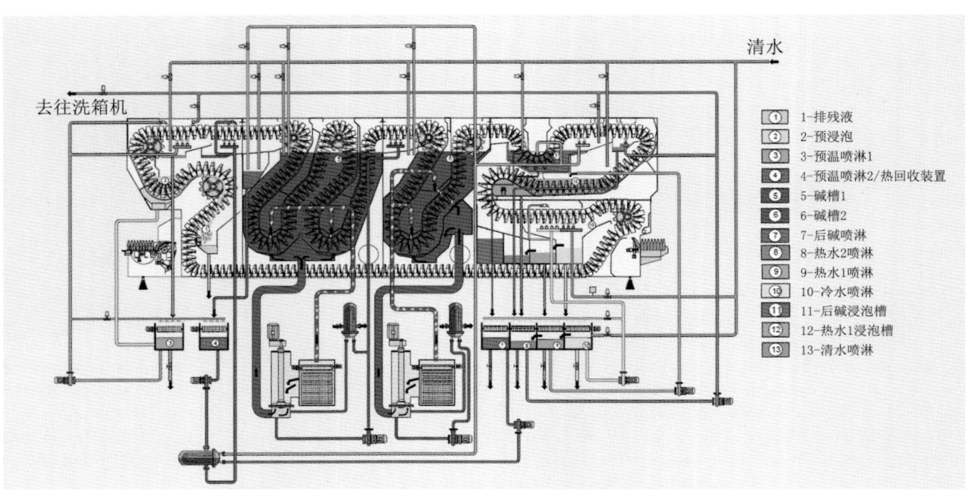

图5-6　双端洗瓶机结构及工作原理（立式碱槽）
（机型 Lavatec KD2, 克朗斯, Krones AG）

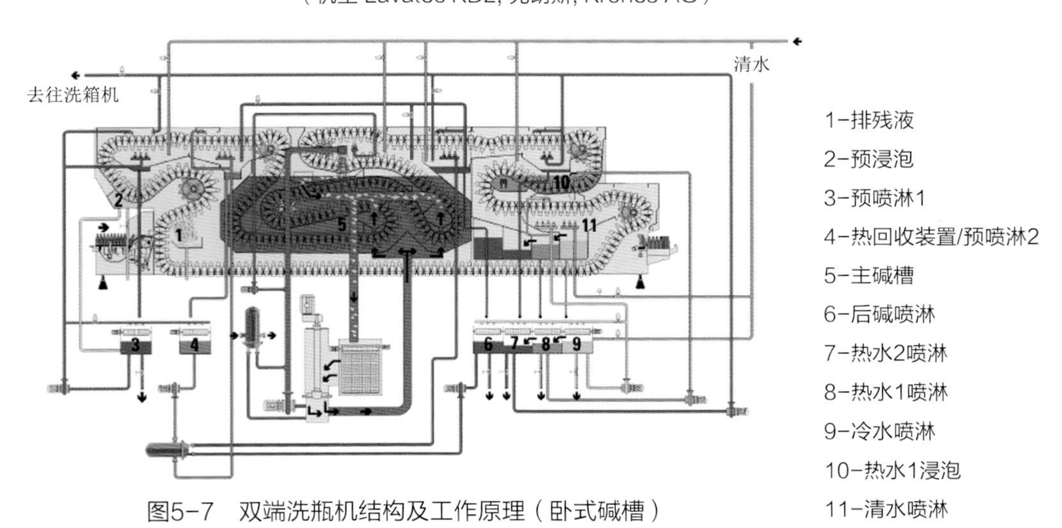

图5-7　双端洗瓶机结构及工作原理（卧式碱槽）
（机型 Lavatec KD, 克朗斯, Krones AG）

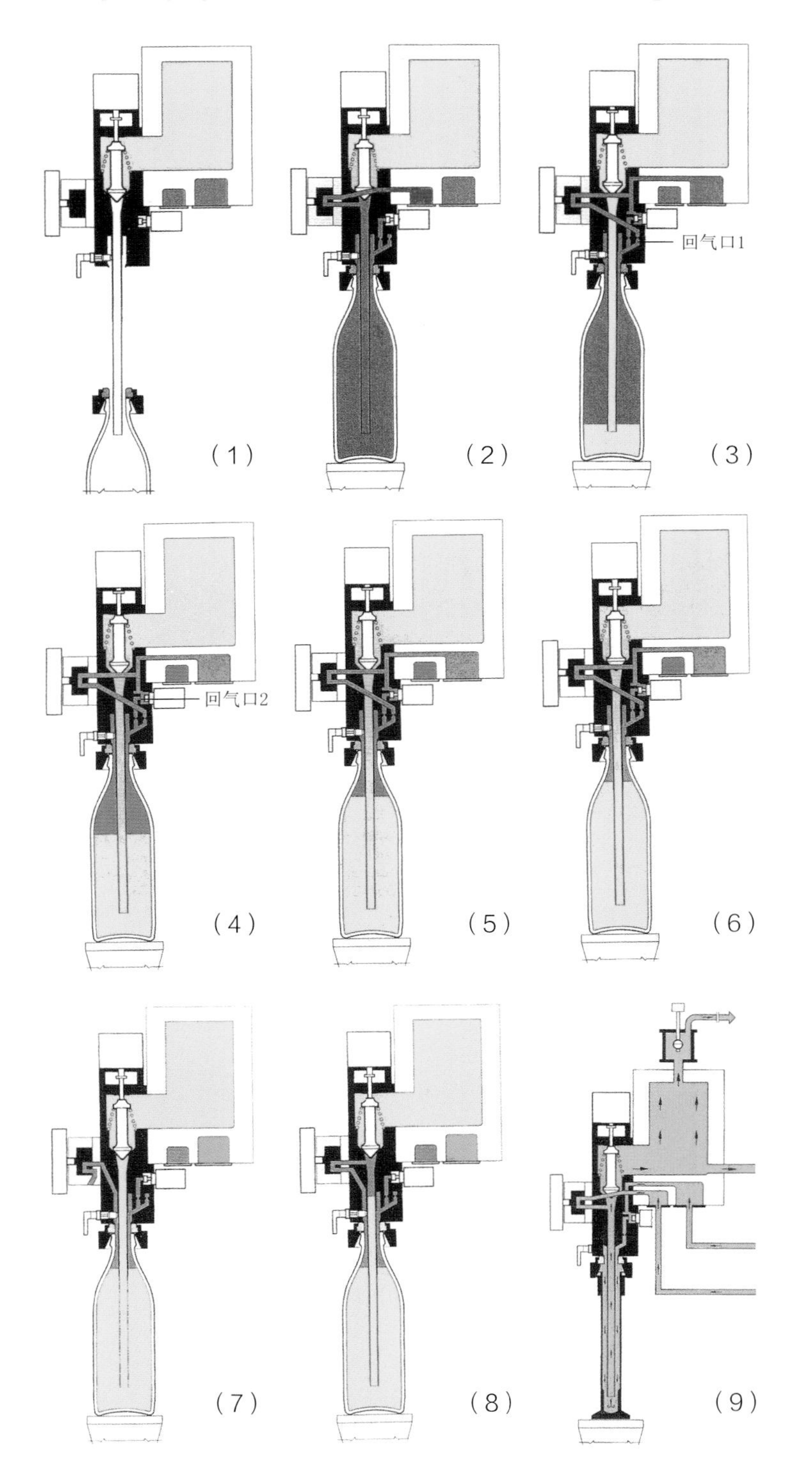

图7-16　带导酒管（长管）灌装阀的灌装过程

（机型Innofill DR,KHS,多特蒙德）

蓝色：背压；绿色：回气；黄色：啤酒；粉色：CIP清洗液

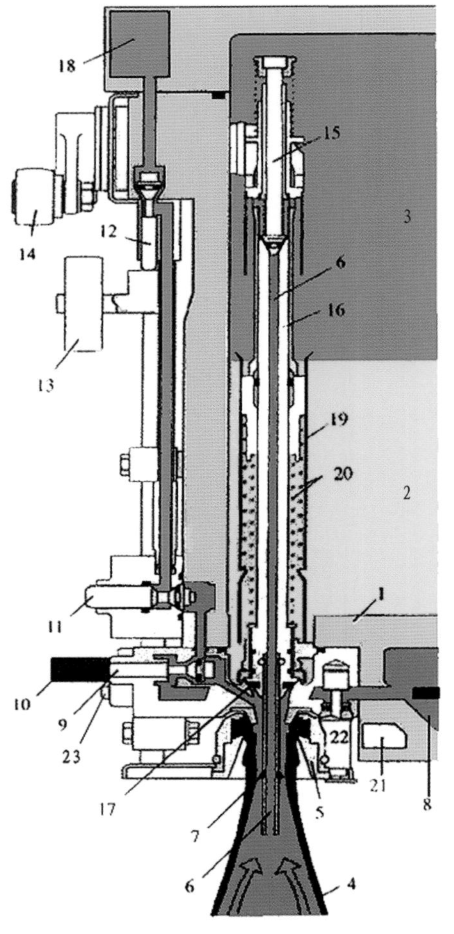

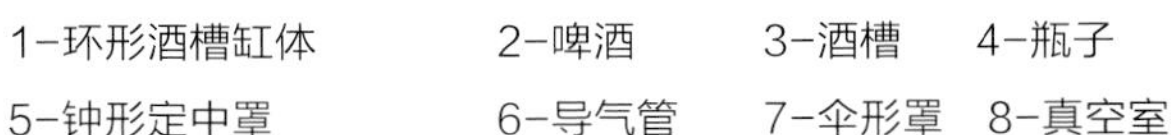

1-环形酒槽缸体　2-啤酒　3-酒槽　4-瓶子
5-钟形定中罩　6-导气管　7-伞形罩　8-真空室
9-真空阀（开启）　10-操作真空阀的压条
11-液位校正阀　12-CO_2保护阀（开启）
13-滚轮（操作气阀）　14-阀柄　15-气阀阀芯
16-酒阀阀体主干　17-液阀　18-CO_2附加槽
19-阀体套筒　20-操作液阀的弹簧　21-卸压室
22-真空保护阀（开启）　23-卸压阀

图7-17　VK2V-CF短管灌装阀结构图
（克朗斯，Krones AG）

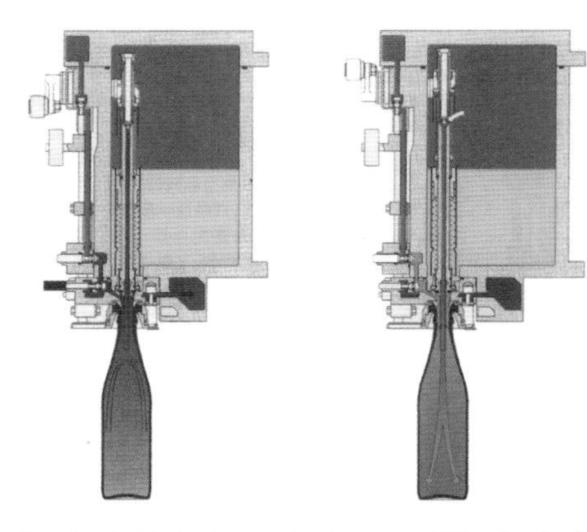

（1）/（3）抽真空　（2）CO_2冲洗/（4）背压

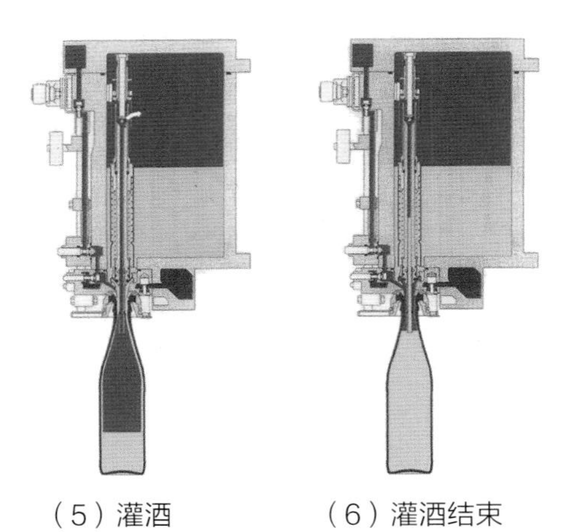

（5）灌酒　（6）灌酒结束

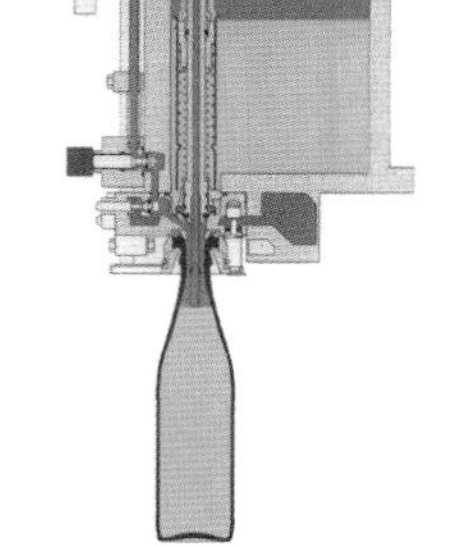

（7）液位校正　（8）CIP

图7-18　VK2V-CF短管二次抽真空带液位校正功能的灌装阀
（克朗斯，Krones AG）

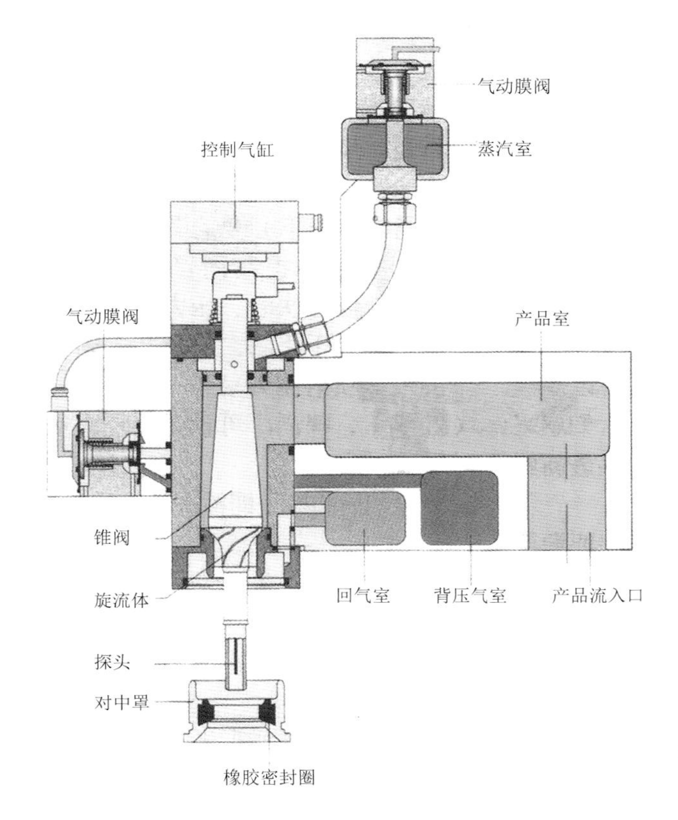

图7-20 膜阀气动控制示意图
（KHS，多特蒙德）

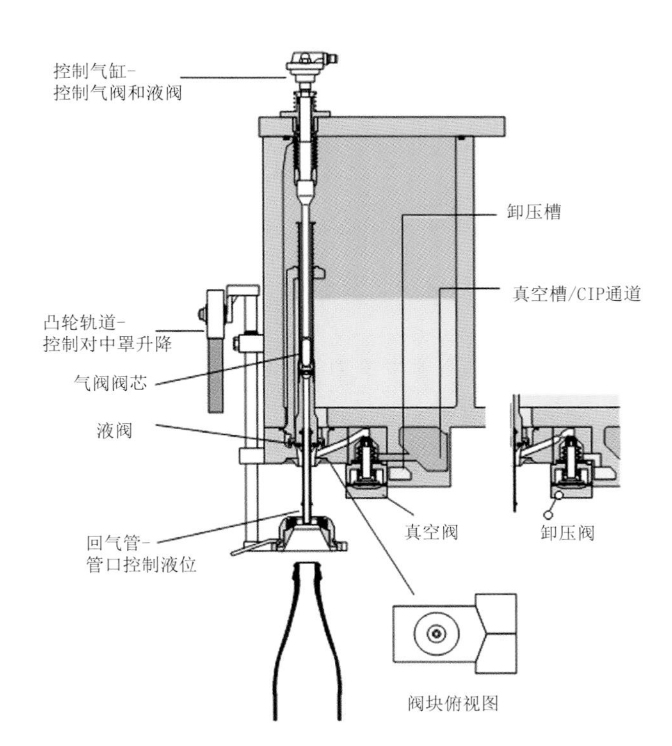

图7-21 VKPV酒阀的结构原理图
（克朗斯，Krones AG）

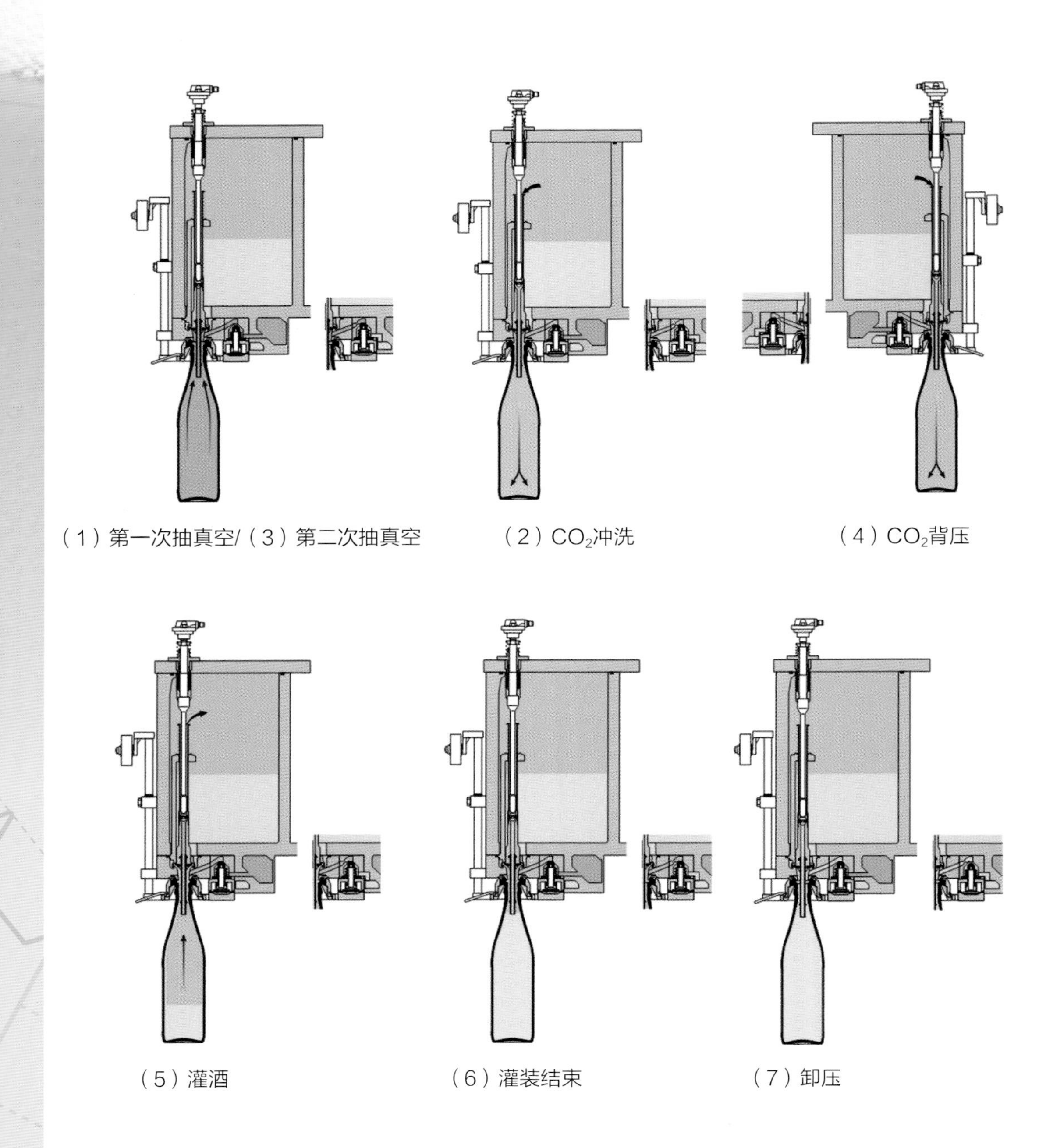

图7-22　VKPV酒阀灌装步骤

（克朗斯，Krones AG）

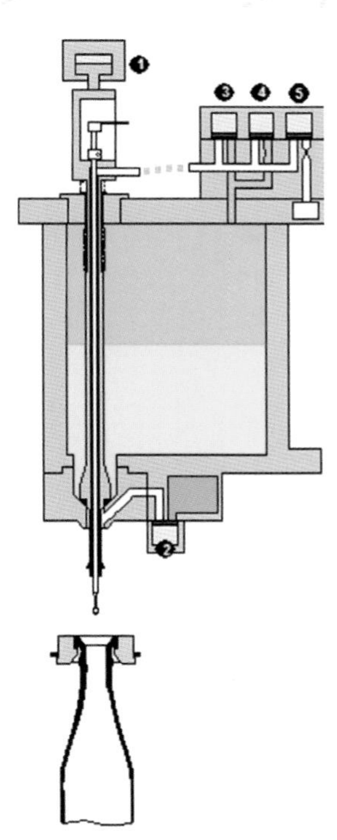

图7-23　VPVI酒阀结构图（克朗斯，Krones AG）

1-控制液阀的薄膜阀

2-控制真空阀的薄膜阀

3-控制快速背压/回气的薄膜阀

4-控制慢速背压/回气的薄膜阀

5-控制卸压阀的薄膜阀

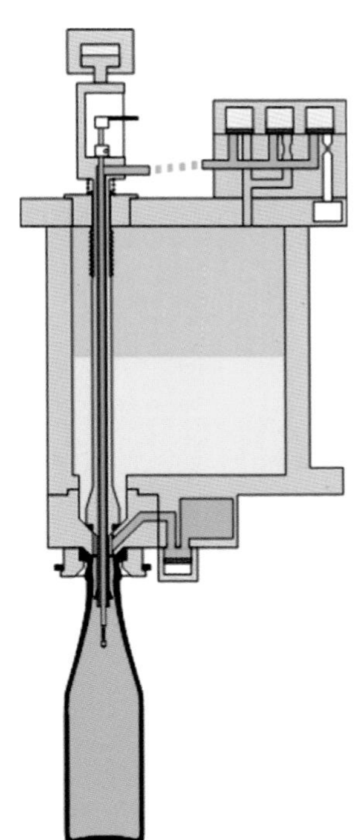

（1）/（3）第1/2次抽真空

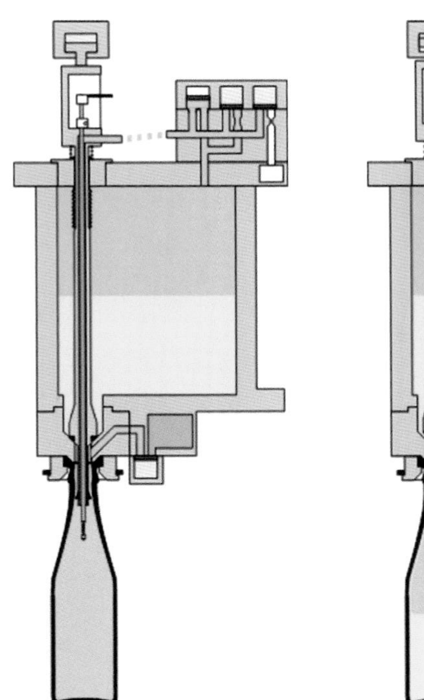

（2）/（4）CO_2冲洗/CO_2背压

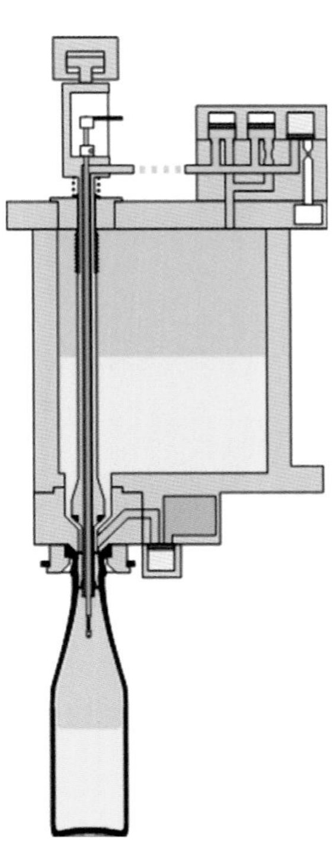

（5）灌酒（快速阶段）

图7-24　VPVI灌酒阀灌装步骤
（克朗斯，Krones AG）

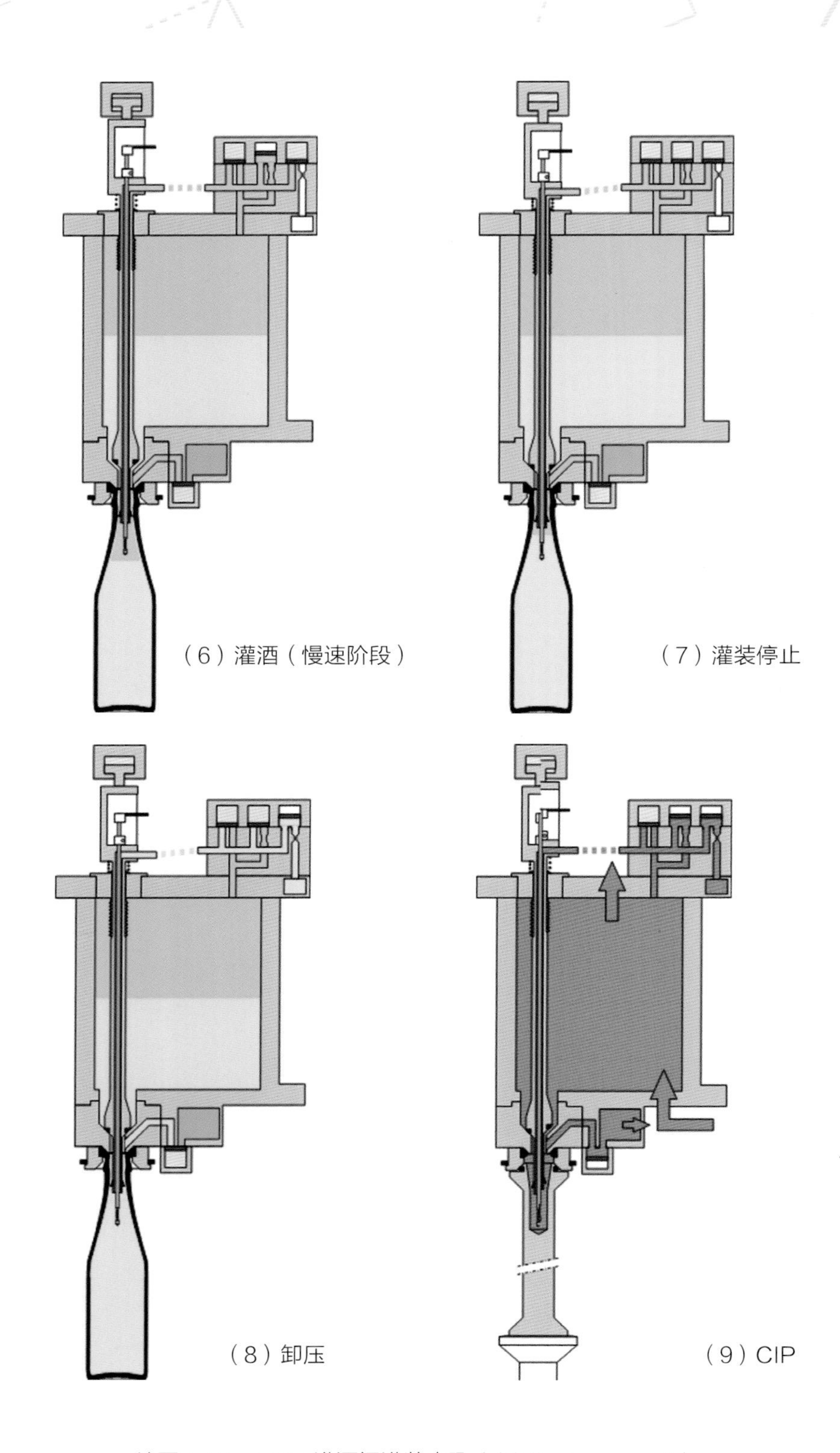

续图7-24　VPVI灌酒阀灌装步骤（克朗斯，Krones AG）

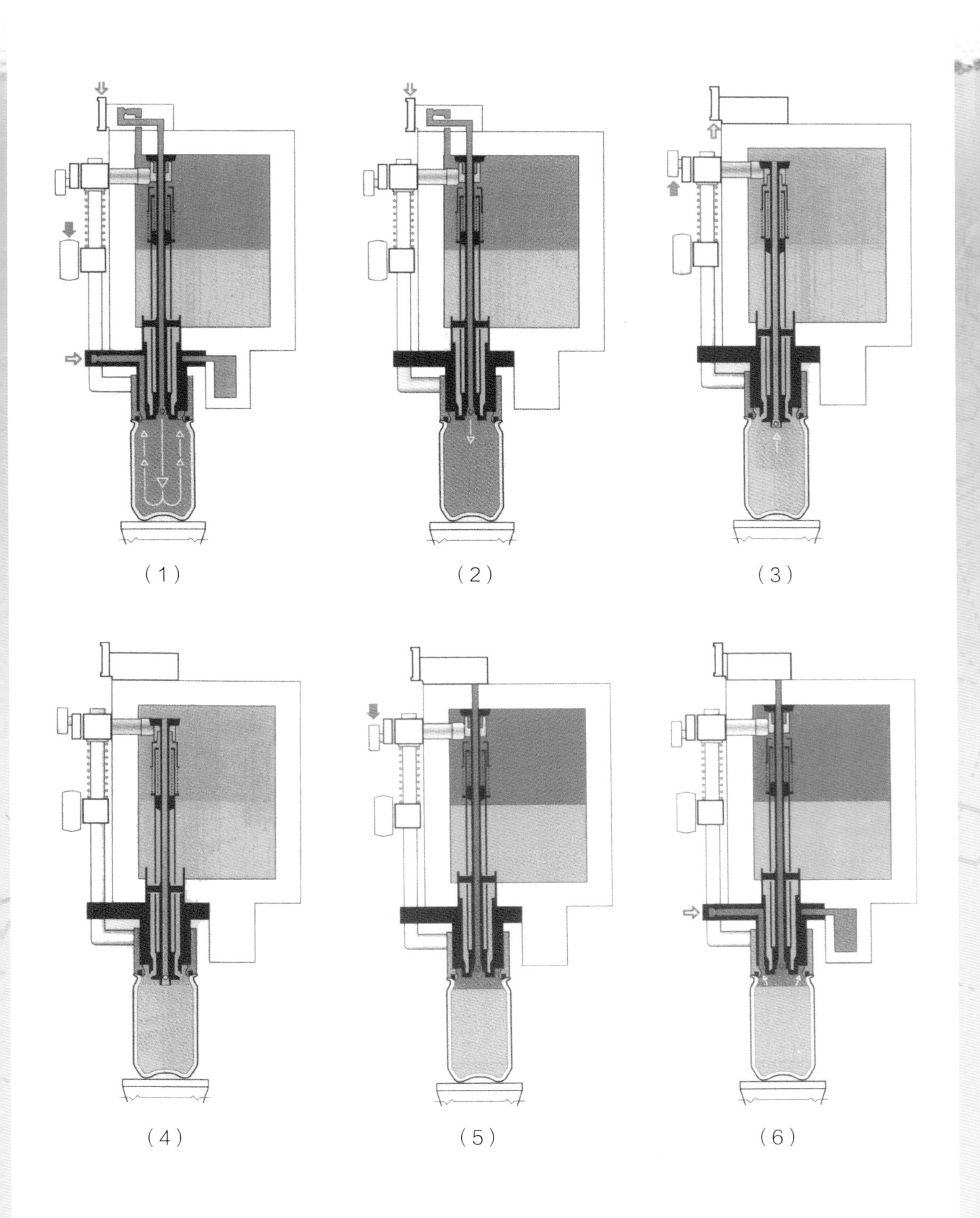

图7-28 EM-D型易拉罐灌装阀灌装过程
（KHS,多特蒙德）

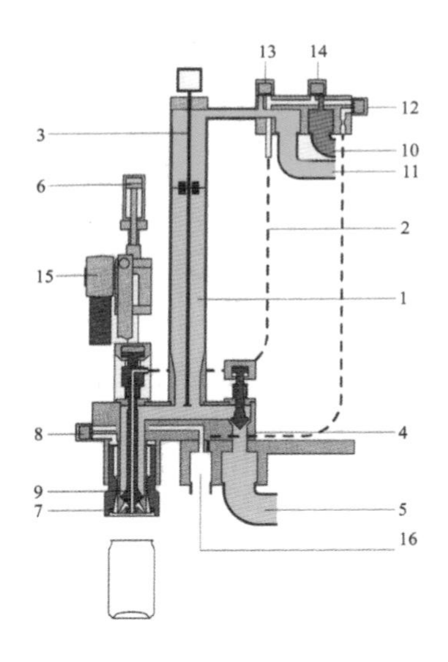

1-测量室　2-背压、冲罐和卸压通道
3-浮子式液位探头
4-产品流入阀　5-产品进管
6-气动定中罩控制阀　7-定中罩
8-下部卸压阀/冲洗和CIP回流阀
9-液阀　10-蒸汽进管
11-吹气-回气室　12-上部卸压阀
13-喷吹控制阀　14-蒸汽控制阀
15-定中罩升降凸轮滚轮
16-喷吹其他收集室/CIP回流通道

图7-29　易拉罐容积式灌装
（克朗斯，Krones AG）

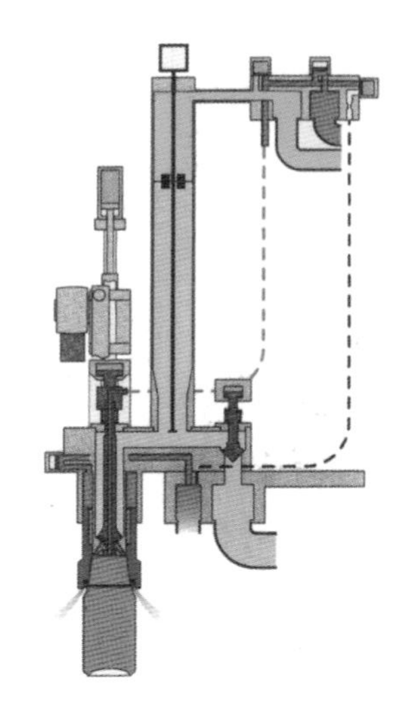

（1）蒸汽灭菌

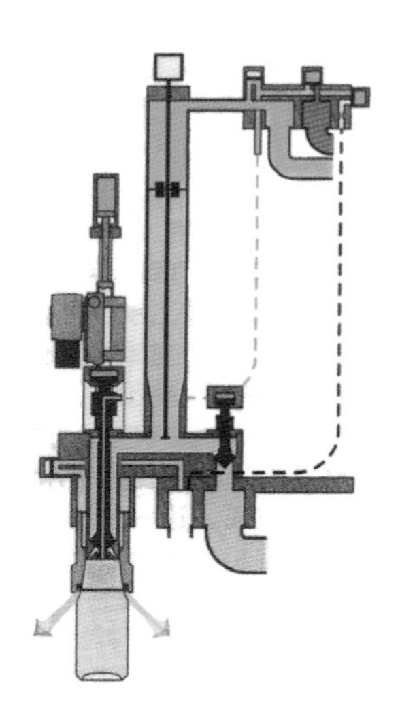

（2）CO_2喷冲

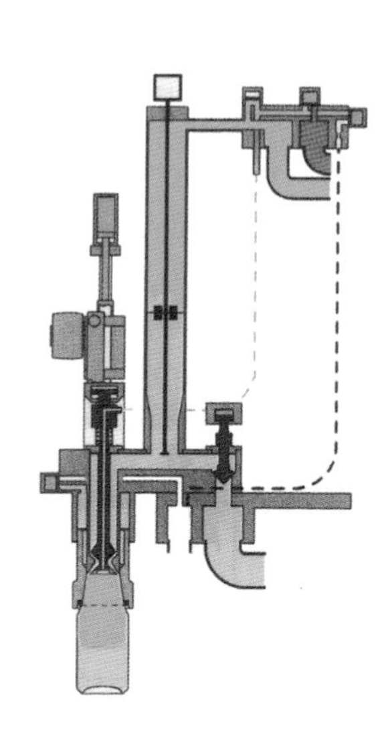

（3）灌装

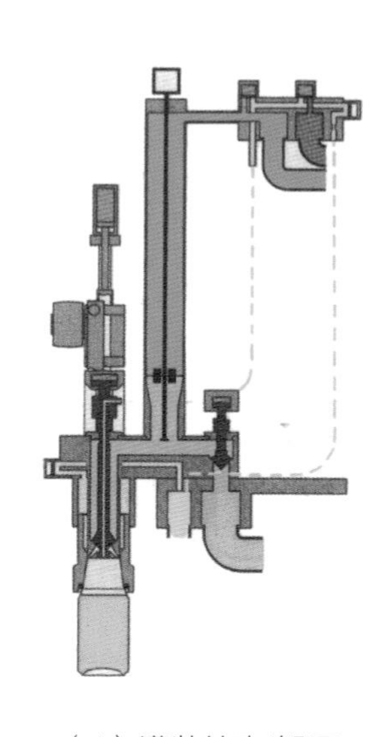

（4）灌装结束/卸压

图7-30　易拉罐容积式灌装流程

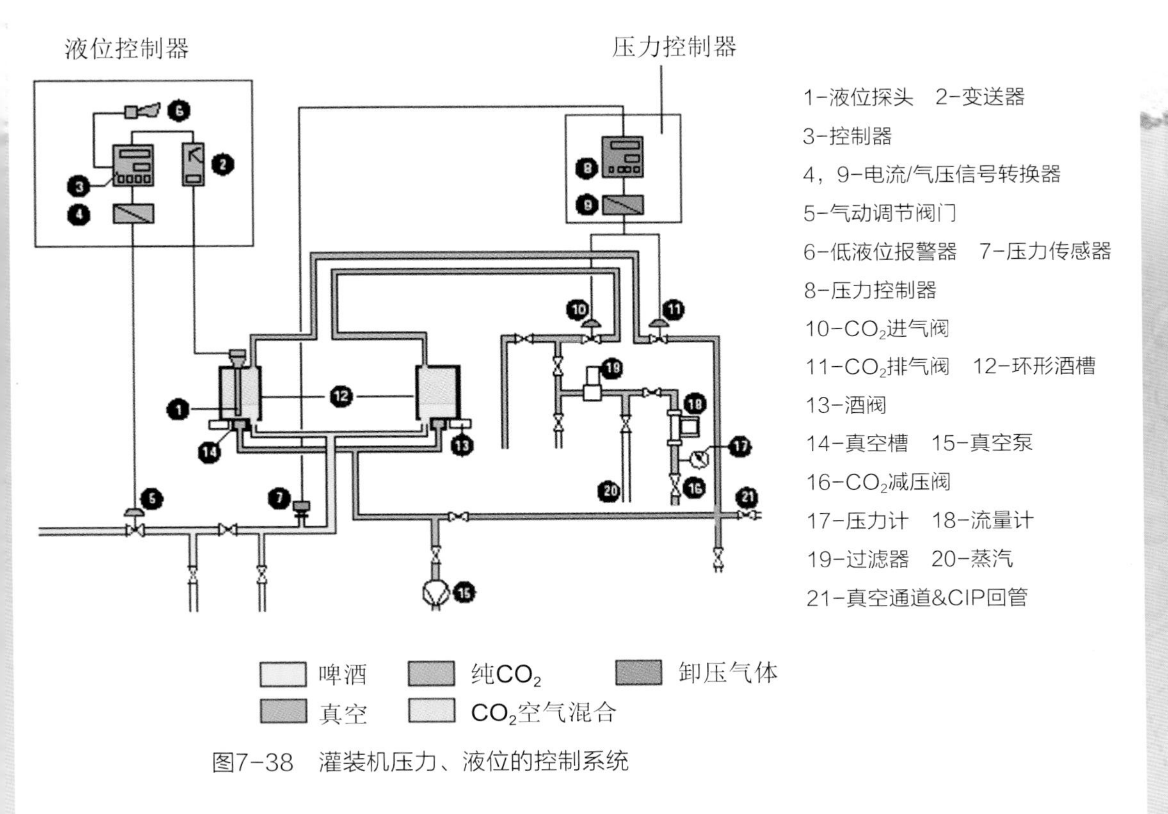

图7-38　灌装机压力、液位的控制系统

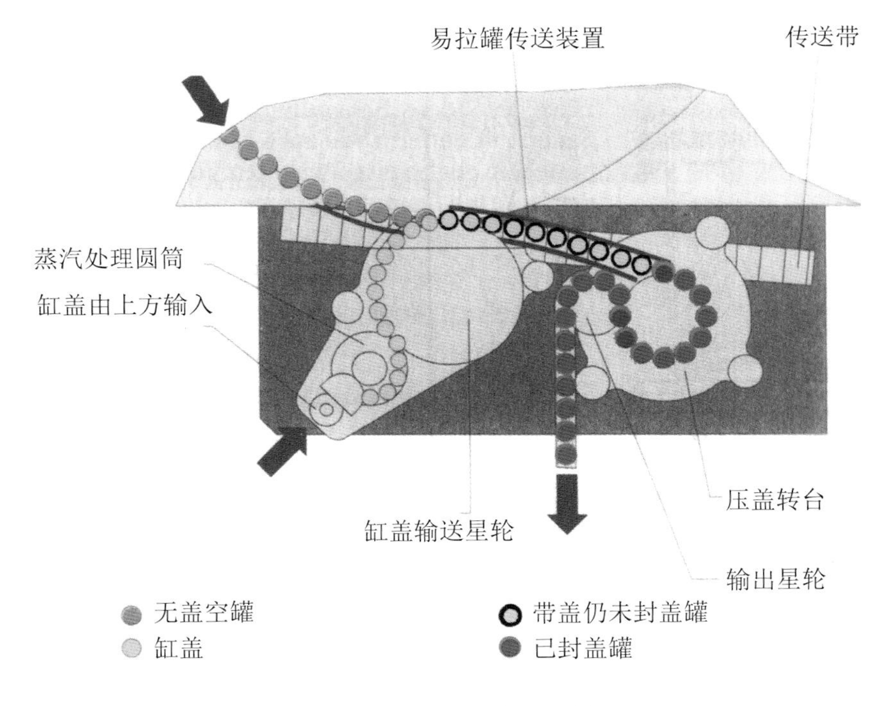

图7-54　罐盖输送

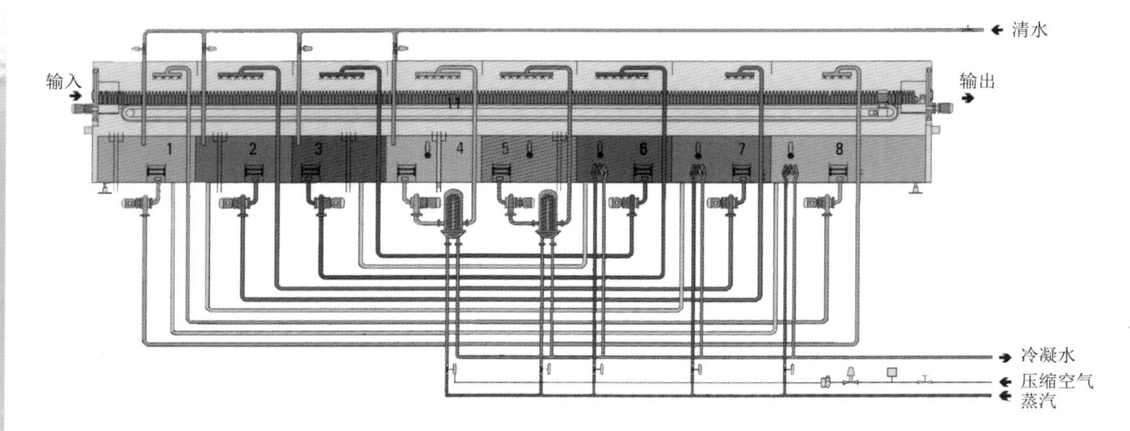

图8-16　8温区隧道式巴氏杀菌机的温区分布图

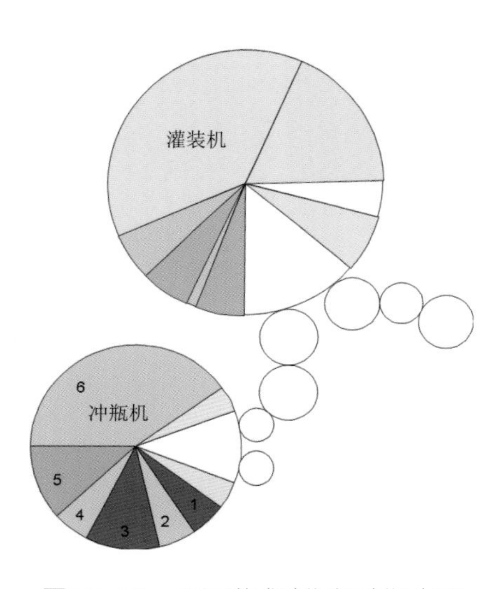

图10-10　两通道式冲瓶机冲瓶步骤

1-第1次蒸汽喷吹（约0.5s）

2-停顿（约0.5s）

3-第2次蒸汽喷吹（约1.0s）

4-停顿（约0.5s）

5-无菌空气冲洗（约1.0s）

6-沥干（约3.5s）

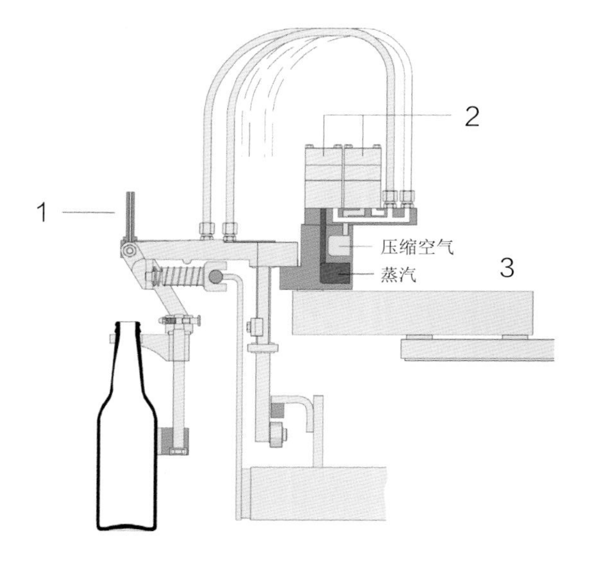

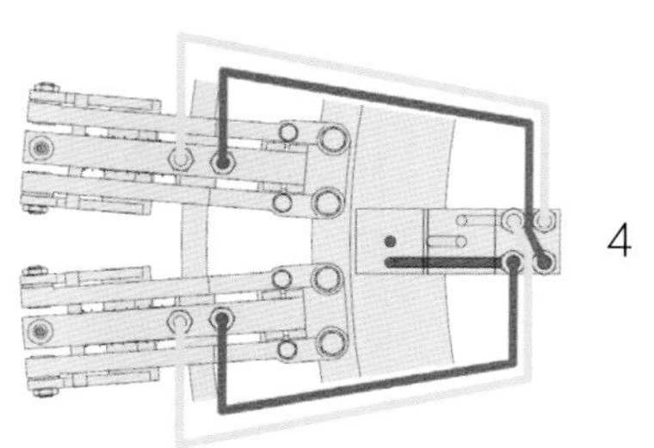

图10-11　冲瓶站结构图

1-喷冲喷嘴　　2-气动控制阀门

3-蒸汽/无菌空气通道　4-单阀控制两路喷冲单元

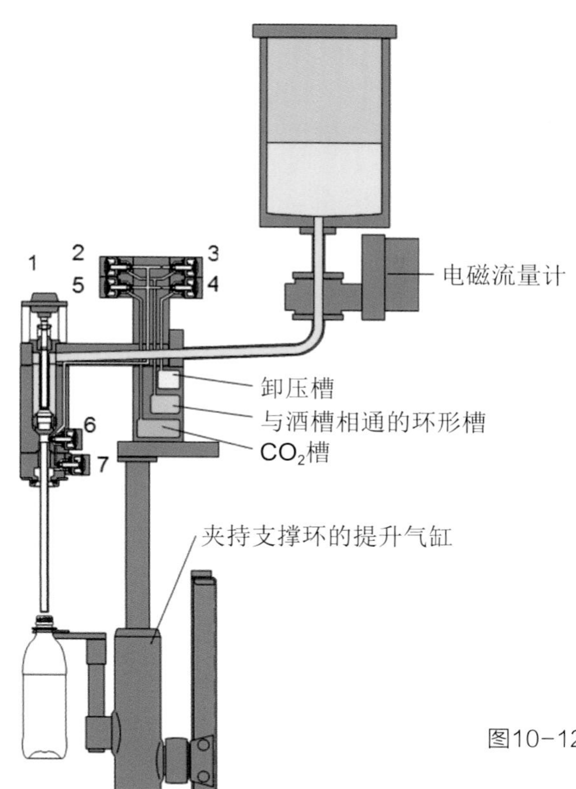

1-气动控制式液阀

2-CO_2冲洗阀门/灌装快速回气阀门

3-灌装慢速回气阀门

4-卸压阀

5-CO_2背压阀

6-酒管冲洗阀

7-酒管回气阀/CIP阀

图10-12　PET瓶容积式长管灌装机构

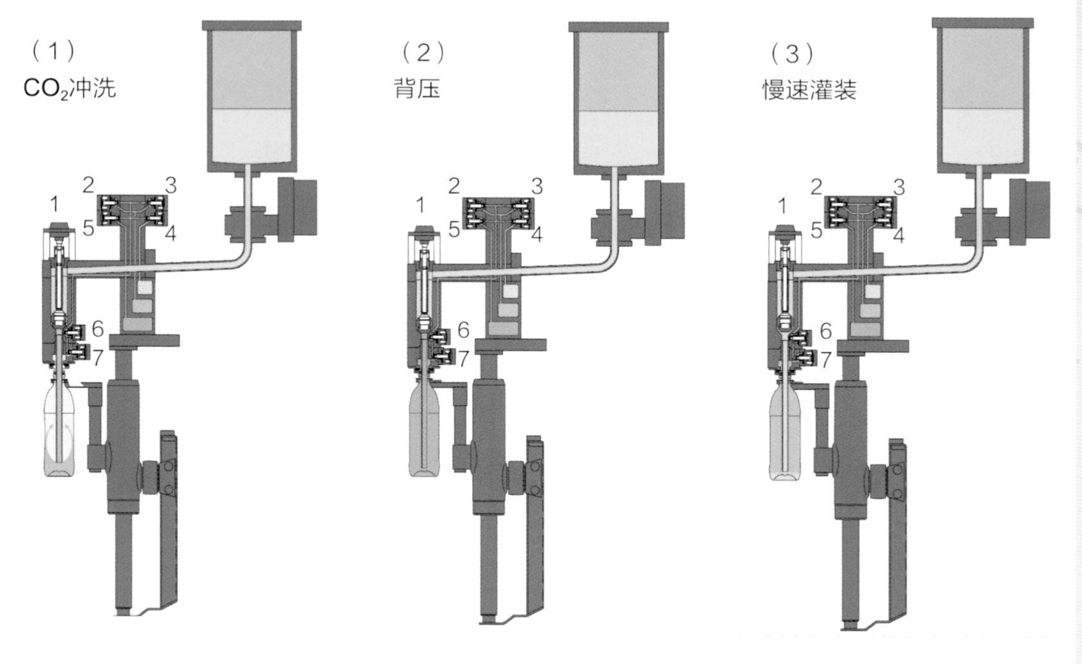

图10-13　PET瓶长管灌装机构灌装步骤图

（克朗斯，Krones AG）

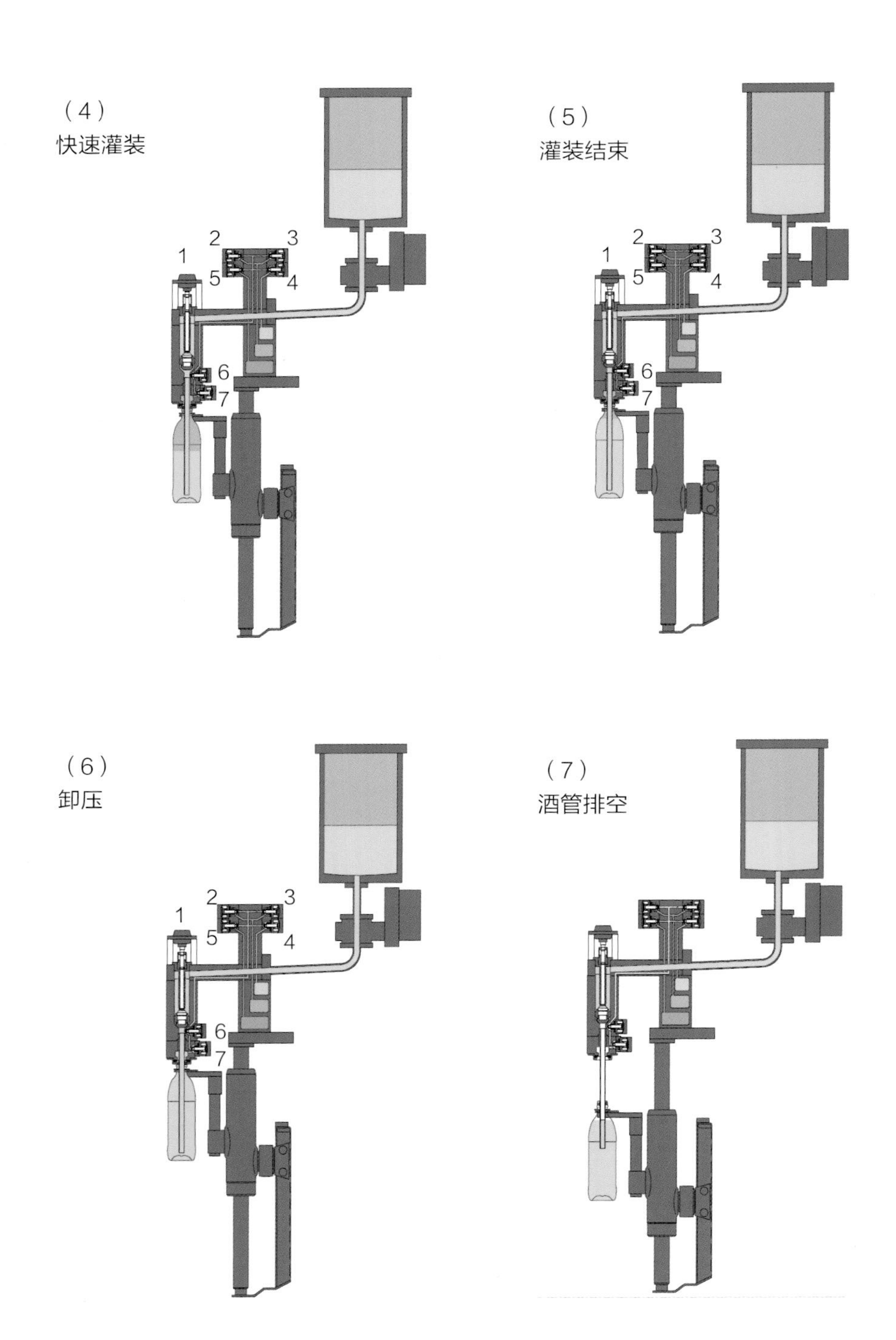

续图10-13　PET瓶长管灌装机构灌装步骤图

（克朗斯，Krones AG）

（8）CIP

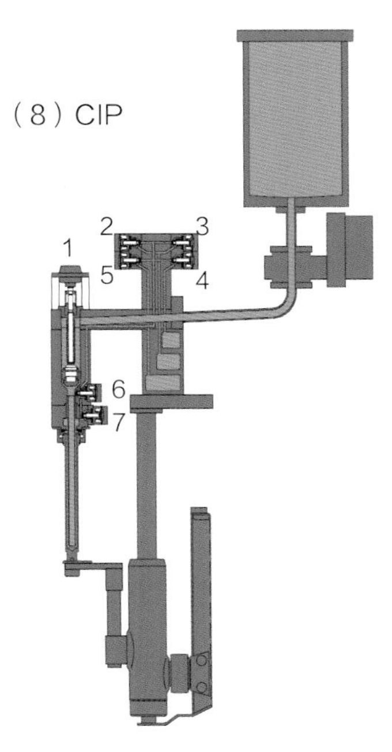

续图10-13　PET瓶长管灌装机构灌装步骤图

（克朗斯，Krones AG）

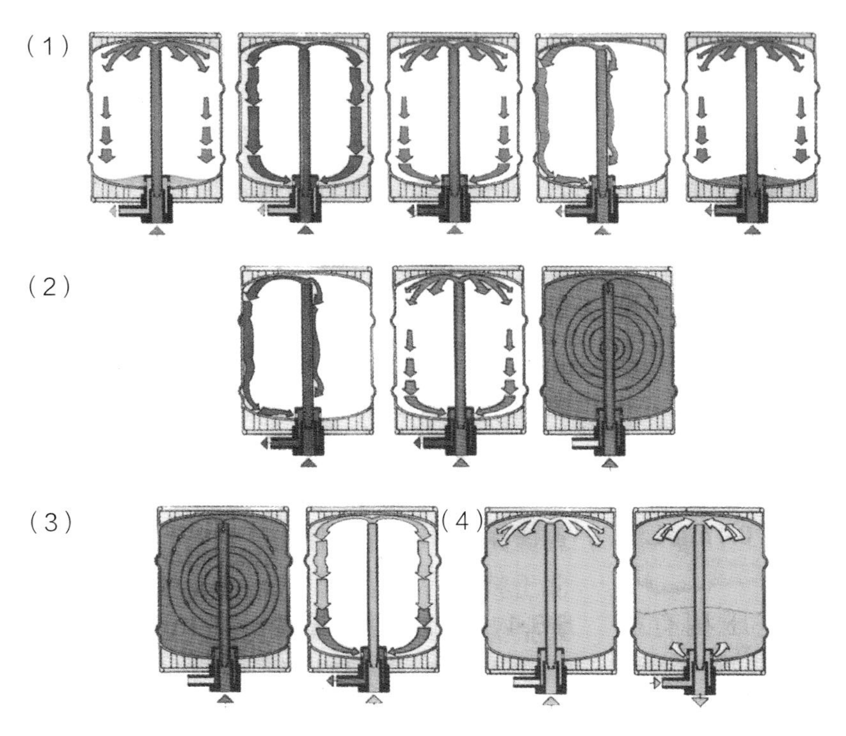

图10-35　桶装机Innokeg Senator Junior 工作过程（KHS,多特蒙德）

高等职业教育酿酒技术专业系列教材

啤酒包装技术

周 亮 编

中国轻工业出版社

图书在版编目（CIP）数据

啤酒包装技术/周亮编．—北京：中国轻工业出版社，2025.1

高等职业教育酿酒技术专业系列教材

ISBN 978-7-5019-9325-3

Ⅰ.①啤…　Ⅱ.①周…　Ⅲ.①啤酒－产品包装－包装技术－高等职业教育－教材　Ⅳ.①TS262.5

中国版本图书馆 CIP 数据核字（2013）第 139430 号

责任编辑：江　娟　贺　娜

策划编辑：江　娟　李亦兵　　责任终审：唐是雯　　封面设计：锋尚设计

版式设计：宋振全　　责任校对：吴大朋　　责任监印：张京华

出版发行：中国轻工业出版社（北京鲁谷东街 5 号，邮编：100040）

印　　刷：三河市万龙印装有限公司

经　　销：各地新华书店

版　　次：2025 年 1 月第 1 版第 4 次印刷

开　　本：720×1000　1/16　　印张：17.25

字　　数：345 千字　　插页：8

书　　号：ISBN 978-7-5019-9325-3　　定价：38.00 元

邮购电话：010-85119873

发行电话：010-85119832　010-85119912

网　　址：http://www.chlip.com.cn

Email：club@chlip.com.cn

250064J2C104ZBW

序

随着中国啤酒工业的不断发展，企业在激烈的市场竞争中，一直致力于不断提高产品质量，降低生产成本。为此，企业的生产设备在不断更新，自动化程度在不断提升。因此，企业对技能型人才的需求越来越多，要求也越来越高。这样，企业迫切希望职业院校能够培养大量的符合企业需要的技能型人才。

目前，我国职业教育正处在发展时期，人们还在积极探索职业院校的人才培养模式和教学模式，积极寻求与之相配套的教材建设方向。中德合作的湖北轻工职业技术学院中德啤酒学院，积极借鉴德国成功的职业教育经验，努力探索适合中国国情的职业教育模式，积极深化教学改革，在企业员工培训、学生实习、学生就业、课程建设和教材建设等方面，不断加强与企业的合作，积极推进专业课程体系和教材的有机衔接。该院组织编写的高等职业教育酿酒技术专业（啤酒酿造方向）系列教材（包括《啤酒原料》、《麦芽制备技术》、《麦汁制备技术》、《啤酒发酵技术》、《啤酒过滤技术》、《啤酒包装技术》、《啤酒生产理化检测技术》和《啤酒生产微生物检测技术》），是该院在认真总结二十多年办学的成功经验的基础上，收集了大量的国内外教学资料和信息，在青岛啤酒股份有限公司等国内大型啤酒集团的大力支持和协作下，校企合作开发的专业教材。

本系列教材图文并茂，将理论和实践有机地融合起来，注重专业与产业对接、教学内容与职业标准对接和教学过程与生产过程对接，突出强调了专业的知识目标，特别是技能目标，为学生的专业学习和教师的授课指明了方向。

本系列教材适合我国高职院校酿酒技术专业学生使用，也适合作为啤酒生产企业员工技术培训。本套酿酒技术专业系列教材的出版，对提高我国高职院校相应专业学生的学习效果，提高企业员工的培训质量，提高技能型人才的培养质量都能起到相当大的作用，对中国啤酒工业的发展发挥积极的作用。

青岛啤酒股份有限公司

樊　伟

二零一三年五月

前 言

啤酒包装生产，也称为啤酒灌装生产，是整个啤酒生产中最后一个生产工艺过程，也是一个非常重要的生产环节。因其涉及知识涵盖啤酒发酵专业、工业自动化技术、电机拖动专业、材料专业、包装技术专业等较多专业的诸多方面，使啤酒行业的从业人员和相关工程技术人员难有全面的认识和了解。对于啤酒酿造专业的学生，本书能够指导学生正确全面地了解整个啤酒包装生产工艺过程，使其认识到啤酒包装生产的基本原则，各处理过程工艺原理，设备结构及主要部件的功能，操作、维护和保养规范。再通过配合实践教学，掌握一定程度的设备操作、维护和保养操作技能。

本书从啤酒包装生产线组成的各种设备出发，讲述了啤酒包装生产流程中各工序的处理工艺、设备结构及主要部件的功能与作用，设备维护以及包装材料等各方面的知识。在编写过程中，较详细地介绍了包装生产线的构造，码垛机、卸垛机、装卸箱机、洗瓶机、灌装压盖机、杀菌机、贴标机等安装设备的结构和原理以及塑料（PET）瓶、易拉罐、桶装等包装生产形式。对各处理工艺工序介绍力求详细全面。每章后附有思考题。

本书适用于大专院校啤酒酿造专业教学用书，可作为包装技术、食品科学技术等相关专业的教学用书，也可作为电大、职大相关专业的教材。对于广大啤酒包装行业、饮料包装行业的从业人员和工程技术人员，则是一本非常有价值的参考书和培训教材。

本书的编撰离不开湖北轻工职业技术学院中德啤酒学院多年来对啤酒酿造专业不懈的努力，离不开各位老师同仁们对教学工作的精益求精以及对编者的帮助和指导，在此表示由衷的感谢。其中特别感谢唐谦老师和程汉生老师，他们给本书提出了很多中肯的意见。

由于编者的专业水平有限，错误和不妥之处在所难免，敬请各位专家、同仁、读者批评指正。

编者

2013 年 5 月

目　录

第一章　啤酒包装生产线

第二章　码垛机和卸垛机

第三章　装箱机和卸箱机

第四章　啤酒包装生产线上的辅助设备

第五章　洗瓶机

第一章

啤酒包装生产线

知识目标

1. 了解啤酒包装生产线上设备的排布特点。
2. 熟悉啤酒包装生产线的构成。
3. 了解啤酒包装生产线的生产能力及匹配原理。
4. 了解输送系统的作用和功能。

技能目标

1. 具备辨别啤酒包装生产线排布特点的能力。
2. 熟悉啤酒包装生产线设备布置特点。
3. 能够计算各种设备的公称生产能力。
4. 能够做输送系统的维护保养工作。

第一节　啤酒包装生产线的组成

一、啤酒包装生产线的组成

小型啤酒包装生产线可以由基本的包装设备组成，自动化程度高的生产线还会增配其他设备以保障啤酒包装生产的高速运行（图 1－1）。下面以玻璃瓶装啤酒的生产线为例说明。

1. 基本机器

基本机器包括：① 卸箱垛机；② 洗瓶机；③ 验瓶机；④ 灌装压盖机；⑤ 杀菌机；⑥ 贴标机；⑦ 装箱机；⑧ 输瓶系统。

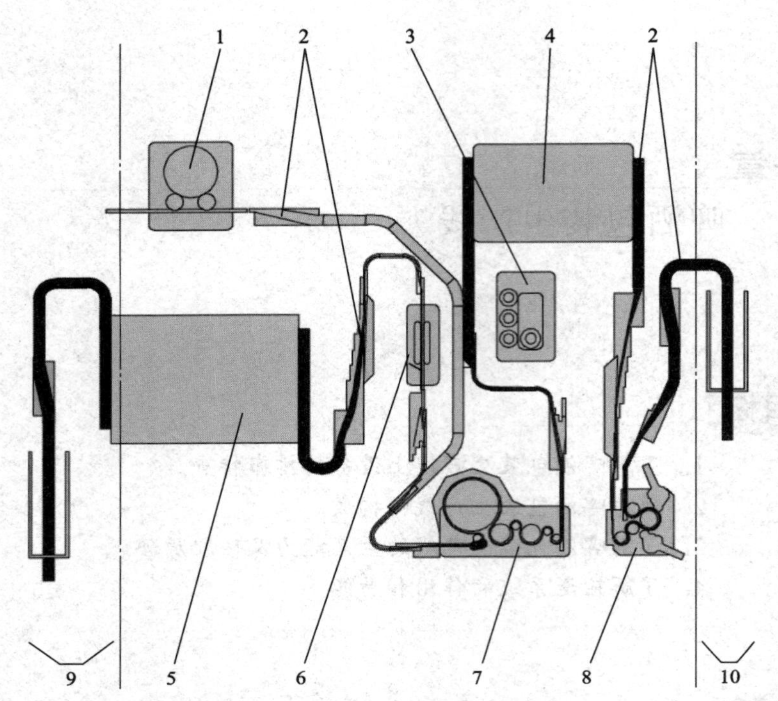

图 1－1　啤酒包装生产线设备排布图

1—冲瓶机　2—输送带　3，6—验瓶机　4—巴氏杀菌机　5—洗瓶机
7—灌装压盖机　8—贴标机　9—卸箱机　10—装箱机

对于产量不大于 10000 瓶/h 的瓶装生产线可不设卸箱机及装箱机。

2. 增配机器

啤酒包装生产线也可增加选配下列机器：① 卸垛机；② 码垛机；③ 洗箱机；④ 输瓶盖机；⑤ 清洗系统；⑥ 输箱系统；⑦ 其他辅助机器：除盖机、储箱库、洗箱机、垛板储存库及检验设备。

二、啤酒包装生产线主要设备的功能

啤酒包装生产线主要设备及功能见表 1－1。

表 1－1　啤酒包装生产线主要设备及功能

机器名称	功能	设备生产涉及包装材料
卸垛机	将回收瓶的箱组成的垛分解，将满载回收瓶的箱投入生产线	箱、垛板
卸箱机	将回收瓶从箱中取出，投入到生产线上	箱、瓶
洗瓶机	将待包装的瓶清洗干净达到啤酒包装的卫生要求	瓶
验瓶机	检验洗净的瓶子，剔除其中不合乎灌装生产要求的瓶子	瓶

续表

机器名称	功能	设备生产涉及包装材料
灌装机	将啤酒按照一定的工艺方法灌入瓶中	瓶
压盖机	对已灌装的瓶子压盖密封	瓶、盖
杀菌机	对已灌装的瓶酒进行巴氏杀菌，使其符合啤酒的品质要求	
贴标机	对瓶酒进行贴标包装	瓶、标签
装箱机	将已贴标的瓶子装入空箱内	瓶、箱
码垛机	将满载的箱子按一定方式组成垛堆便于运输	箱、垛板（包装薄膜）

啤酒包装生产线若采用新瓶，即需采用新瓶卸垛机，无需设置卸箱机。生产线若为听装生产线，则需采用听卸垛机，也无需设置卸箱机。当生产线采用塑料瓶，则需吹瓶机、冲瓶机。当生产线采用瓦楞纸箱，则需采用折箱机和装箱机组合，或只采用纸箱一体式包装机。

生产线还配置各种辅助设备，如洗箱机、翻箱机、垛板检验设备、箱储存库、垛板储存库、去盖机、空瓶载箱检测、成品载箱检测。

第二节 啤酒包装生产线的布局和设置

一、啤酒包装生产流程

啤酒灌装生产线的流程可以用三种包装材料的循环来表示——垛板、箱子、容器（瓶子），见图1-2。

垛堆在经过卸垛机处理后，垛板经由检验设备检验后到垛板储存库存放，之后被输送到码垛机码垛，最后被送往物流部门。

箱子在经卸垛卸箱后，卸去了空瓶，经洗箱机清洗后送入箱存储库，后经装箱机装箱，码垛机码垛。

容器（瓶子）在卸箱后经清洗、检验、灌装、封盖、贴标再经检验，最后送入装箱机中装箱。容器的循环路径是最长的，因为所有的处理过程都与之相关。

箱子和容器（瓶子）的输送路径布局在很大程度上取决于生产线各个单机的安装与布局。

灌装设备以及和其一体的输送系统是啤酒厂占地最大、最复杂的设备。整条生产线连续无故障的运行取决于各设备的结构、设备以及设备间输送系统的合理分布。灌装设备之间必须以合理的方式相互衔接，在生产能力上合理匹配，只有这样才能保证即使发生故障，生产线也能继续顺利生产。

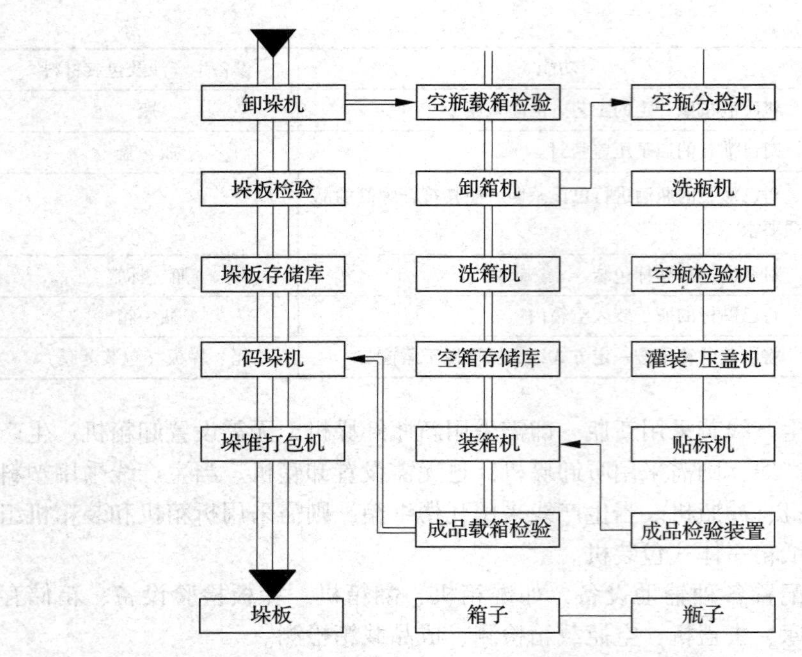

图 1－2　啤酒包装生产线三种容器的物流循环

二、啤酒包装生产线的布局

啤酒灌装生产线根据物件的干湿状态划分为干区和湿区。垛板和箱子部分的输送路径限制在最小的范围内，即干区。与此区别的是具有较大面积的湿区，其范围为容器（瓶）和箱的输送路径。灌装生产线还可以根据灌装容器（瓶）二次污染的危险程度将生产线划分为脏瓶区和净瓶区，见图 1－3 和图 1－4。

啤酒包装生产线的布局通常有以下几种形式。

（1）直线分布　按工艺流程将生产线的各个机器依次按直线排列，这种形式极其少见。

（2）梳状分布　各个机器平行排列分布，机器之间的输送系统如梳子状排布，容器通过迂回的路径输送，缓冲区相互之间串联。这种形式比较普遍。

（3）竞技场分布　机器如竞技场式的环形分布，以便尽可能地节省占地。

机器的布局应使得机器的操作人员能够很好地观察生产情况，并能够在需要时能快速有效地做出反应而不必多穿越传送带；机器应易于接近，便于维修和处理问题；机器之间的传输系统应尽可能保证持续可靠地给各个设备提供生产的物流如瓶源、箱源等。

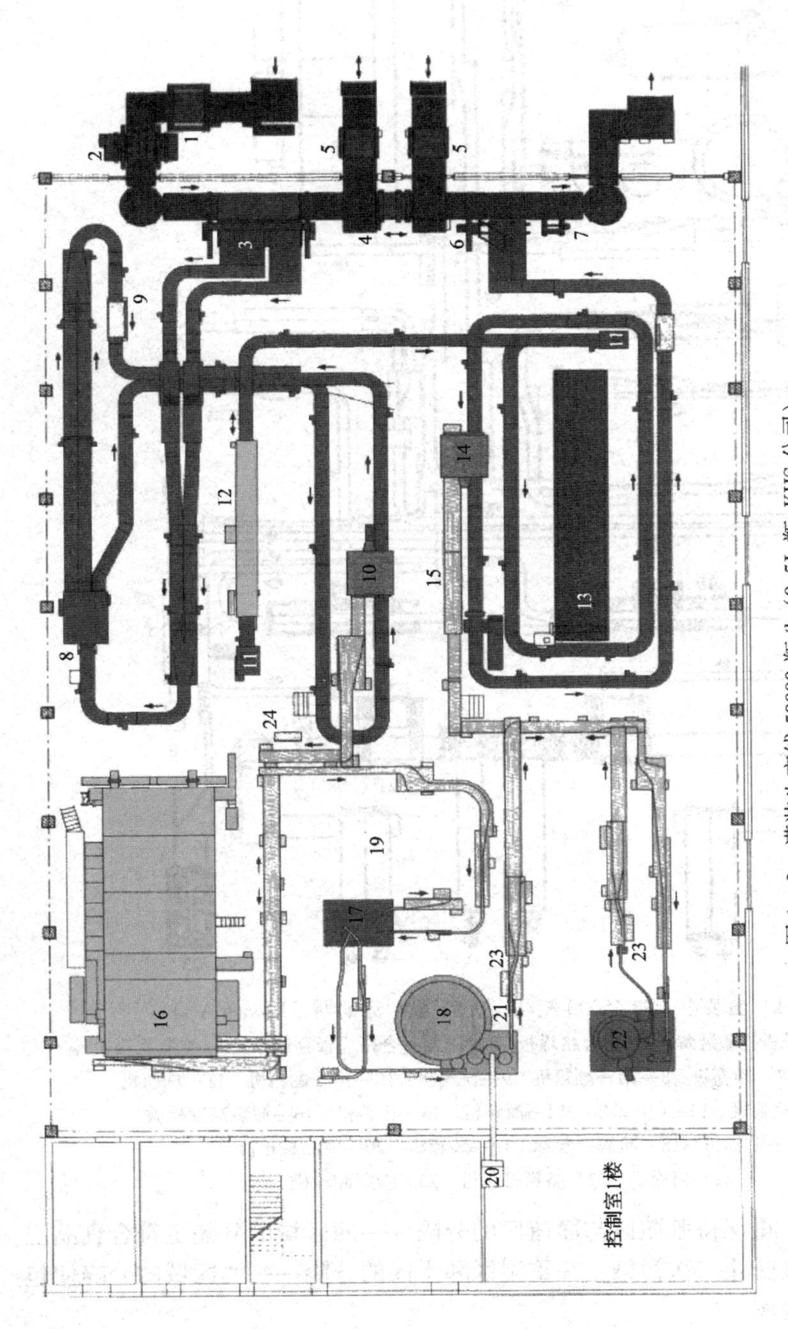

图1－3　灌装生产线50000瓶/h（0.5L瓶，KHS公司）

1—垛板调整装置　2—解包机　3—卸垛机　4—垛板检验　5—空垛板存储库　6,7—垛堆打包机　8—空瓶载箱检验　9—除盖机　10—卸箱机　11—翻箱机　12—洗箱机　13—空箱存储库　14—装箱机　15—成品载箱检验　16—洗瓶机　17—空瓶检验　18—灌装－压盖机　19—巴氏杀菌机和CIP系统预留位置　20—皇冠盖输送设备　21—瓶壁冲洗　22—贴标机　23—验酒，验盖及验标　24—输送带润滑系统

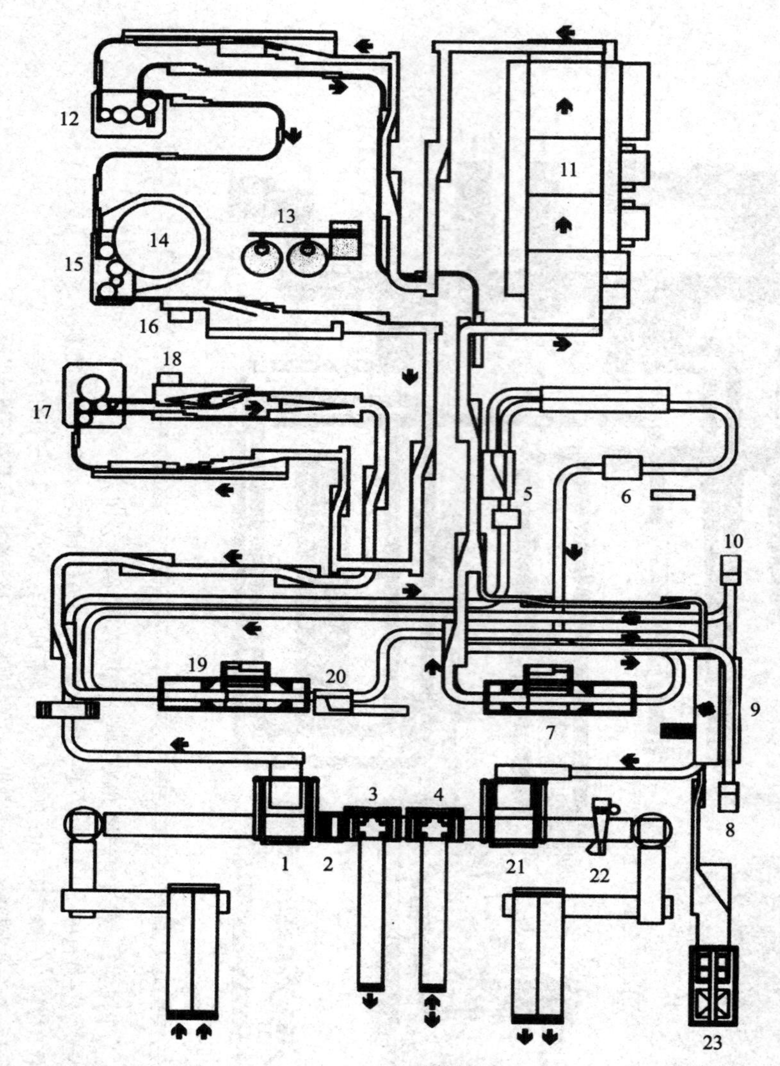

图 1 -4　灌装生产线 45000 瓶/h（0.5L 瓶，克朗斯，Krones AG）

1—卸垛机　2—垛板检验装置　3—不合格垛板存储库　4—合格垛板存储库　5—空瓶载箱检验　6—除盖机　7—卸箱机　8—第一翻箱机　9—洗箱机　10—第二翻箱机　11—洗瓶机　12—空瓶检验机　13—CIP 系统　14—灌装机　15—压盖机　16—灌装高度检验　17—贴标机　18—验酒，验标　19—装箱机　20—成品载箱检验　21—码垛机　22—整垛打包机　23—新瓶卸垛机

布局方式应注重保持脏瓶区与净瓶区的分隔——两区域的分隔更符合食品卫生条件，可以有效防止二次污染；注重湿区和干区的分隔——两区域的分隔使包装后的成品不易受潮。

图 1 -3 和图 1 -4 所示为两种有代表性的灌装整线设备的构成和布局。同属整线设备的还包括一个空容器和成品容器的储存库。空容器库必须有足够的库容

并且安排合理，保证可以持续地供给灌装线合适的空容器（带有相同标识的空箱子，相同类型的空瓶子）。

三、灌装生产线的产能匹配

包装生产线由各具有专门作业能力的机器和联接各机器间的输送设备组成。包装生产线的平面布置一般没有一个固定的模式，虽然每一独立的专门处理点是预先就规定好了的，但机器位置的具体确定除了要考虑车间建筑形式外，还得考虑生产的连续性和劳动力的合理分配。

实践表明，生产线上各单机设备的机械效率受各种因素影响会降低 2% ~ 3% 。照此推算，整条生产线的生产效率只能达到 60% ~75% 。为使包装生产线尽可能在额定生产能力下满负荷运行，通常得采用两条措施。

1. 措施一：各设备的生产能力按图 1 –5 所示呈 V 形分布

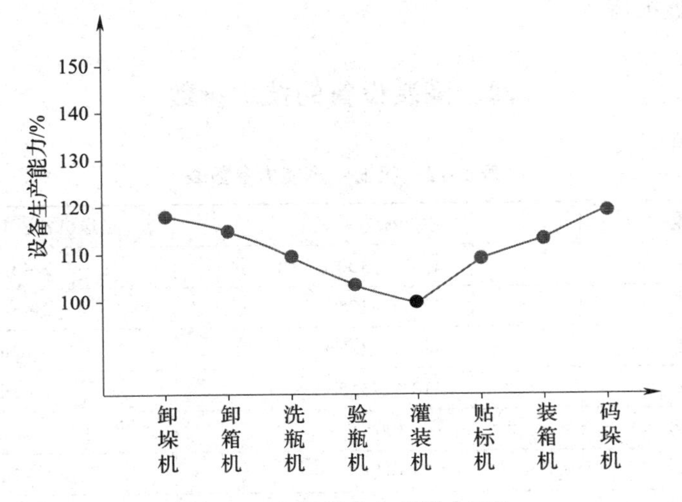

图 1 –5　包装设备生产能力配比

从图 1 –5 可以看出，整条生产线的核心是灌装 – 压盖机。而其他各设备的生产能力则根据灌装 – 压盖机的生产能力来调节，灌装机前后布置的设备总是设置更高的生产能力。生产能力的增量是用来弥补故障停机造成的效率损失。包装生产线的生产能力都是以灌装机能尽量在额定生产能力下连续生产来配置的。灌装机的生产不能因前后设备的故障停机而受太大的影响。

然而，这并不代表着设备的产能始终一成不变。以卸垛机为例，如果它始终按灌装机产率的 135% ~140% 运转，不久就会出现输送道阻塞。产能 V 形分布应该正确理解为：所有设备的产能应按 V 形曲线（Berg 曲线，以 Berg 教授名字命名）配置（详细参数见灌装设备的技术参数），这样设备才有能力在必要时为后段设备及其缓冲区及时补充容器（瓶、箱、垛板）。

2. 措施二：各设备间设置缓冲段

为实现不间断运行，必须在各设备间设置缓冲段。线上每台设备在它的前段或后段设备发生短时故障时，仍能连续地运行一段时间。缓冲时间的最佳值通常是在设计计算的基础上通过模拟实践得出。一个常规的统计值为：卸箱机至洗瓶机约 60s；洗瓶机经过验瓶机至灌装机约 90s；灌装机至杀菌机约 60s；杀菌机至贴标机约 90s；贴标机至装箱机约 60s。

在设备之间——尤其是在灌装－压盖机的前面设置由多条链带构成的缓冲区，并同时配备瓶流分单设备。而瓶流分单主要由无压输送带实现。

缓冲区在正常情况下的充满度约为 50%，这样在其上游或下游处的设备发生短时故障时，其他设备可以不间断地运行。根据缓冲区的充满程度可以对生产线各个单机的产能进行自动调控。

在瓶子的流程中人们还想尽方法希望做到使瓶子不旋转，以免瓶子之间相互摩擦导致明显损坏。

四、灌装设备的技术参数

表 1－2　机器生产能力参数表

机器名称	生产能力分级	输送机各段的缓冲容量
卸垛机	135% ～130%	2 ～3min
卸箱机	120% ～125%	2 ～3min
洗瓶机	110% ～115%	1 ～2min
验瓶机	110% ～115%	1 ～2min
灌装机	100%	
压盖机	100%	1 ～2min
杀菌机	100%	1 ～2min
贴标机	110% ～120%	2 ～3min
装箱机	120% ～125%	2 ～3min
码垛机	135% ～130%	2 ～3min
除盖机	125%	

在除盖机与卸箱机之间，应考虑有 2 ~3 个箱位或装卸头数的箱轨缓冲量。

从表 1－2 中可以看出，整条生产线的核心设备为灌装－压盖机或杀菌机，核心设备的公称生产能力也就是整条生产线的公称生产能力，其前后的设备都以核心设备为基准，生产能力逐级提高 10% 左右。当其他设备与核心设备流程相距越远时，其生产能力也就越强。

第三节 输送系统

整个输送系统输送的容器形式有垛板、塑料箱、纸箱、薄膜封包箱、易拉罐、塑料瓶、回收式玻璃瓶、一次性玻璃瓶、Keg桶等包装物。了解主要应用的包装物种类及其输送特点是很有必要的。

一、啤酒包装生产线采用的输送形式

在啤酒包装生产线上通常采用辊轴式输送带、平顶链式输送带、链条式输送带等形式。

1. 辊轴式输送带

辊轴式输送带其特点为有一定的承载能力，主要用于输送垛板（空或成品垛）、塑料箱、纸箱、桶等，形式主要为带驱动的辊轴传送带、不带驱动的辊轴传送带。

不带驱动的辊轴传送带，主要依靠传送物的重力或惯性滑行，多用在弯道或翻转处。

带驱动的辊轴传送带主要有链条驱动式（图1-6）、链条和辊轴混合式（图1-7，主要用于垛板转90°输送，也称转向输送单元），可用于检测垛板装置排出不合格垛板用。

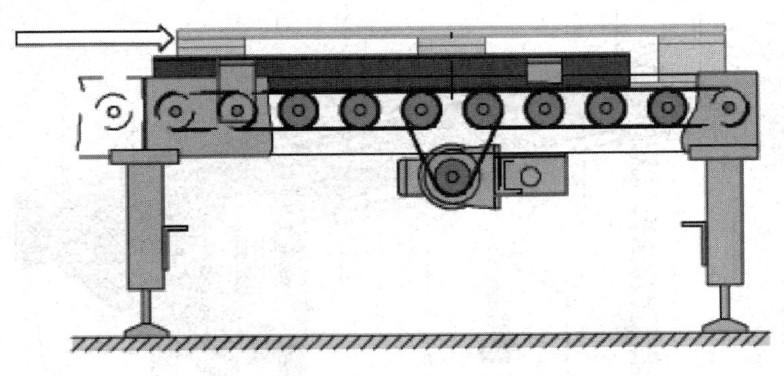

图1-6　辊轴式输送带（垛板输送用）

2. 链条式输送带

如图1-8所示，垛板输送用输送装置内有2条、3条或4条链条，用以拖动包装物。

3. 平顶链式输送带

由平顶链式输送带（可简称为平顶带）组成的输送装置，其结构如图1-9

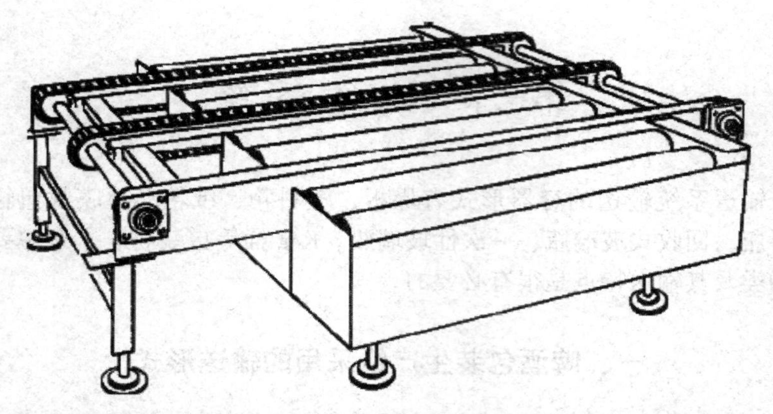

图 1－7　转向输送单元（垛板输送用，辊轴由电动装置驱动升起或落下）

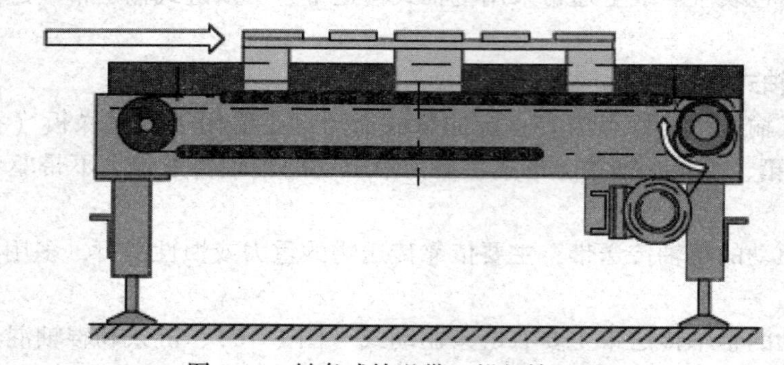

图 1－8　链条式输送带（垛板输送用）

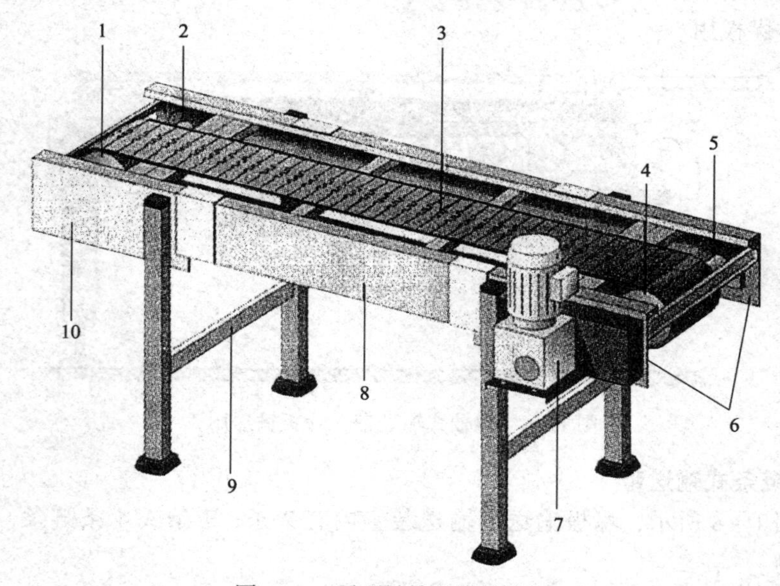

图 1－9　平顶链输送带结构图

1—从动链轮　2—链轮轴　3—不锈钢或塑料平顶链　4—驱动链轮　5—驱动轴　6—驱动站
7—带变速装置的电动机　8—带侧支撑的架台　9—支脚　10—从动站

所示，为采用铬镍合金（不锈钢）为带基材料的平顶链式输送带，或塑料为带基材料的平顶链式输送带。

这种输送带可以满足瓶、易拉罐、桶、箱等各种包装物平稳可靠输送的要求。根据要求不同，传送瓶或易拉罐的输送带可以是单道形式，也可以是多条单带并列而形成的宽幅形式（图 1－10）。每段输送带包括以下几个部分：牢固可靠可以调节补偿地面不平的安装支架 8，一个或几个由驱动电机通过联接轴驱动链轮 7，带动链带 3 在 Z 形滑道上平稳运动。在输送装置上安装于侧面的护栏 1 起到导向、防止容器从带上滑落等作用。护栏作用显著，因为它必须根据容器的类型、大小和形状（玻璃瓶、塑料瓶、罐、桶等）而相应做成不同外形，以防止不必要的磨损和擦伤，同时限定明确的容器运行路线。

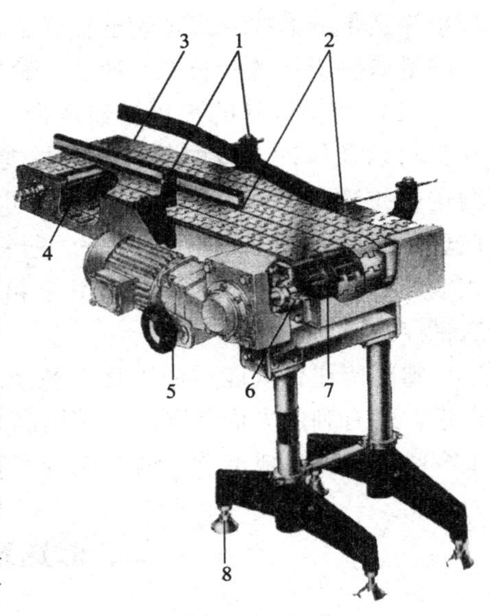

图 1－10 多道平顶链输送带

1—可调护栏支架 2—护栏 3—平顶链
4—输送带固定润滑喷嘴 5—调速手轮
6—轴承 7—驱动链轮 8—安装支架

由于生产线的布局和排布方式，输送路径上有很多地方需要有 90°的转弯变向。采用单链带或多链并列带进行单列容器输送时，更多采用的是单列侧弯平顶链（弯道带）。弯道处若采用多带并列传送时，容器会出现旋转而互相摩擦，结果导致容器（瓶）的外表面发生磨损，或者容器（易拉罐）变形。

（1）用不锈钢板制成的平顶带 分侧弯平顶链（也称弯道带）和直行平顶链（也称直道带）两种形式（图 1－11）。采用不锈钢平顶带输送形式时，为

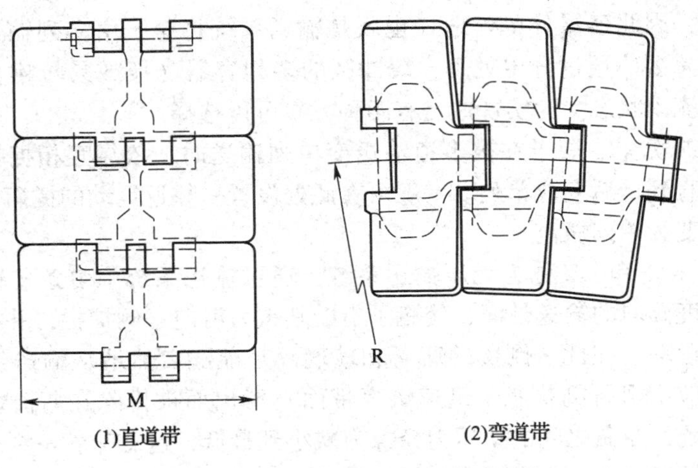

图 1－11 直行平顶链和侧弯平顶链

减小输送带的磨损并维持匀速输送，则需要在工作时添加专用的链带润滑剂。添加的量取决于传送带长度、速度、容器类型、潮湿程度以及水质。

（2）塑料带基的平顶链输送带　现多采用聚丙烯、聚乙烯、二乙醇等热塑性塑料以及抗冲击或耐热性强的尼龙制成。塑料带基的输送带在啤酒厂多用来输送易拉罐、塑料（PET）瓶，也可以输送成品玻璃瓶、空玻璃瓶，输送带有被玻璃碎片割伤或卡死的风险。塑料带基的输送带（平顶链式输送带或网链式输送带）还越来越多地被用于箱子的输送和用作隧道式巴氏杀菌机的传送带。

塑料传送带既能适用于直道场合，也能适用于弯道场合。采用塑料带基的输送带，最有利的方面是可以不使用润滑剂或者仅需用水进行润滑即可，从而杜绝了润滑液转化生成泡沫，同时减少了废水的产生。

二、输送系统的工作方式

1. 输送系统的作用

啤酒生产线上每台设备的工作节奏在时间上有着很大的差异。例如，采用间歇式的卸箱机在一个工作循环周期内工作的同时，而后续的设备必须以一个固定的速度连续不断地检验、灌装、压盖。这意味着在这个工作时段内，容器必须连续不断地供给和输送。任何灌装或压盖的故障性中断都会引起生产率的下降。要保持连续流畅地输送供应，只有当灌装机前端有足量的容器储备量才有可能。为此生产线的输送系统不光完成瓶子连续顺畅的输送，而且还要设置多道式传输带用于容器的储备。

2. 瓶流的分单处理——输送系统高效工作的关键

输送系统的缓冲区由多道式输送带构成，而啤酒生产线中多台设备都需要容器单列输入，因此容器分单处理（也就是输送系统将瓶子由多列输送变为单列输送）非常重要。通过分单处理，缓冲区的多列容器（瓶或易拉罐）最终形成连续的单列流动状态。为实现这点有两种方案可以选择。

（1）推挤分单　瓶子在被多道输送变单列输送时，依靠互相拥挤产生的旋转和摩擦，直到最后变成单列。一般可在此处设置一往返运动的搓瓶器，使瓶流更顺滑地转变为单列瓶流。

（2）无压分单　又称为无压输送系统，通过输送系统中多条传输带速度的差异结合轻度倾斜的输送带面，使瓶子借助其重力滑向一侧护栏，并沿其成串地以单列形式运动。在此，倒覆的瓶子和玻璃碎片能够自然地从输送带侧面（护栏安装高度应不阻碍倒状瓶子迅速滚离带面）滑出而被排除在瓶流之外。依靠无压输送系统，瓶瓶之间的挤压力摩擦力减小到最低，这意味着一个良好的输送系统同时能够高效地、安全无障碍地、低噪地输送容器。

3. 无压输送系统（以到验瓶机的无压输送系统为例）

（1）系统组成　无压输送系统由4～6条输送带以及倾斜的链道组成（图1－12和图1－13）。链道由多台变频电机驱动，倾斜链道倾斜10°～12°。链道要求高的表面光洁度（$Ra<0.3\mu m$）和平面度。

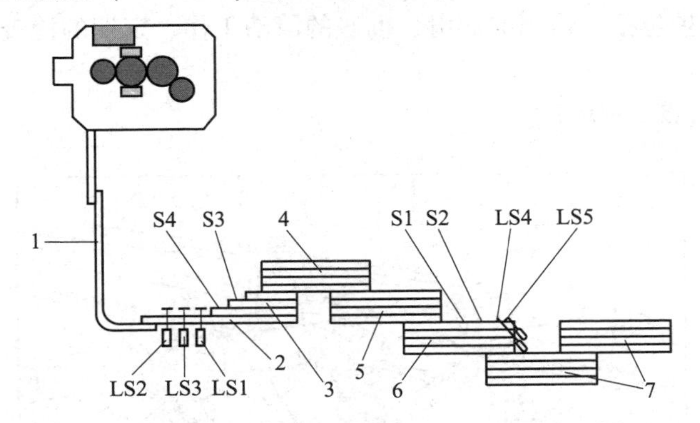

图1－12　无压输送系统组成及控制开关布置图

1—中间链道　2—加速链道　3—倾斜链道　4—供给链道1　5—供给链道2　6—供瓶链道　7—储备链道

堵瓶检测开关S1、S2、S3、S4　光电开关LS1、LS2、LS3、LS4、LS5

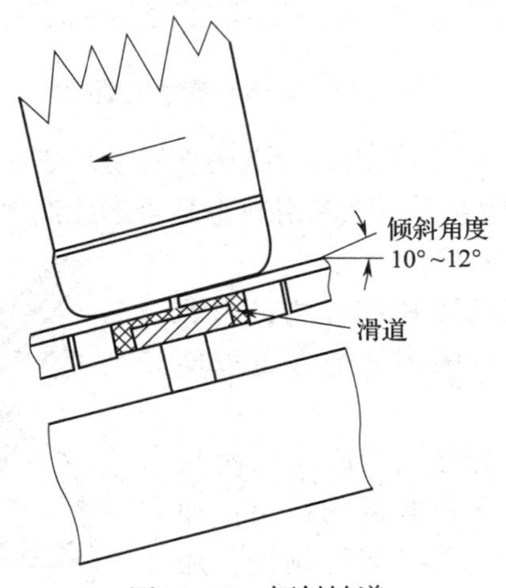

图1－13　倾斜链道

（2）工作原理　中间链道1由设备脉冲驱动，同步负责连接到设备入口处的链道；加速链道2上安装有3个光电开关，用于检测链道上的拥堵和过大的间隙，同时可以给系统启动信号，由加速链道来控制瓶流进入中间链道的速度，同时和倾斜链道3一起完成瓶流分单。供给链道1由预设的速度参数控制运行；供给链道2与供给链道1同步运行；供瓶链道6也和供给链道1同步。储备链道7可以与前段设备协同工作，也可和供给链道1或者和加速链道2同步工作（注：到验瓶机的加速链道上的光电开关LS1、LS2被省略）。

三、输送系统的维护和保养

正确的维护会让设备舒畅高效地工作，同时能够延长链条和链道的工作周期。彻底的维护包括：恰当的润滑、彻底的清洁工作、定期的检查、对磨损部件的维修和更换。

1. 润滑（图 1－14）

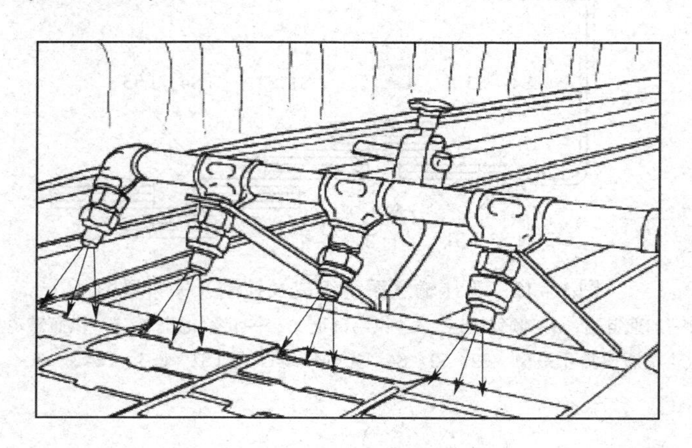

图 1－14　链条润滑系统喷嘴

平顶链输送带需要持续的润滑。因此需要经常检查链条润滑系统的喷嘴，查看是否堵塞。运行时，检查平顶带和滑轨上是否形成润滑液膜。

2. 清洁工作（图 1－15）

每日用刷子去除玻璃碎片和异物，用温水清洁平顶带和滑轨，有困难的地方可以使用肥皂水来清洁。

清洁工作的不彻底会导致：产品二次污染的危险增大；增大链条和电机的拉力；加大链轮的磨损；无压输送系统运行顿挫；加大链条和滑轨的磨损。

图 1－15　清洁工作

3. 检查工作和润滑

每周在轴承部分加一次润滑脂。为避免发生故障，定期对平顶带、链轮、链道进行检查是非常必要的。定期检查项目：平顶带的表面和链带间的间隙；链轮轮齿的磨损；平顶带的拉长；末端弯道处滑轨的磨损；护栏与瓶的间隙。

4. 维修和更换

当每次检查出缺陷后，要立刻消除隐患。

更换的条件：每米链带被拉长超过了25mm；链带在链轮处跳带；平顶带磨损到大约有原始厚度的二分之一；滑轨过多地磨损。

思 考 题

1．一个小型啤酒包装生产线基本的生产设备有哪些？

2．一条啤酒生产线的公称生产能力为50000瓶/h，请写出各设备的公称生产能力。

3．实际的生产能力和公称生产能力之间有何不同？

4．输送系统的作用是什么？

5．输送系统的维护应该注意哪些方面？

第二章 码垛机和卸垛机

知识目标

1. 了解不同类型码垛机和卸垛机的结构。
2. 熟悉码垛机和卸垛机的主要部件功能。
3. 了解装码垛机和卸垛机的工作原理。

技能目标

1. 学会手动/自动操作设备。
2. 熟悉某一种类型的码垛机和卸垛机的生产流程，会排除简单的设备故障。
3. 会简单维护某一种型号的码垛机和卸垛机。

第一节 码垛机和卸垛机的结构与特点

随着啤酒厂经营规模的不断扩大，瓶、罐、箱等容器的输送离开垛堆的输送是行不通的。空容器以及成品储存量的增大已经使堆垛这种贮存形式成为必需。堆垛是一种经济合理的输送以及存放形式。码垛机（快速连续地将箱码成层堆在垛板上）和卸垛机（将垛层上的箱取下）这两种高度自动化设备来完成这种包装工作，也可以将其称为工业机器人。

一、码垛机和卸垛机的基本结构

一个完整的码垛或卸垛设备应该包括以下几个部分：输箱部分、取箱部分、垛板输送部分、垛板检验部分、垛板储存部分、垛堆稳固部分。

二、设备的工作类型

1. 按堆垛形式分

（1）柱式　将箱子先叠码成一个个柱形，然后把柱子成排地推送至垛板上，逐渐堆满整个垛板。稳定性差，已不常用。

（2）层叠式　将箱子一层一层叠放起来，卸垛时箱子也是逐层被卸下（图 2－1）。

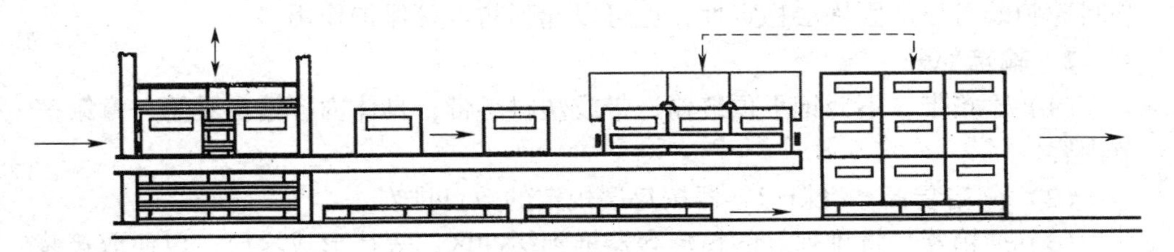

图 2－1　层叠式码垛

2. 按送箱部分的运动方式分

（1）平移式　前后运动。

（2）旋转式　旋转运动。

三、各部分的结构及工作原理

1. 垛板输送部分

（1）输板带　辊轴式输送带或链条式输送带，详见第一章第三节。

（2）停板装置　将垛板定位在装卸区，有对应的气动装置固定垛板，以便取箱装置准确定位。

（3）验板装置　垛板的平整是一个用以判断能否有稳固包装能力的标准。垛板表面木板上需承载很大负荷，如果上面有隐藏缺陷会削减其强度，从而导致输送损失的危险。所以有必要对表面木板包括外围加固板进行检测。验板装置借助对应于木板数目的滚子，在木板表面滚过，表面的损坏与否通过检测杠杆的位置改变确定。

（4）排板装置　将验板装置检验为不合格的垛板排出。

（5）储存装置　即垛板储存库，对垛板进行中间储存，直到完成码垛的垛堆输出后重新需要垛板为止。

垛板的叠放储存库最高可以上下叠放 15 个合格的空垛板。进行堆放时，空垛板先驶入到升降元件上，由它升高并放置在后驶入的空垛板上。这个过程不断重复，直到空垛板堆放至一定高度被检测探头所限制。

（6）垛堆稳固装置　随着垛堆的高度增高，不稳定性增大，尤其当箱形容器没有采用横纵交错的堆放方式（通常只有纸箱码垛的垛堆采用这种方法）。如上下垛层箱形容器叠放时对齐，随垛堆的高度增高，垛堆会有呈柱状分散开的危险。整个垛堆的稳固可以采用下列方式提高。

（1）在垛堆输出时，将最上层垛层用无伸缩的塑料带进行捆扎。

（2）将整个垛堆用塑料薄膜包缠起来或者套上袋状薄膜而后进行热缩处理。

塑料薄膜包缠的方式特别适合新瓶垛堆、空易拉罐垛堆、PET 瓶胚垛堆等包装形式。套袋状薄膜热缩这种方式特别适合塑料瓶、箱形托盘等包装形式。采用塑料薄膜既可以加固垛层稳定性，也可以起到防尘等保护作用。

2. 输箱部分

（1）输箱带　不锈钢平顶链输送带或塑料链带，具体内容请参见第一章第三节内容。

（2）分箱装置　将箱形容器按每层规定的数目排列。

（3）推箱器　将排列好的箱形容器推到缓冲区，等待形成垛层，以便取箱装置抓取。

3. 取箱部分

（1）抓箱装卸部分

① 抓钩式装卸头［图 2－2（1）］：它装设有气动方式驱动的勾状部件——抓勾，通过向里运动抓持住箱子的握把部位，通过抓勾的位置布置可以适用于不同的塑料箱码卸垛，借助对中框能使垛层堆卸顺利移动。

② 磁性装卸头［图 2－2（2）］：主要用于钢板容器的装卸，也适合处理因罐壁太薄而不易处理的空易拉罐。

③ 机械夹持式装卸头［图 2－2（3）］：通过平行排布的气缸借助有橡胶垫的机械夹爪从两侧夹紧整层容器并做提升平移运动或固定整个垛层的外形直接做平移运动。随机械夹爪的不同设置，可以对多种包装形式例如塑料箱、新玻璃瓶、塑料瓶、新易拉罐、Keg 桶等进行堆垛、卸垛处理。

④ 真空吸持式装卸头［图 2－2（4）］：这种形式常用于纸箱的码垛。通过多排分布的吸盘能够对较大平面的物体例如纸箱按层堆垛。

⑤ 软管夹持式装卸头［图 2－2（5）］：这种方式与抓瓶帽式相似，利用软管式气囊充气后的张紧力夹紧瓶子的颈部，从而提起整层瓶子，多用于新瓶的卸垛。当瓶子的直径、外形以及排列方式改变时，可以借助模板调整软管间距。

⑥ 滑板式装卸头［图 2－2（6）］：这种形式的装卸头，需要借助推箱器将排列好的箱子推到滑板上，再利用对中框将箱子按垛层外形固定压紧，滑板缓慢抽去后垛层在对中框导向作用下缓慢下落至垛板上方，完成码垛。这种形式多用于箱形垛层的码垛。详细内容见本章第三节。

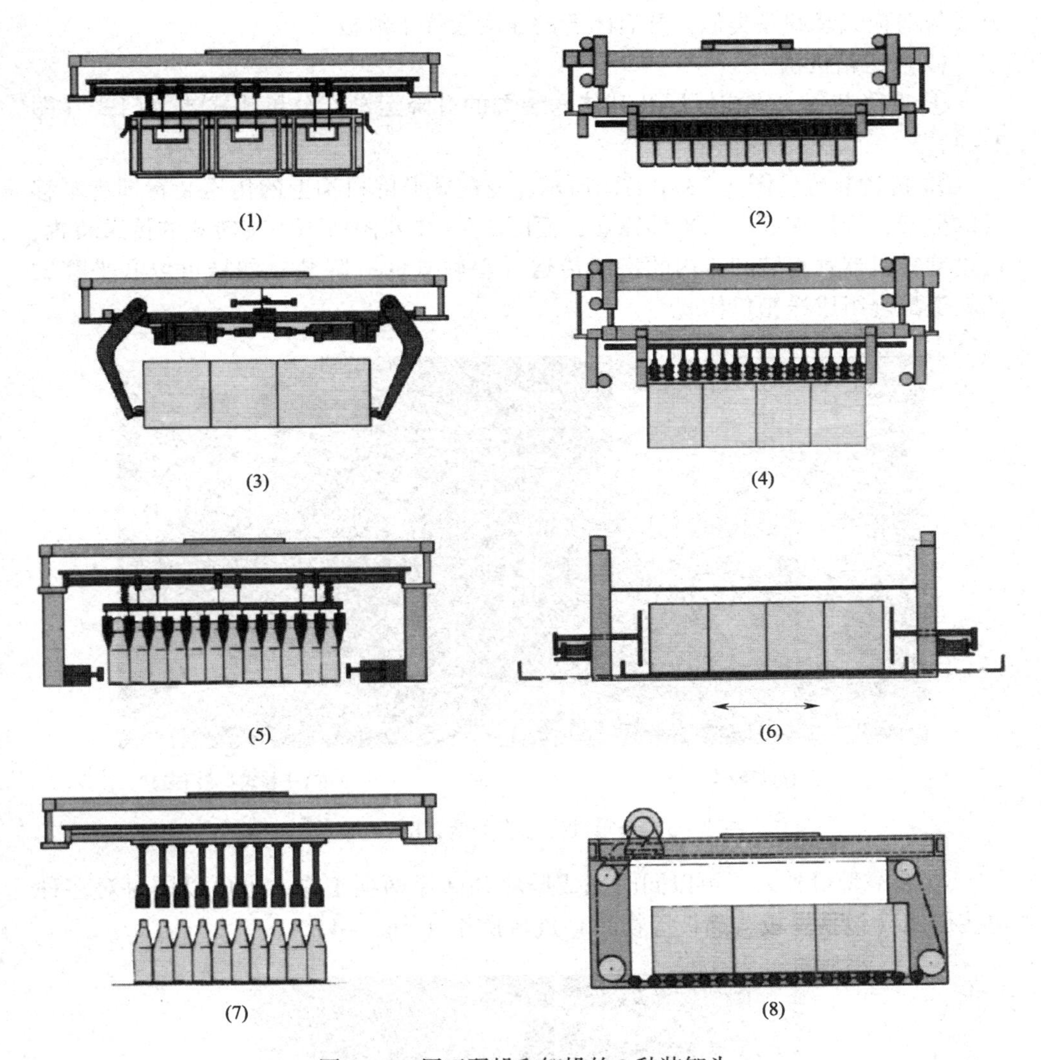

图 2-2　用于码垛和卸垛的 8 种装卸头

⑦ 抓瓶帽式装卸头［图 2-2（7）］：它适用于对瓶子进行堆垛，抓瓶帽的数量和排布与每个垛层的瓶子数量和排布形式一致，工作起来就像一台巨型的装箱机。这种工作方式不涉及箱子，但可以利用托盘盒实现装盒码垛一体的工作。如对饮料塑料瓶进行装入托盘并码垛。

⑧ 辊轴平面式装卸头［图 2-2（8）］：这种工作方式与滑板式装卸比较类似，不同的是由很多根辊轴构成的平面代替了滑板，包装物在此平面上的平移运动可以由辊轴转动实现。它的工作方式即如它的英文原名——快门式装卸头，当包装物组成的垛层运动到垛板上方后，辊轴组成的传送面可以从中分为两半打开就像照相机快门的动作一样，包装物的垛层从中缓慢落入垛板之上，这样的工作

方式与滑板式装卸头类似，开启闭合的速度会优于滑板。

（2）送箱机构

① 升降装置：完成垛层及其传送装置的升降运动，分单轨式或龙门式（图2－3）。

② 传送装置：图2－3中右图所示，龙门式升降机构上的传送装置即为平移式的框架，垛层在框架内平移输送；而图2－3中左图所示为旋转式的传送装置，通过旋转机器臂将装卸头内的垛层传送（单轨式的升降装置同样可以和平移式的轨道配合组成送箱机构）。

(1) 旋转式　　(2) 平移式（龙门式）

图2－3　送箱机构（克朗斯，Krones AG）

③ 关节型机器人：可以同时完成码垛和卸垛两项工作，也可以同时对多种包装形式（包括垛板、隔板等物品）进行操作（图2－4）。

图2－4　码垛机和卸垛机——关节型机器人（克朗斯，Krones AG）

码垛机和卸垛机种类繁多，以下通过新瓶卸垛机和滑板式码垛机两种不同机型的结构、工作步骤、维护来认识设备的特点。

第二节 新瓶卸垛机

一、基本结构

新瓶卸垛机结构见图2－5。表2－1所示为新瓶卸垛机部件表。

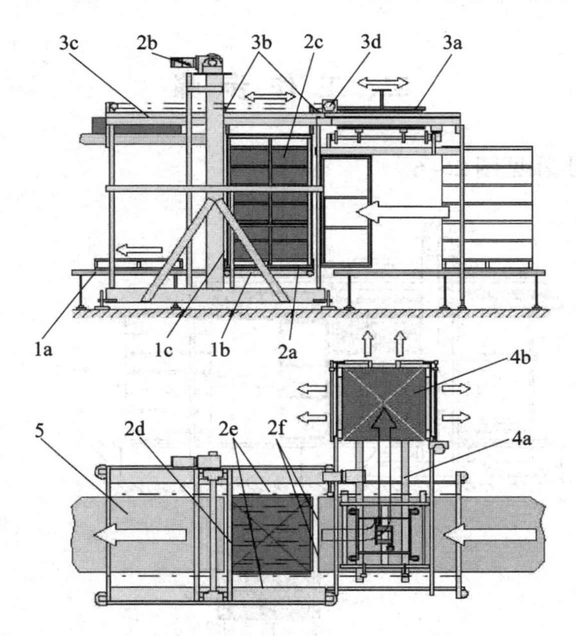

图2－5 新瓶卸垛机结构图

表2－1 新瓶卸垛机部件表

设备部位	组 成
垛板输送带（1）	1a. 垛板输送带 1b. 垛堆卸载单元 1c. 挡板装置
提升装置（2）	2a. 提升架 2b. 提升驱动装置 2c. 垛堆对中定位装置 2d. 垛层固定框 2e. 垛层隔板定位装置 2f. 垛层隔板夹

续表

设备部位	组　成
传送装置（3）	3a. 顶层隔板夹持装置 3b. 夹持装卸头 3c. 定位框 3d. 锯齿带驱动装置
隔板传送装置（4）	4a. 隔板输送带 4b. 隔板储存区
容器输送带（5）	出瓶台

二、工 作 步 骤

卸垛机工作步骤见图 2－6。

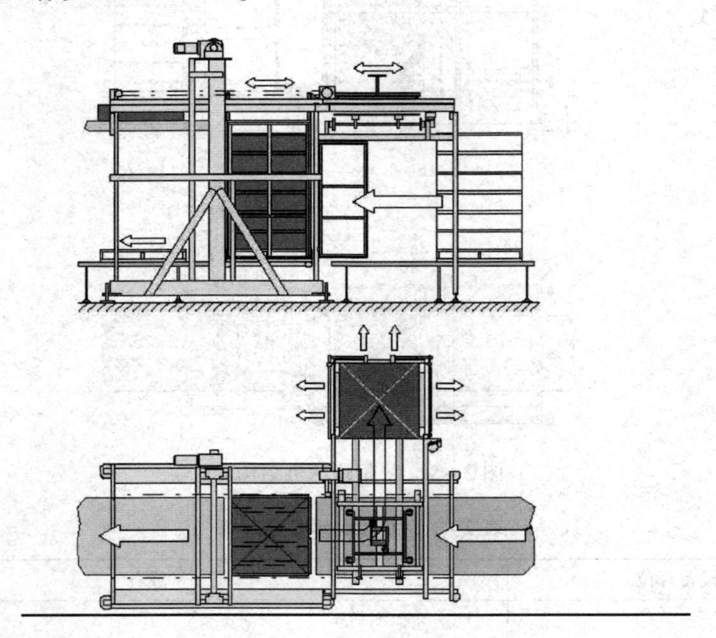

图 2－6　卸垛机工作步骤图

1. 垛堆输入

提升架在底部。顶层隔板夹持装置在垛堆卸载单元顶部。当垛堆的包装固定物被除去后，垛堆输入设备（图 2－7）。

2. 垛层隔板的去除

垛堆被定位提升，顶层隔板夹持装置将第一层隔板抓起，输送装置将其送至储存区。

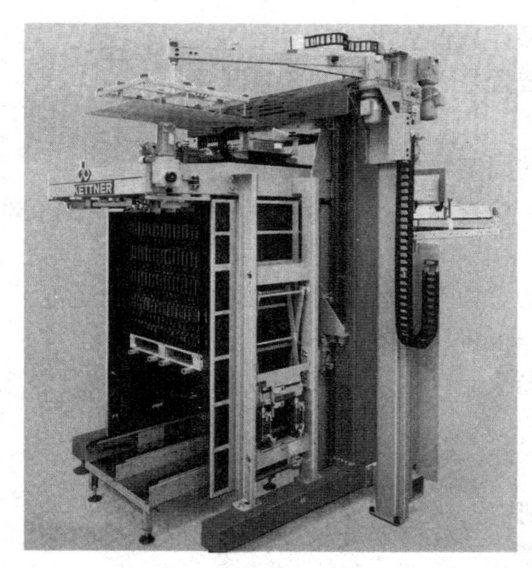

图 2－7　新瓶卸垛机（克朗斯，Krones AG）

3. 顶层垛层卸下

新瓶卸垛机的夹持式装卸头见图 2－8。

图 2－8　新瓶卸垛机的夹持式装卸头

垛层被提升至推送位置，夹持装置夹住下层隔板，夹持式装卸头将顶层瓶子定位，夹持动作完成后将垛层推送至出瓶台。此时，定位框固定住垛堆。

4. 容器输出

顶层被推送后，装卸头夹持部分打开平移，瓶子输出。易拉罐垛堆的卸垛步骤与此类似。

三、操 作 规 程

1. 设备启动

（1）打开压缩空气的总阀。

（2）打开总电源供给开关。

（3）验灯　检查面板上电器开关及显示灯的好坏。

（4）有必要将垛计数器清零。

（5）检查安全装置是否正常，如紧急开关。

2. 生产

（1）去除垛堆的固定物如塑料薄膜等。

（2）检查设备　检查瓶子输出口有无严重损坏或倒下的瓶子，监视设备的监视屏和报警装置。

（3）去除堵塞物　如玻璃碎片等，维持设备安全运行。

（4）若无垛层隔板将垛层隔板开关打至“关（OFF）”。

（5）清空垛层隔板储存区　用叉车取出垛层隔板，送入空的垛板，并复位开关。

3. 生产结束

（1）等到设备清空。

（2）关掉传送带。

（3）将垛层隔板储存区清空。

（4）有必要记录此时垛计数器的数值并清零。

（5）关闭压缩空气主阀。

四、基本维护和保养

维护设备前关掉电源，保持电器元件的干燥。维护保养内容见表2－2。

表2－2　维护保养内容

维护周期	部位	清洗材料	工作内容
每天清洁操作时	设备和设备部件	—	外观检查
每天或在生产结束时	设备和设备部件	扫帚、刷子、海绵、温水	清除碎片，清洗机器
	安全门和安全窗	软布、温水	检查清洁或是否损坏
	气动三联件：过滤器	—	检查水位，放掉积水
	光电开关及反射镜	—	检查清洁或是否损坏
每周或每50个工作小时	提升装置：链条	—	检查，必要时清洁
	气动三联件：过滤器及收集杯	水	检查过滤器，清洁，必要时更换
	传送带：清洁	—	检查
	传送带：链条、链轮、磨损带	—	检查，必要时更换
	所有的齿轮	—	检查泄漏，必要时添加润滑剂并重新密封

续表

维护周期	部位	清洗材料	工作内容
每月或 每 200 个工作小时	气动元件：连接元件、管道、阀门、气缸	—	检查，必要时更换
	制动部件	—	检查
	传送装置：辊子	—	检查
	传送装置：锯齿带	—	检查
	控制柜：过滤器	温水、肥皂	检查，必要时清洁或更换
每两年或 5000 个工作小时	添加齿轮箱油	—	检查润滑剂容量
每两年或 5000 个工作小时	提升装置：链条	—	更换

第三节 滑板式码垛机

一、基 本 结 构

滑板式码垛机结构见图 2－9，表 2－3 所示为滑板式码垛机部件表。

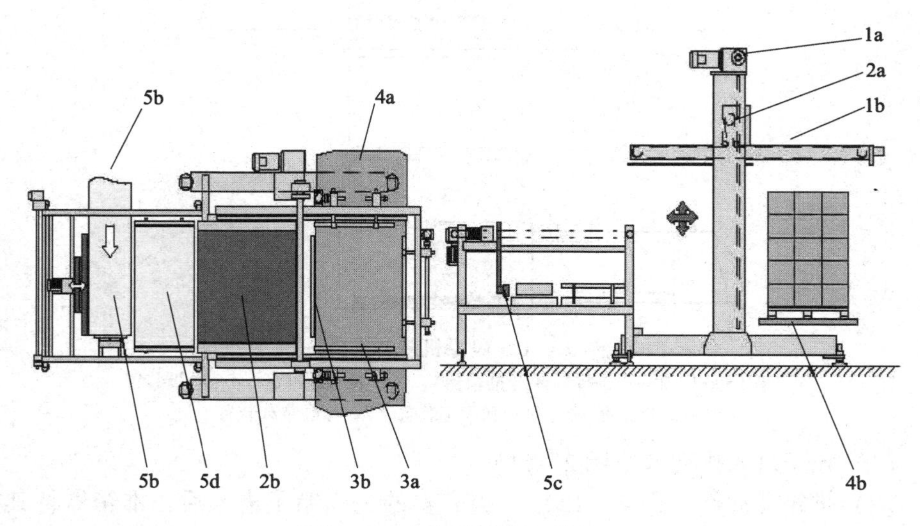

图 2－9 滑板式码垛机结构图

表 2－3 滑板式码垛机部件表

设备部位	组　成
提升装置（1）	1a. 驱动装置 1b. 提升和输送装置
输送框（2）	2a. 驱动链条 2b. 滑板装置
夹持装置（3）	3a. 对中装置 3b. 固定装置
垛板传送装置（4）	4a. 垛板传送带 4b. 垛层装载装置
箱输送装置（5）	5a. 箱子输入 5b. 箱子排列区 5c. 推箱器 5d. 垛层缓冲区

二、工 作 步 骤

滑板式码垛机装卸部件见图 2－10。

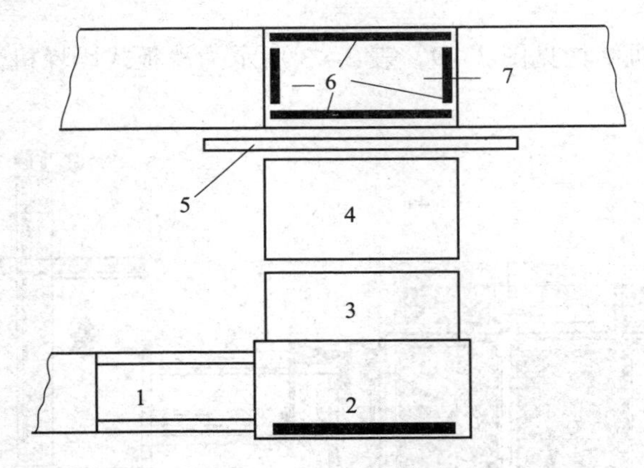

图 2－10 码垛机装卸部件

1—箱子进口 2—箱子排列区（推箱器） 3—垛层缓冲区 4—滑板装置 5—提升装置 6—对中和固定装置 7—垛层装载装置

（1）箱子进入排列区（图 2－11）。

（2）推箱器动作（图 2－12） 当完整的一列箱子进入后，推箱器将其横向推到垛层缓冲区上。推箱器回退后，箱子继续进入排列区。

（3）后续箱子继续进入排列区，重复前面的步骤。

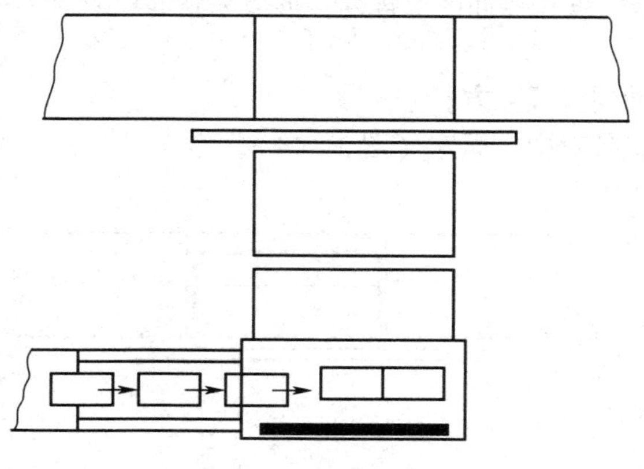

图 2-11　箱子进入排列区

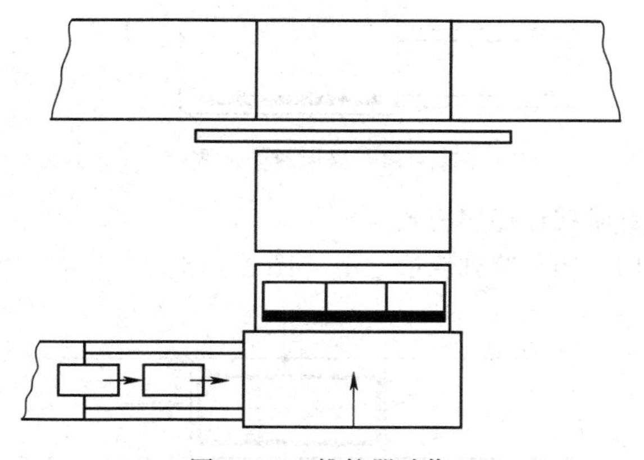

图 2-12　推箱器动作

（4）完整的垛层被推至滑板上（图 2-13）。

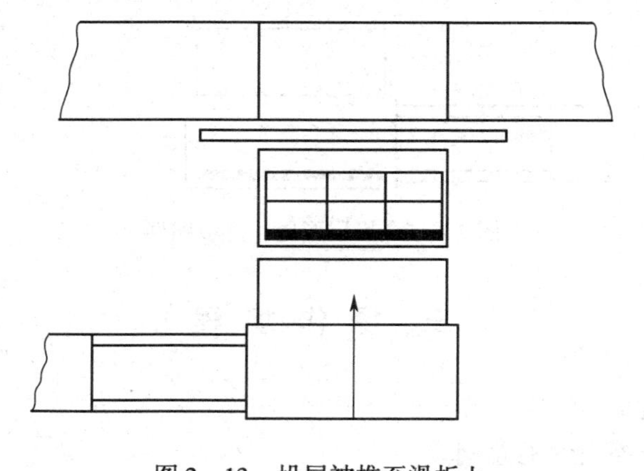

图 2-13　垛层被推至滑板上

当后续的箱子陆续在缓冲区上排列，形成完整的垛层时，推箱器将其推至滑板装置上。

（5）滑板移动到垛板上方。

（6）垛层形状被对中、固定（图2－14）。

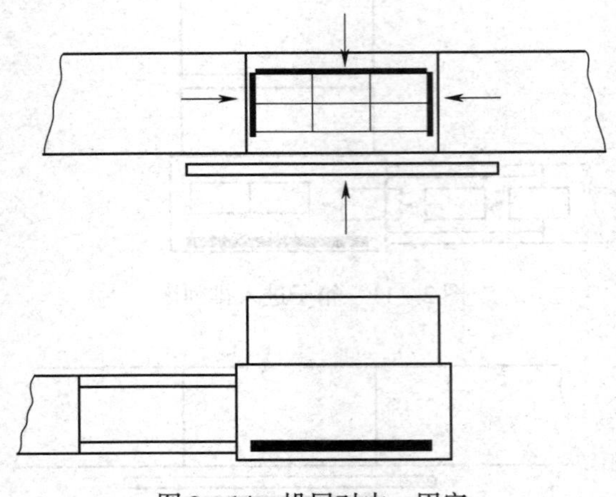

图2－14　垛层对中、固定

（7）夹持装置维持住垛层形状。

（8）滑板缩回，箱子落到垛层之上（图2－15）。

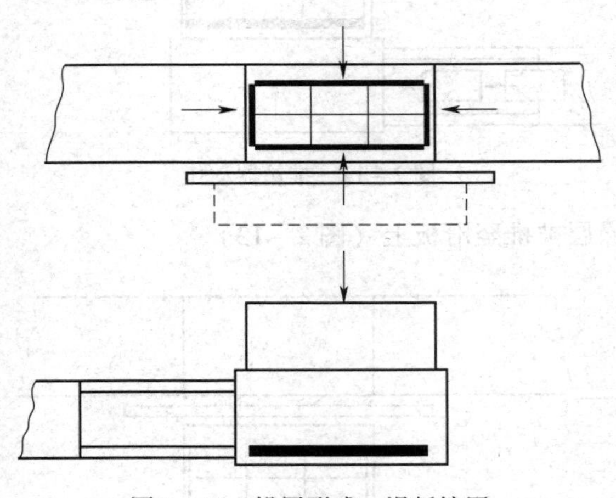

图2－15　垛层形成，滑板缩回

三、操 作 规 程

1．设备启动

（1）打开压缩空气的总阀。

（2）打开总电源供给开关。

（3）验灯　检查面板上电器开关及显示灯的好坏。
（4）有必要将垛计数器清零。
（5）打开垛板输送带。
（6）打开箱子输送带。
（7）将停箱旋钮打到释放位置。
（8）打开设备。
（9）检查安全装置。

2. 生产

（1）检查设备。
（2）检查箱子输送带上有无损坏的箱子。
（3）监视设备的监视屏和报警装置。
（4）去除堵塞物，如玻璃碎片等，维持设备安全运行。

3. 生产结束

（1）当没有完整的垛层形成时停止设备。
（2）锁定停箱装置。
（3）确定下面的设备已经做好结束的操作。
（4）将功能旋钮旋至排空设备这一档，等待未完成的垛层装完。
（5）用排空未完成垛层的功能键等待未完成的垛层排空。
（6）关掉传送带。
（7）关掉设备。
（8）有必要记录此时垛计数器的数值并清零。
（9）关闭压缩空气主阀。

四、基本维护和保养

每天和每周的维护工作同新瓶卸垛机（表2－4）。

表2－4　维护保养内容

维护周期	部位	清洗材料	工作内容
每月或每200个工作小时	气动元件：连接元件、管道、阀门、气缸	—	检查 必要时更换
	制动部件	—	检查
	传送装置：辊子	—	检查
	传送装置：推箱器、辊	—	检查
	控制柜：过滤器	温水、肥皂	检查 必要时清洁或更换
每两年或5000个工作小时	提升装置：链条	—	更换

思 考 题

码垛机和卸垛机的装卸头有几种不同的结构形式？其主要功能是什么？

第三章 装箱机和卸箱机

知识目标

1. 了解不同类型装箱机、卸箱机的结构。
2. 熟悉装箱机和卸箱机主要部件的功能。
3. 了解装箱机和卸箱机的工作原理。
4. 了解一体式包装机的工作原理。

技能目标

1. 学会手动、自动操作设备。
2. 熟悉某一种类型装箱机、卸箱机的生产流程，会排除简单的设备故障。
3. 会简单维护某一种型号的装箱机、卸箱机。

第一节 装箱机和卸箱机的任务、组成和分类

一、概　　述

1. 装箱机和卸箱机的任务

(1) 减轻繁重的体力劳动。
(2) 提高工作效率，便于大规模生产。
(3) 降低日益提高的人员工资费用。
(4) 避免人员伤害。
(5) 减少瓶、标、箱等的损失。

2. 装箱机和卸箱机良好性能的特征

（1）具备人员及设备的安防措施。

（2）根据瓶子及箱子的状况自动调节生产速度。

（3）节省场地，易操作、维护。

（4）较少或不需人员干预。

（5）对不同类型瓶、箱的适应能力好。

（6）工作效率高，无破损。

（7）自动识别并剔除不合格的瓶子、箱子。

二、装箱机和卸箱机的基本结构和原理

1. 设备的基本组成

瓶子由箱子内取出或反过来装入箱内，这一工作分别由卸箱机和装箱机来完成，由于二者结构相似，可以一并来讨论。

机器的核心部分是抓瓶头及其驱动机构，另外箱子（塑料箱或纸箱）、瓶子的输送机构也是很重要的部分。

装箱机和卸箱机的基本组成如下。

（1）输瓶部分　将瓶子按要求输入或输出规定的处理点。

（2）抓瓶头及其驱动部分　将瓶子抓起后送到规定的位置再放下。

（3）输箱部分　将箱子按要求输入或输出规定的处理点。

2. 装箱及卸箱的工作过程

卸箱（卸载空瓶）与装箱（装载满瓶）的过程采用的是相同的原理。装箱机的基本原理可以通过一个典型的机型为例（图 3 –1）说明。瓶子通过输瓶台供给装箱机，为让瓶子能够均匀装满输瓶台，在输送带上装有疏瓶器对瓶子进行处理，使其在相临通道中一字排开。自动运行模式下有检测装置是否缺瓶，确保在缺瓶状态下不装箱。抓瓶头 3 下降由抓瓶帽抓取并提起瓶子，然后退回到箱子上方，将瓶子放入已到位的箱子中。装好的箱子由传送带送出装箱机，与此同时后续的瓶子和空箱补充进来，装箱步骤的新一轮循环又重新开始。

卸箱时的工作过程以相反顺序进行，箱子在一定位置被阻挡而定位静止，抓瓶头下降至箱中抓瓶并将瓶子放置到输出瓶台上。

三、装箱机和卸箱机的类型

根据不同的划分方法，装箱机、卸箱机可以大体按如下几种方法划分类别。

1. 按自动化程度划分

按自动化程度可分为半自动、全自动。

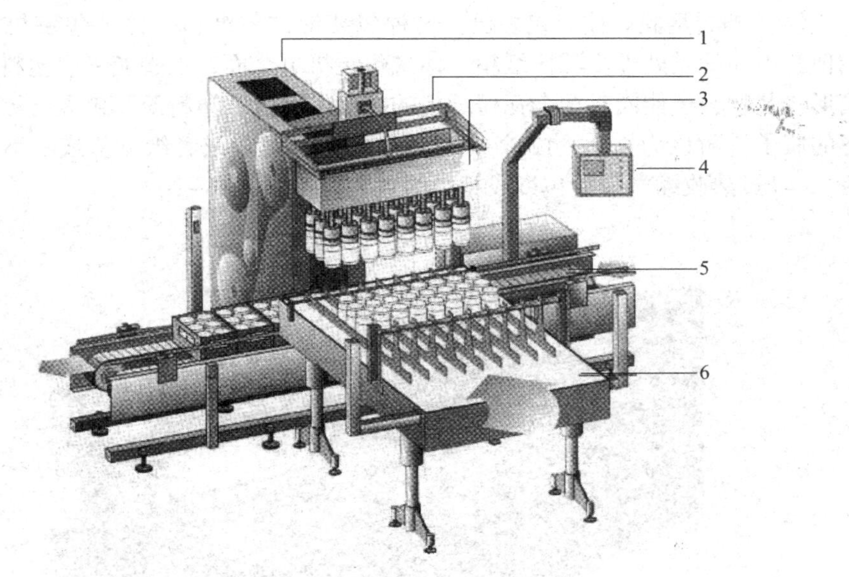

图 3-1 按基本原理工作的装箱机和卸箱机

1—机身 2—抓瓶头挂架 3—抓瓶头 4—操作屏 5—输箱带 6—集瓶台

2. 按瓶箱运动方式分

（1）间歇式装箱机和卸箱机 特点为瓶箱在处理过程中的运动是间歇的。瓶进入箱或瓶从箱中取出时，箱容器都在设备中固定区域静止等待。机器可以对纸箱或者塑料箱进行装卸。

（2）连续式装箱机和卸箱机 又称为回转式装箱机和卸箱机。特点为箱瓶在处理过程中没有停顿。瓶进入箱或瓶从箱中取出时，多个装卸头在回转体上与箱容器同步运行，故箱和瓶的运动都不会停止，生产速度较快。

3. 如按包装形式划分

（1）纸箱装箱机 一般由折箱机、封箱机与纸箱装箱机配合工作，先由折箱机将瓦楞纸折成箱坯输送至装箱机，待装箱动作完成后输送至封箱机，利用热熔胶将箱口封合。整个过程中有可能涉及人工装填纸箱的垫板和分隔纸板（有厂家自行设计自动设备替代人工来添加纸箱垫板）。

（2）塑料箱装箱机 装箱机与纸箱装箱机大体相同，箱子的定位、分箱、瓶的导向装置会有所不同。

（3）纸箱一体式包装机：这种设备可称为纸箱包装机，采用折箱、装箱，瓶箱一体成型的方法。容器（瓶或易拉罐）分列成多行输入设备，在行进过程中形成箱形，同时纸箱的原料瓦楞纸板也同时随容器输送至一处，当排列成箱形的容器输送到瓦楞纸板上，此时折箱部件将纸板折成箱形同时将瓶子包裹于纸箱当中。这种包装形式比起经由折箱机折箱，装箱机装箱，后再经由封箱机封箱的包装形式效率更高。

（4）塑料裹膜一体式包装机：这种包装形式与纸箱一体式包装机工作原理相似，不同的是处理步骤比纸箱一体式包装机更全面，不光能采用塑料薄膜包裹箱形包装物，还能同时配合瓦楞纸板的托盘或纸盒。塑料薄膜包裹已经排列成箱形的瓶子（可以为6个、12个或24个，下加托盘垫或者纸盒垫或者不需任何垫板），经过热收缩过程后包裹成箱形的包装设备（图3－2）。

图3－2　塑料裹膜一体式包装机（KHS）

第二节　装箱机和卸箱机的重要部件

一、装卸部件

1. 装卸头（也称抓瓶头）

卸箱或装箱一般总涉及至少一个包装单位，对一个或多个塑料箱或纸箱进行处理。所以每个装卸头都具有和箱子可容纳瓶数相同数目和相应排布的抓瓶帽。当以一个装24瓶的箱子为单位时，即4×6的瓶子排列时，每个装卸头需带有24个抓瓶帽。所以，装卸箱机配备的装卸头只能对应于某种特定的包装单位，若要实现其他包装类型，必须更换相对应的装卸部件。

装箱机抓瓶头上的抓瓶帽有两个工作位置。一个是紧凑位：所有抓瓶帽间的间距都按输瓶链道集瓶台上瓶子的位置排列；另一个是扩展位：所有抓瓶帽的间距都按箱子中的间距或者箱与箱之间的间距排列。由气动装置（也可以由伺服电机驱动）在装箱机摆臂摆动过程中实现伸展和收缩运动（图3－3）。

2. 抓瓶帽

抓瓶帽按原理可分为机械式和气动式两种。

机械式抓瓶帽，直接抓取瓶子的口部（图 3－4），针对玻璃瓶、塑料（PET）瓶、带扭启盖和其他封口系统的瓶子，有各种不同抓取系统可以选择。当压缩空气进入抓瓶头后夹持装置会卡住瓶子［图 3－4（1）］，当瓶子被放下到位后，压缩空气释放，由弹簧打开夹子放开瓶子［图 3－4（2）］。

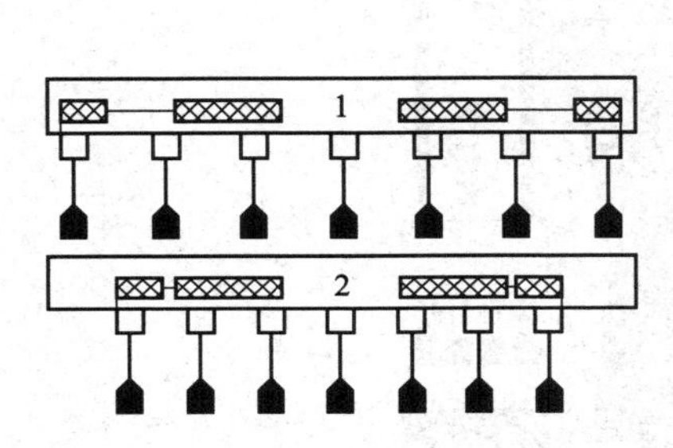

图 3－3　抓瓶头上的抓瓶帽位置

1—扩展位　2—紧凑位

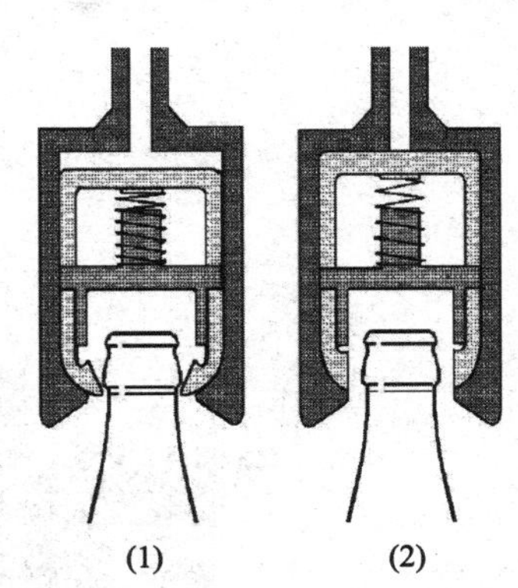

图 3－4　机械式抓瓶帽

气动式抓瓶帽（图 3－5）由压缩空气充入抓瓶头弹性皮碗中，皮碗膨胀将瓶口夹住。当瓶子放下到位后，压缩空气释放。皮碗放气后，瓶子自然下落到输送带上或箱中。

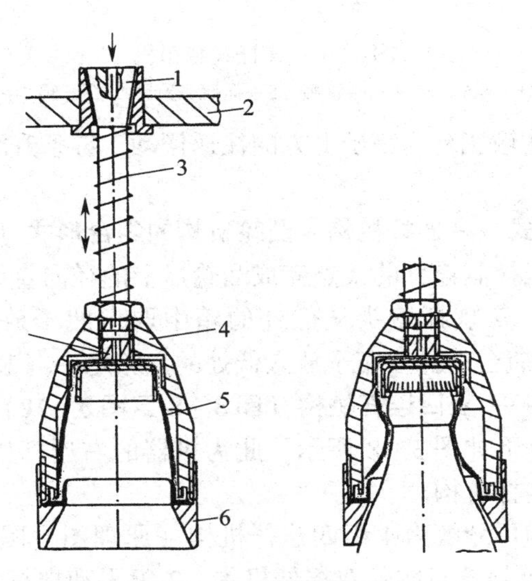

图 3－5　气动抓瓶帽

1—导向锥体　2—抓瓶头固定板　3—弹簧　4—抓瓶帽外壳　5—弹性皮碗　6—抓瓶帽螺帽

二、主体及其驱动装置

也可以按机器主体的机械形式或者运行方式来划分设备类型或者主体机构类型。

1. 连杆式——连杆机构+滚子链升降机构的组合形式（图3-6）

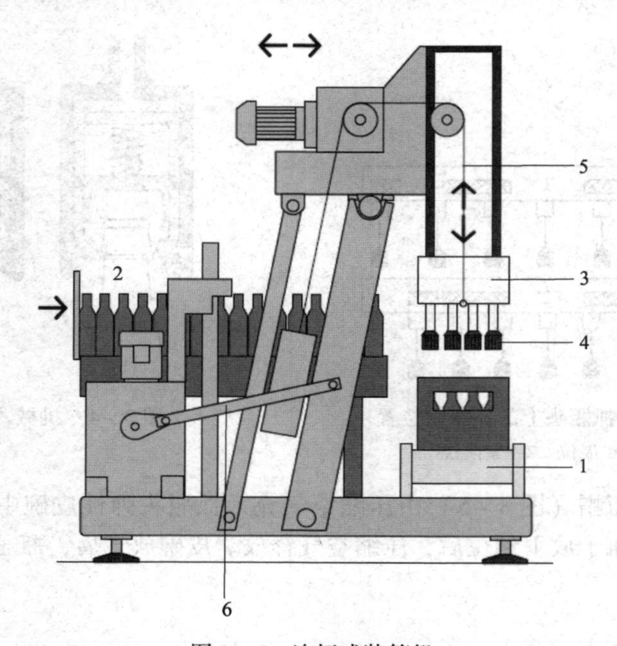

图3-6　连杆式装箱机

1—进箱　2—进瓶台　3—抓瓶头　4—抓瓶帽　5—抓瓶头升降装置（辊子链驱动）　6—连杆机构

连杆机构完成从输瓶台到箱子上方的往返摆动，链条升降机构完成抓瓶头上升下降的往返运动。

2. 垂直面回转式——连杆机构+凸轮机构的组合形式（图3-7）

凸轮的轮廓曲线控制连杆的某点完成凸轮盘上的径向直线运动，从而控制连杆臂伸展收缩运动，实现抓瓶头从低处的箱中取出瓶子放到输瓶台上（卸箱机），或从高处的输瓶台上抓取瓶子放入低处的空箱之中（装箱机）。

3. 复合连杆式——双四连杆机构（图3-8至图3-10）

复合连杆机构外形如图3-8所示，此为机器的右连杆机构，在机器的另一面有完全对称的左连杆机构。

此复合连杆机构可分解为4组四连杆机构（原理图见图3-9，分解简化图见图3-10），即曲柄摇杆机构、双摇杆机构、2组平动摇杆机构。如图3-8所示，曲柄1、连杆2、摇杆3、固定杆（机架）10组成曲柄摇杆机构；摇杆3、摇杆7、摆杆5、固定杆（机架）10组成双摇杆机构；平动摇杆4、平动连杆6、

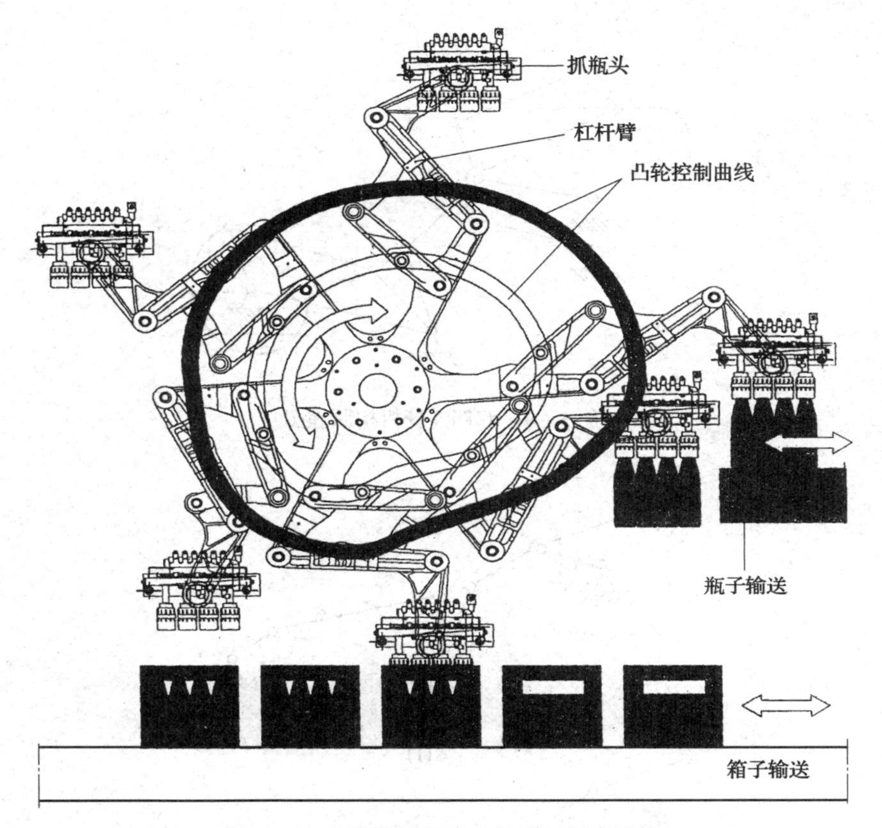

图 3－7　连续装箱机的凸轮连杆组合机构

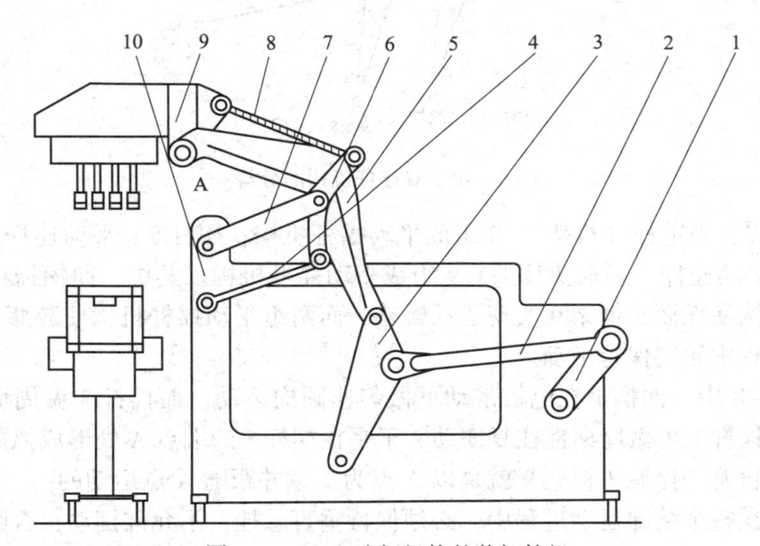

图 3－8　双四连杆机构的装卸箱机

1—曲柄　2—连杆　3—摇杆　4，7—平动摇杆　5—摆杆　6，8—平动连杆
9—平动连杆（抓瓶头框架）　10—固定杆（机架）

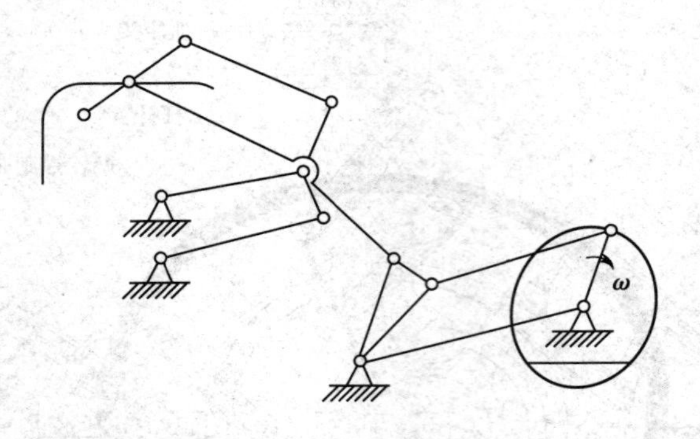

图 3－9　双四连杆机构原理图

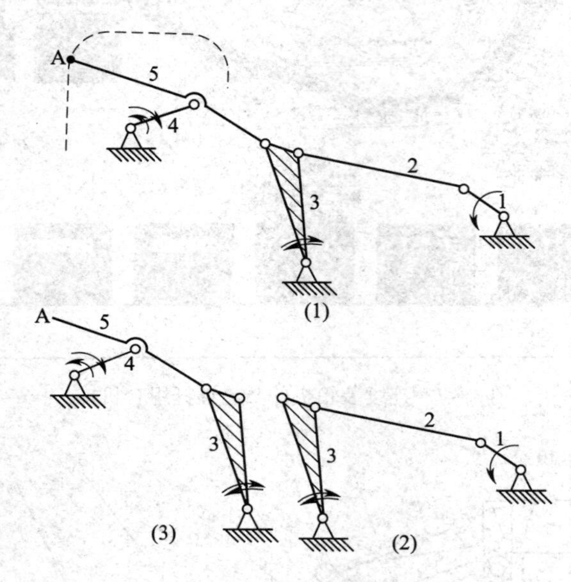

图 3－10　双连杆机构的分解

平动摇杆 7、固定杆（机架）10 组成平动摇杆机构；摆杆 5、平动连杆 6、平动连杆 8、平动连杆（抓瓶头框架）9 组成平动摇杆机构。其中，曲柄摇杆机构和双摇杆机构使抓瓶头框架 9 实现运动轨迹，而两组平动摇杆机构使装瓶头框架 9 在运作过程中始终保持平动。

图 3－8 中，曲柄 1 在电机带动下做匀速圆周运动，而摇杆 3 做周期往复摆动，同样摇杆 7 也做周期性往复摆动，于是在摆杆 5 的端点 A 处形成抓瓶装箱所需的运动轨迹，抓瓶头框架 9 就是以 A 点为支撑并跟随 A 点运动的。

瓶子在整个装卸运动过程中，必须保持垂直悬挂，不允许摆动，否则将无法顺利进入箱中。这就要求整个抓瓶头按 A 点轨迹做平移运动，抓瓶头的平移运动是由平动摇杆机构实现的。

4．坐标直线平移式（图 3－11）

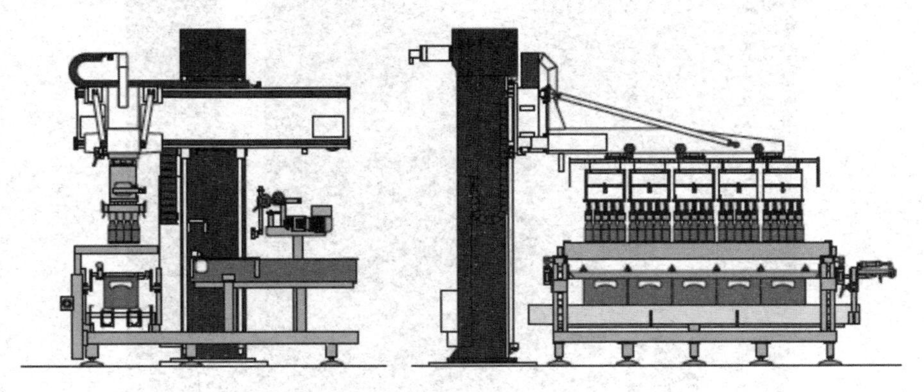

图 3－11　坐标直线平移式装卸箱机

由水平轨道和垂直轨道构成机器的主体结构，由水平轴的伺服电机驱动完成抓瓶头从输瓶台到箱子两端的直线往返运动，由垂直轴的伺服电机驱动完成抓瓶头的升降直线往返运动。德国克朗斯公司的 Linapac 装箱机和卸箱机（图 3－12）就是据此设计。

图 3－12　坐标直线平移式装箱机 Linapac（克朗斯，Krones AG）

5．机器人手臂式（关节型机器人）（图 3－13）

这是一种高速的并联多关节的机器人装箱机，因采用通用关节型机器人，其特点为运行稳定，定位精确，多应用于焊接、汽车制造等领域。关节型机器人手臂动作圆滑，从速度和视觉效果上都优于坐标式机器人（类似于第二章中的单轨式码卸垛机器人，见图 2－4）。由于其运动的灵活性，这种类型的设备可以同时处理多种不同类型的瓶子，并分类地按指定的包装物装箱或卸箱。

图 3－13　关节型机器人装箱机和卸箱机

三、辅助部件

1. 护标挡板（图 3－14）

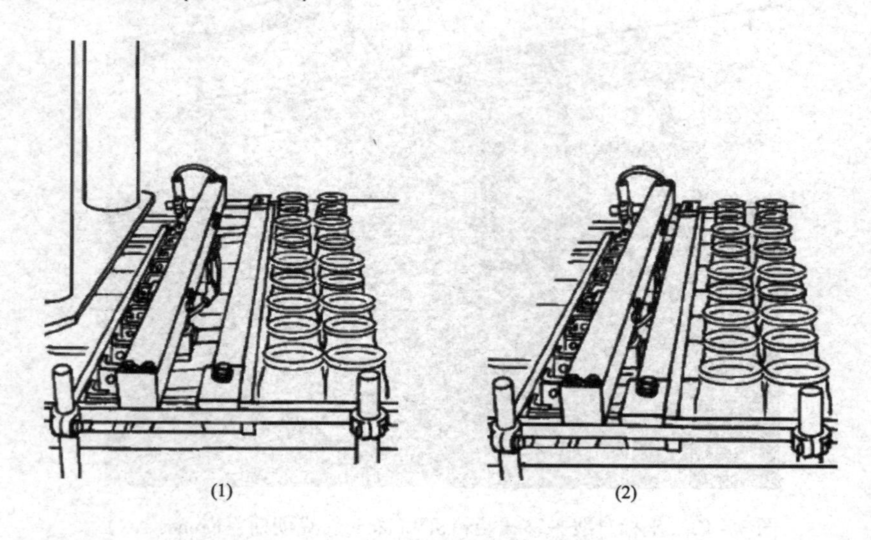

图 3－14　护标挡板工作原理图

图 3－14 中（1）容器遇挡板后停止，容器即定位；（2）挡板后移，容器在提升过程中不与挡板接触从而避免磨损标签。容器上升脱离接触位置后挡板回位。

2. 分瓶器（图 3－15）

分瓶器由电机带动一偏心凸轮旋转，从而控制分瓶挡板来回往复运动，将输瓶台进瓶口处的瓶子分开使其均匀地进入分瓶槽板。

图 3－15　分瓶器

3. 定箱罩（分箱架）（图 3－16）

图 3－16　间歇式装箱机的定箱罩

在箱子进入工作区域，由挡箱装置将其停下，当输送带停止运行后，定箱罩将箱子压住定位，防止箱子的位置在容器装箱过程中发生偏移从而导致容器无法装入箱的故障；定箱罩在瓶子装入箱中的时候还起到一定的导向作用。定箱罩也可称为分箱架，其分箱的作用是为配合装卸部件上抓瓶头的位置，使容器在分箱架的作用下顺利进入箱中。分箱架上还可以安装与容器外形相配合的导向装置，便于容器更加顺利地进入箱子中对应的位置，如让瓶子顺利进入纸箱中的礼品提盒中的每一格。

4. 挡箱装置（图 3－17，图 3－18）

挡箱装置在进箱处和工作区域处安装，负责进箱、出箱的控制，由双作用气缸驱动。

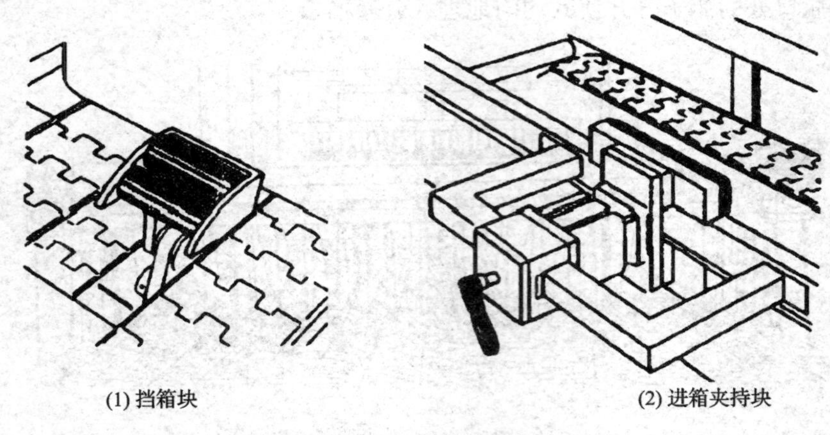

(1) 挡箱块　　(2) 进箱夹持块

图 3－17　挡箱装置

图 3－18　挡箱抓勾

图 3－17（1）气缸动作时候，挡箱块升起或降下，可以作进箱挡块，也可以作出箱挡块。

图 3－17（2）气缸动作时候，挡箱夹持块夹持或松开，可以作工作区域处的进箱夹持块。

图 3－18 气缸动作时候，挡箱抓勾升起或降下，可以和图 3－17（2）中的装置起到同样作用。防止后续的箱子碰上工作区域的箱子从而影响装箱工作。

挡箱装置配合进箱、出箱链带，可以配合间歇式装箱机和卸箱机的主体运动，快速完成进、出箱动作，提高装箱和卸箱效率。进、出箱动作过程见图3－19。

装箱机将瓶装入箱中（或卸箱机将瓶放在瓶输送带上）后，即进入下一轮工作循环。由于抓瓶的上升下降，摆臂等步骤装卸箱机耗用的时间相对固定，所以进箱出箱运动所耗用的时间很大程度上决定了间歇式装箱机和卸箱机工作效率的高低。

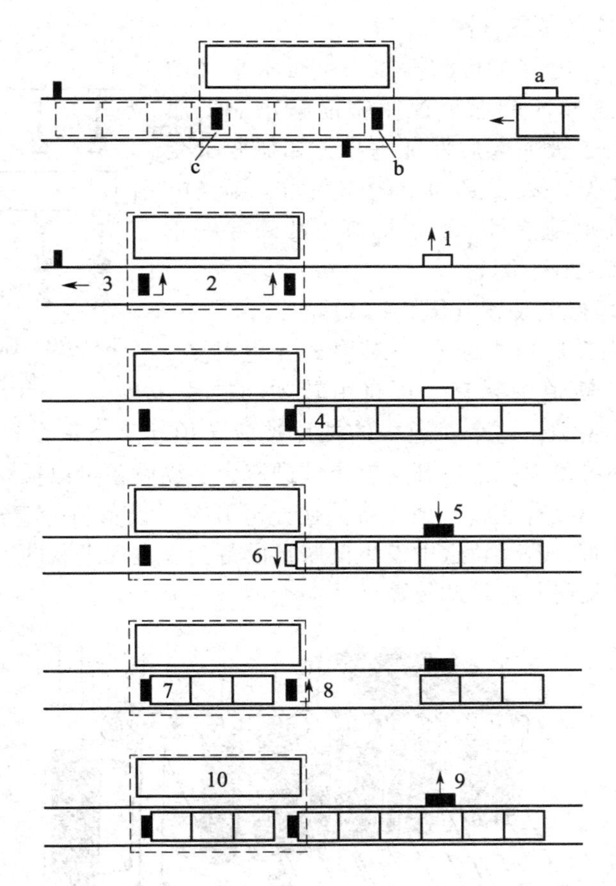

图3－19　进箱出箱控制图

a—进箱夹持块　b—进箱挡块　c—出箱挡块

1—打开进箱夹持块　2—进箱挡块和出箱挡块升起　3—输箱链条开动　4—箱子进入，由进箱挡块挡住箱子　5—进箱夹持块关闭，使后续箱子与前面即将进入生产区的箱子脱离开　6—进箱挡块下降　7——定数目（对应于装卸头的数目）的箱子进入工作区，由出箱挡块定位　8—进箱挡块上升，以便下次挡住箱子　9—进箱夹持块打开，一定数目箱子进入，开始下一个进箱循环动作　10—输瓶台链道运行，等待瓶子进入输瓶台抓瓶位置

四、检测装置与自控元件

装箱机和卸箱机上有很多检测装置和自控元件用来检测设备的位置和状态，保护操作者的人身安全，保证部件的运动顺利进行。某些自控元件还用来完成一些关键动作，这些部件是整个设备组成中不可或缺的一部分。这当中有保护操作者安全的安全门检测开关，检测设备位置的抓瓶头水平检测、满箱检测、箱子到位检测以及检测设备运动状态的装卸部件升降检测等。

1. 抓瓶头检测装置（图3－20）

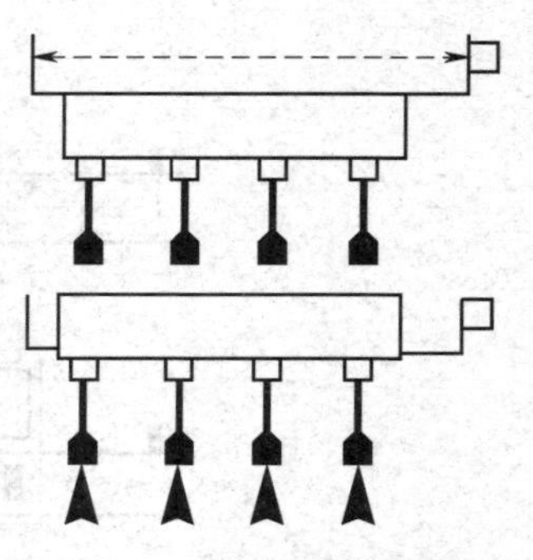
图3－20　抓瓶头检测装置工作原理

通过对射式光电开关检测抓瓶头是否水平（图3－20上图），这样才能保证抓瓶帽能够正对上瓶口，也可保证瓶子被抓起后保证垂直，如抓瓶头受阻或者抓瓶头上某一处受到向上的作用力，则光电开关会被挡住并得到信号，机器即刻报故障并停止下降运行（图3－20下图）。

2. 进瓶满箱检测装置（图3－21）

在进瓶台轨道进口处装有一对射式光电开关，而在此处的每一轨道中装有一可自由转动的挡片。当某轨道中瓶子装满，这个轨道中的挡片被瓶子顶起。当每个轨道中瓶子都装满，挡片就全部被顶起，光电开关就得到进瓶台装满设备可以抓瓶的信号；如果有哪个进瓶轨道中没有装满，挡片将挡住光电开关，设备将一直进行进瓶工作，等待信号进行抓瓶。若某轨道中发生倒瓶，设备会一直在进瓶的工作状态，此时则需要操作人员发现并排除此故障。

图3－21　进瓶满箱检测装置

3. 箱子到位检测装置（图3－22）

在箱子输送带上，设备工作区进口处、出口处以及箱装卸工作位处都有检测装置，检查箱子是否到位或者是否有出口堵塞、进口空置等情况。

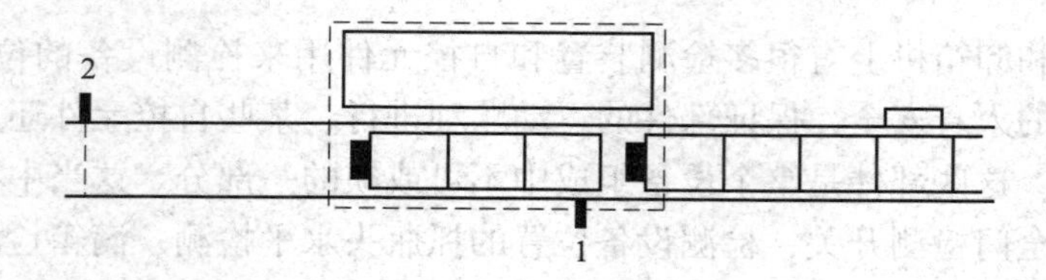

图3－22　箱子到位检测装置

安装在1、2处的光电开关可以检测箱子位置，1处为箱装卸工作位处的到位检测，2处为设备出口处检测。

4. 装卸部件位置检测装置

该检测装置可以检测抓瓶和释放瓶子的位置，从而使设备准确地抓瓶放瓶；也可以检测机器的摆臂位置，从而使设备准确地摆动到箱子上端或输瓶台上端。该检测装置可由旋转编码器、金属接近开关等元件构成。

例如，在连杆滚子链式装箱机的抓瓶头升降移动的轨道顶端安装有金属接近开关，用作升降运动起点位置的行程开关，由旋转编码器来记录抓瓶头下降的距离，这样即可精确控制抓瓶头向下运动的距离，由此完成装卸部件的装卸运动。

5. 常用的检测元件

啤酒包装设备上普遍采用各种检测元件，鉴于装箱机和卸箱机的工作特点，在此章节介绍一些常见的检测元件和它们的工作原理。

（1）光电旋转编码器（简称为编码器或旋编） 装箱机和卸箱机通过光电旋转编码器记录对应驱动轴的旋转角度来计量行程，从而精确控制装卸部件的运动行程，实现准确的装卸动作。

编码器可用来检测转数或转速，它以发光二极管为光源，圆形光栅盘旋转时，光透过光栅，由光敏二极管等组成的光脉冲接收和计数装置，发出信号以检测光栅盘的转数和转速。编码器分为增量型旋转编码器（图3－23）和绝对型旋转编码器（图3－24）。

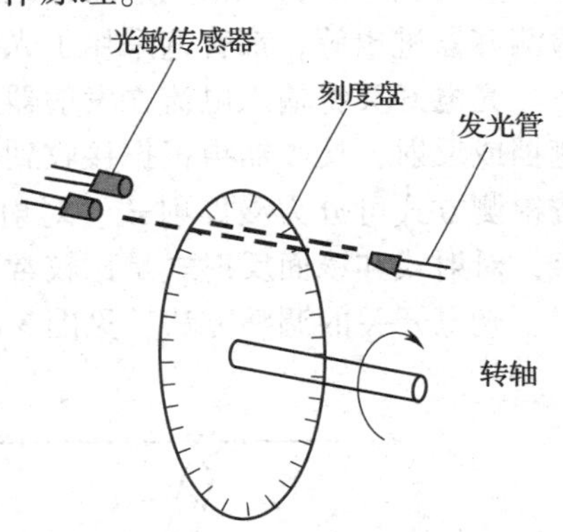

图3－23 增量型光电旋转编码器工作原理图

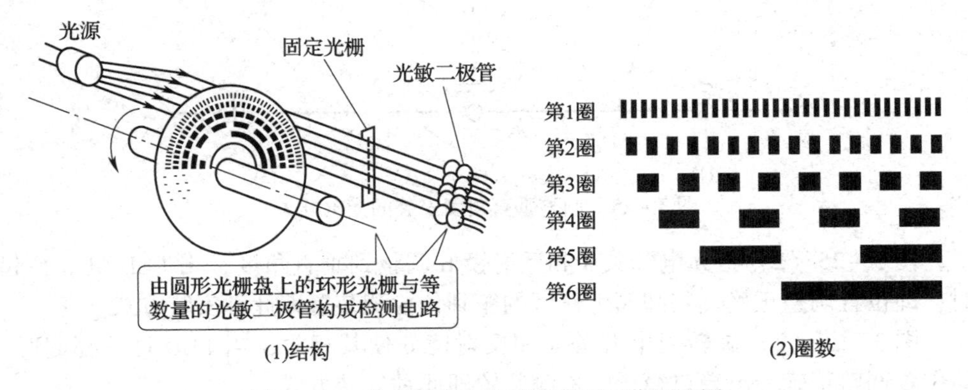

图3－24 绝对型光电旋转编码器工作原理图

增量型编码器轴旋转时，有相应的相位输出。其旋转方向的判别和脉冲数量的增减，需借助后部的判向电路和计数器来实现。其计数起点可任意设定，并可实现多圈的无限累加和测量。还可以每转发出一个脉冲的 Z 信号，作为参考机械零位。

绝对值编码器轴旋转器时，有与位置一一对应的代码（二进制，BCD 码等）输出，从代码大小的变更即可判别正反方向和位移所处的位置，而无需判向电路。它有一个绝对零位代码，当停电或关机后再开机重新测量时，仍可准确地读出停电或关机位置的代码，并准确地找到零位代码。一般情况下绝对值编码器的测量范围为 0～360°，但特殊型号也可实现多圈测量。

装箱机和卸箱机工作过程中，对于前者，每当电源接通时，都必须做机械系统的原点设定操作，而后者与旋转量存储电路或程序组合起来，故可免去原点设定工作。

（2）光电式接近开关（简称为光电开关） 在装箱机和卸箱机的瓶子输送检测，进瓶满箱检测，抓瓶头故障检测，箱子输送检测，箱子到位检测，工作区域人员安全检测，包括生产线输送系统上检测瓶流、堵瓶，设备进口处、出口处检测容器进出等，都普遍采用了光电开关作为检测元件。

光电开关将输入电流在发射器上转换为光信号射出，利用被检测物对光束的遮挡或反射，接收器再根据接收到的光信号的强弱或有无对目标物体进行探测。按检测方式可分为漫反射式、对射式和镜面反射式三种类型。在啤酒包装设备上，对射式和镜面反射式是比较常见的两种光电传感器。

光电开关的调整方法，见图 3－25 和图 3－26。

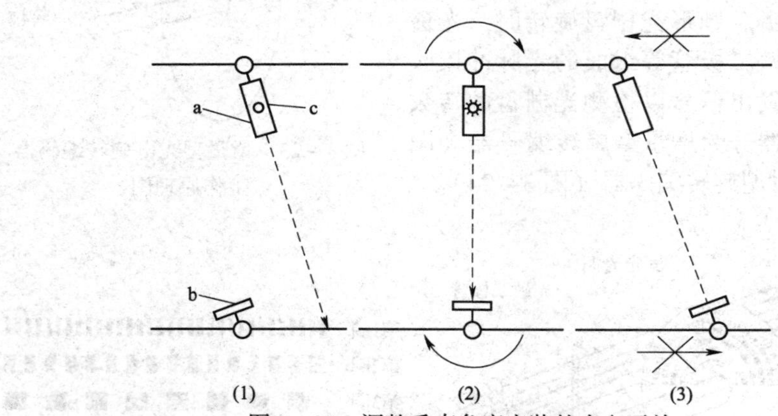

图 3－25 调整垂直角度安装的光电开关

图 3－25（2）把光电开关 a 和反射镜 b 调整到垂直角度，当 LED 灯 c 亮起时，即位置调整正确。装卸箱工作区的箱到位检测装置即此种安装方式。

图 3－26（2）旋转光电开关 a 和反射镜 b 使其相对，当 LED 灯 c 亮起时，即位置调整正确。出箱口箱子的检测装置即此种安装方式。

（3）金属接近开关 金属接近开关在装箱机和卸箱机上可以用作抓瓶头升降位置检测的行程开关，也可以用在输瓶链道上检测瓶流的状态，还可以用在其他啤酒包装设备上检测设备状态等。

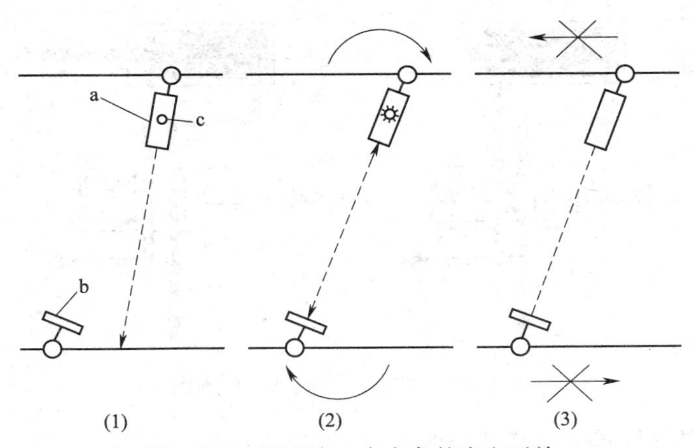

图 3－26　调整有一定夹角的光电开关

6. 常用的气动元件

啤酒包装设备上普遍采用气动元件，鉴于装箱机和卸箱机的工作特点，在此章节介绍一些常见的气动元件和它们的工作原理。

（1）气动控制阀门　控制气路通断的阀门称为气动阀门。阀门阀芯的动作形式有手动、气动、电磁线圈、弹簧复位等多种形式。电磁线圈动作形式的气动阀门简称为电磁阀。

例如，电磁阀则由电磁线圈的磁力拉动阀芯在阀体内滑动或转动，用以改变阀芯孔和阀体孔的对应关系，从而达到导通、截止或改变流向等目的。

根据阀芯能滑动或转到不同位置的数目，和阀门能控制的通路数目，可以称此阀门为几位几通阀门。气动阀中最常见的有二位三通阀、二位四通阀、二位五通阀。例如，二位三通阀的手动阀门用作设备气路的通断开关；二位四通阀的电磁阀门常用作控制气缸等气动执行元件气路的通断，从而控制执行元件动作。在装卸箱机上抓瓶帽的进排气的气路通断就由二位三通阀的电磁阀控制。

（2）快速排气阀　当气路进口压力下降时，排出口能自动打开，使气体向外排放的阀门。装卸箱机抓瓶帽的排气通道上就装有快速排气阀门，用于保障设备在装卸过程中抓瓶帽能够快速地排气，使瓶子得到快速地释放。阀门的排气口上一般装有消音装置。

（3）气缸（图 3－27）　在气压传动中将压缩气体的压力能转换为机械能的气动执行元件，通过引导活塞在元件内进行直线或旋转往复运动。根据动作形式可分为双作用气缸、单作用气缸。双作用气缸：从活塞两侧交替供气，在一个或两个方向输出力。单作用气缸：仅一端进气，推动活塞产生推力伸出，靠弹簧弹力或者自重返回。

在装箱机和卸箱机上，护标挡板、进箱挡块、定箱罩等装置的驱动都由双作用气缸来完成。

注：图中的控制元件为手动弹簧复位的两位四通阀门。

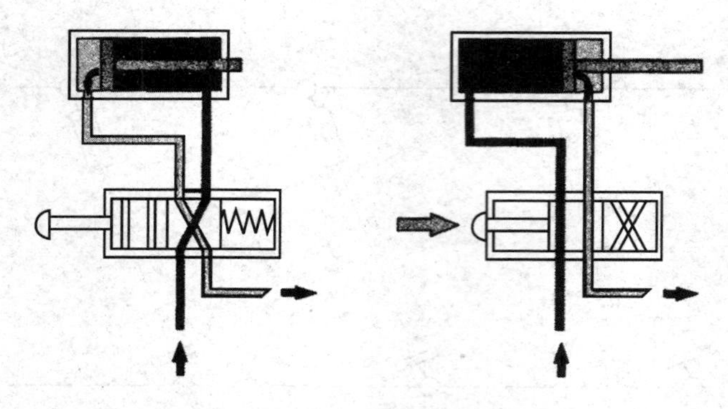

图 3－27　双作用气缸动作原理图

（4）空气处理单元（图 3－28）

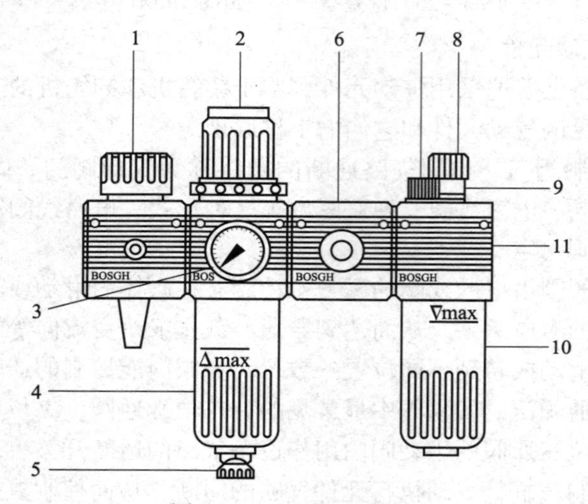

图 3－28　空气处理单元

1—压缩空气主阀：控制压缩空气的开与关即气源开关

2—减压阀：空气压力的调节，使气源压力处于恒定状态，可减小因气源气压突变时对阀门或执行器等硬件的损伤

3—压力表：显示减压后压缩空气压力

4—过滤器：由滤芯、集水杯等组成，用于对气源的清洁，可过滤压缩空气中的水分或杂质，避免水分或杂质随气体进入装置。水分会慢慢凝结收集在集水杯中，适当时被排放

5—排放阀：用于排放集水杯中空气中的凝结水。有手动排放和自动排放两种方式

6—分配器：图示中此处的分配器可输出不含润滑油的压缩空气，上有快速接口可接气枪

7—润滑油加注口：当关闭主阀时才能打开此处添加润滑油

8—油量调节螺丝：控制添加进压缩空气的润滑油油量。正确位置为将螺丝从完全关闭位置拧开 1/4 圈

9—观察孔：检查油雾器是否正确工作

10—油杯：储存润滑油，保障油位正常

11—油雾器：将油杯 10 中的润滑油压入雾化室，雾化后添加到压缩空气中，即可由压缩空气驱动运动部件的同时进行润滑，可以对不方便加润滑油的阀门、气缸内部进行润滑，大大延长部件的使用寿命。油雾器当中设置有单向阀，保证加有润滑油的压缩空气不会返回分配器 6。输出含润滑油的压缩空气

第三节　间歇式装箱机和卸箱机

以某型号的简单连杆式装箱机的工作情况及其操作维护规程来介绍间歇式装箱机和卸箱机的特点。

一、连杆滚子链式装箱机的工作步骤

装箱机的抓瓶头在进瓶台上方等待进瓶台进满瓶子。当进瓶满箱检测装置送来满箱信号后，抓瓶头向下运动到低点后停止，抓瓶帽充气后夹住瓶子；护标挡板运动脱开与瓶接触的位置，等瓶上升一定距离后回位。抓瓶后抓瓶头向上运动到升降轨道即滚子链运动的顶点，连杆机构即刻开始摆动动作，摆动到箱子正上方停止。抓瓶头即刻开始下降，当下降到预设的最低点后停止。此时抓瓶帽气囊内的气体快速排出，瓶子释放，缓慢落入到箱中；抓瓶头即刻开始向上运动到脱离定箱罩区域后，定箱罩抬起，挡箱块下降，输箱部分排出箱子。当连杆机构摆动回到输瓶台上方停止等待后，一个完整的装箱工作循环完成。随后后续的箱、瓶进入空置的工作区，开始下一个工作循环。

二、装箱机操作规程

（仅供参考）

1．开机操作

（1）机器开动

① 准备瓶和箱：待其到位。

② 开气源：打开气阀，压力表显示0.4～0.5MPa，注意过滤器水杯的水位（适时排放）、油雾器油杯的油位（适时加油）。

③ 检查：机器内，输瓶台上是否有瓶子及碎片，输箱口是否有箱子，有则清除。

④ 开电源：先开控制柜上电源开关，再打开操作面板电源锁。

⑤ 故障恢复：松开急停开关，按故障复位按钮，到所有故障指示灯（红色）熄灭。

⑥ 程序开关选择：选择手动或自动并按启动键。

（2）自动　将选择开关打“自动”并按启动，机器自动运行。

（3）手动　将选择开关打“手动”并按启动，绿色灯亮。

(4) 选择手动模式中某个设备动作　按点动，一直按着，直到机器到位后自动停止。

2. 自动功能

(1) 条件　输箱进口缺箱、输箱出口光电开关释放。

结果：① 连杆机构驶向输箱侧等待；② 输箱带一直运行；③ 定箱罩处于上升位置。

(2) 条件　输箱口缺箱。结果：抓瓶头在输瓶台一侧等待。

(3) 条件　输瓶线上堵瓶、满箱信号。结果：升降机构可快速行驶（否则慢速）。

(4) 条件　机器内没有箱子、输箱出口光电开关释放、定箱罩处在上升位置。结果：① 输箱带运行，进箱。② 箱遇出箱挡块后，通过机器内箱到位检测的光电开关关闭输箱带。③ 当预设数目的箱子进入后，挡箱装置动作挡住后续箱子。

3. 停机操作

(1) 临时停机　手动/自动选择开关打到中间位置。

(2) 自动停机　瓶子和箱子在输送带上出现以下几种状况停机。

① 瓶子或箱子输送带出口堵塞。② 输箱带进箱处无箱。③ 在装箱过程中输瓶台上瓶子数量不足。

(3) 故障保护停机和工作条件停机

① 在以下几种故障下机器停机，相应红色指示灯亮（图 3－29）：急停开关按下 3；有人进入机器 6；气压不够（小于 0.4MPa）5；电机故障 4，如：a. 电机过流；b. 电机超温；c. PLC 故障；d. 旋转编码器故障；抓瓶头受阻 7；升降驱动链条松弛 8；电源电压过低（等待）。

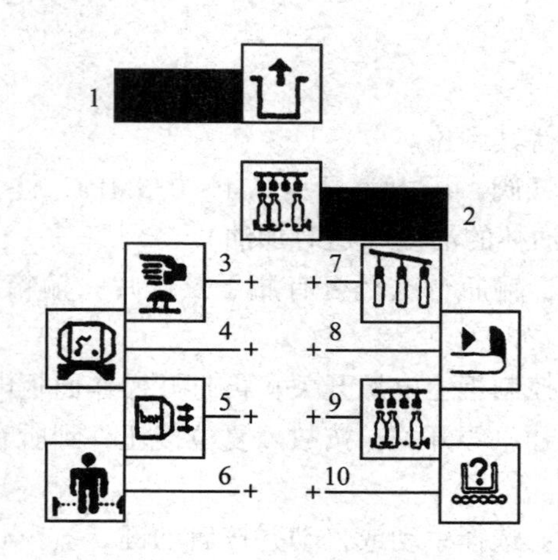

图 3－29　故障指示

1 处为急停按钮，2 处为缺瓶时（即无满箱信号时）进行抓瓶装箱的按钮。

② 在以下几种条件没有满足时机器停机，相应绿色指示灯亮（图 3－29）。输瓶台进口瓶子不足 9；输瓶带出口堵塞 9；输箱带进口箱子不足 10；输箱带出口堵塞 10。

4. 生产结束停机

（1）将抓瓶头停在输瓶台侧空载等待。

（2）工作区内的空箱排出。

（3）关电源锁（总电源开关视情况而定）。

（4）关掉气源总阀。

三、维　护

1. 每天维护项目

（1）空气处理单元的油雾器油杯油位检查，不能少于油杯的 1/3，气缸用油型号 HLP32。

（2）空气处理单元的过滤器集水杯水位检查，不能超过水杯的 2/3，适时排放。

（3）机器停机后抓瓶帽内气体排空。

（4）机器停机后排气（借助总阀）。

2. 其他维护部分请参阅对应机型的操作手册。

第四节　连续式装箱机和卸箱机

为保证容器转移的顺利进行，包装系统通常都采用使包装箱在进行取出和装入的瞬间保持静止不动的方法，来提高动作的稳定性。但设备的产能越高，留给箱子和瓶子制动定位的时间也就越短。这样一来，回转式连续装箱机和卸箱机也就应运而生。

连续装箱机和卸箱机的关键在于抓瓶头与箱运动的同步，尤其是装箱机还要很好地解决在行进中对瓶子分流排列成与箱对应的方块阵列，以及抓瓶头与瓶运动的同步问题。

连续装箱机和卸箱机按其运行轨迹的特点分为水平面回转式（图 3－30）和垂直面回转式（图 3－31 和图 3－32）。

图 3-30　水平回转连续装箱机 Kontipac（克朗斯，Krones AG）

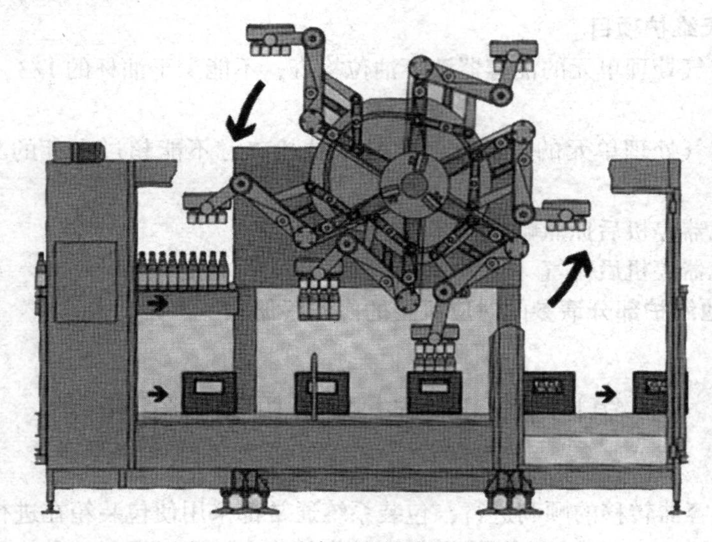

图 3-31　垂直面回转式连续装箱机

一、水平面回转式连续装箱机和卸箱机

为实现连续装卸，抓瓶头及其托架在水平面的轨道上由主链条拖动做椭圆回转运动（图 3-33）。同时抓瓶头根据需要受提升电机和环形轨道的作用，在托架的轨杆上做升降运动（图 3-34）。到达包装区的瓶流在无压状态下实现分配。在此之前，瓶流经由多个单路并列分瓶槽道分成并排单列，进入输瓶台时被输送带底部做快速曲线运动的链条引导出来，并分配到几个相互间隔的通道上。瓶子就这样以连续的队列方式进入输瓶台，并被分成与装箱形式对应的方块阵列。这一个个方块阵列由与机器主传动链条同速度运行的输瓶链带输送。定箱罩（由左右两块部件组成，下降的为左部件，图 3-35）下降与方块阵列的瓶子相遇，

图 3－32　垂直面回转式连续装箱机 Roundpac（克朗斯，Krones AG）

在运动中起到挡住瓶子方块阵列的作用，方便抓瓶头抓取。再由抓瓶头在与瓶的同步运动中下降，抓住瓶子并提升。受主链条驱动，抓瓶头回转运动到机器的另一侧。由于抓瓶头回转的原因，箱子与瓶流运动方向相反，此时回转过来的抓瓶头与箱同向同速运行。定箱罩（左右两块同时运动）下降到箱中后使箱子相对固定住，然后抓瓶头在相对运动中下降，瓶子被放入到箱内（图 3－36）。然后抓瓶头提升，继续随托架做回转运动，进入新一轮循环。

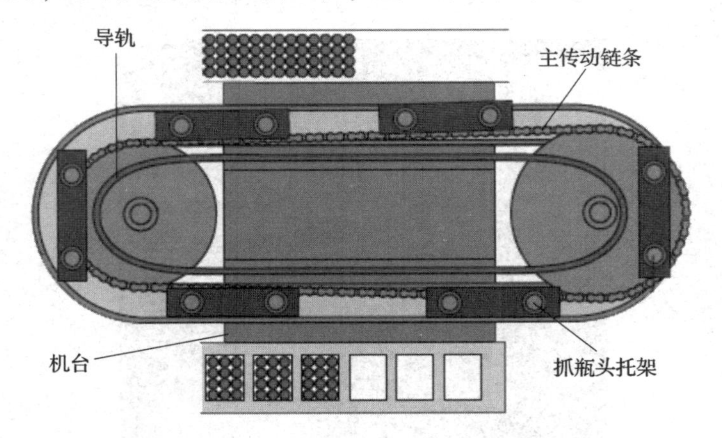

图 3－33　水平回转式连续装箱机结构简图（俯视图）

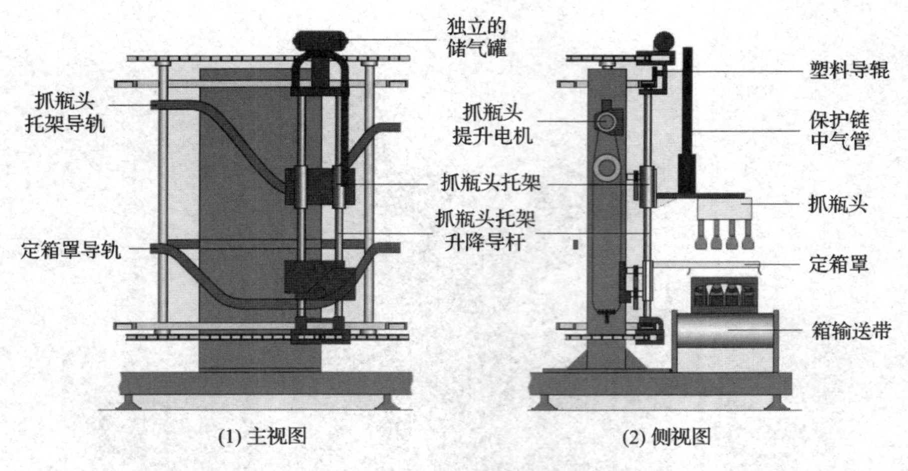

图 3－34　水平回转式连续装箱机结构简图

图 3－35　水平回转中抓瓶

图 3－36　抓瓶头水平回转中装箱

二、垂直面回转式连续装箱机和卸箱机

抓瓶头在垂直面回转的连续装箱机和卸箱机，瓶子和箱子的输入输出传送带呈高低分布。占地较省，容易接近。

这种装箱机和卸箱机体现了连续装卸机械的复杂性以及对材料的最高要求。为实现正常装卸，抓瓶头运动必须无冲击和摇晃，运动轨迹流畅平滑，同时还需保障抓瓶头和瓶、箱的运动严格同步。还应做到有故障时，抓瓶头能从故障点脱离开来。

从图 3 – 35 以及图 3 – 36 中可以看出抓瓶头回转运动的曲线是由主体的凸轮轮廓曲线控制。而每个抓瓶头的托架安装于对应的连杆臂上。连杆臂的某点沿凸轮轮廓线做曲线运动的同时，还要沿凸轮的径向做直线运动。这样，抓瓶头的连杆臂完成伸展取瓶、收回、再伸展放瓶、再收回的动作（装箱过程）。

第五节　一体式包装机

一、一体式包装机的基本任务

一体式包装机有纸箱一体式包装机、塑料裹膜一体式包装机等类型，其中塑料裹膜一体式包装机则有采用瓦楞纸托盘、瓦楞纸盒、纸垫板、无垫板等的机型（图 3 – 37，图 3 – 38）。一体式包装机的基本任务是按照工艺要求将从贴标机输出的产品按一定排列形式送入包装机，使用对应的包装材料将已经排列成型的产品进行包装，并且保证箱形包装体的外观质量和牢固程度符合设计要求。

图 3 – 37　纸箱一体式包装机（克朗斯，Krones AG）

图 3-38　多功能包装一体机（垫板、托盘、纸箱、裹膜热缩）
Variopac Pro（克朗斯，Krones AG）

在啤酒行业，纸箱一体式包装机可以对瓶、听等包装形式的产品进行包装，而裹膜一体式包装机在饮料行业的包装生产线上十分常见。

二、一体式包装机的基本结构

鉴于一体式包装机的工作及结构特点，在了解纸箱一体式包装机的前提下，只需再多了解裹膜热缩一体式包装机的对应模块部件即可。

纸箱一体式包装机主要部件如下（标有#号的为其他包装类型的一体式包装机部件）。

1. 机座部件

支撑各运动部件及电机等（图 3-39）。

图 3-39　包装机机座部件

2. 输送运动部件

成品瓶在进入包装机前由分瓶轨道分成多列排列行进（图 3 - 40），依靠瓶间隔部件（图 3 - 41）将多列排列的瓶流按箱形排数划分输送（图 3 - 42），间隔部件将瓶子推离瓶流从而形成箱形以便后续包装动作操作，然后经由倒 V 形轨道汇集并拢形成最后的包装形式（图 3 - 43）。再由输送装置将箱形方阵推送到指定位置（图 3 - 44）和纸箱坯件完成定位后，随即开始后续的包装动作。纸箱坯在设备底部经由专门的输送装置传送。

图 3 - 40　瓶经由分瓶轨道分列进入

图 3 - 41　瓶间隔部件

图 3－42　成排的瓶间隔装置（链条驱动）将瓶流划分成箱形

图 3－43　倒 V 形轨道

图 3－44　箱形瓶方阵的输送装置（链条驱动）

3. 定位折边装置（图3－45）

在输送装置上的定位装置，在瓶和纸箱坯一起输送后即把纸箱坯边折起，从而保证瓶子的正确到位，以及后续折箱的包装动作完成到位。

图3－45 纸箱坯和瓶的定位装置（圈中）

4. 成型部件

瓶和纸箱坯在成型通道（图3－46）上输送的同时，通道两侧的成型部件（气动或电动驱动）按照一定的处理流程，在确定的位置对纸箱进行折叠、挤压和粘贴等处理，使纸箱坯包裹住瓶方阵最终形成箱的包装形式（图3－47）。

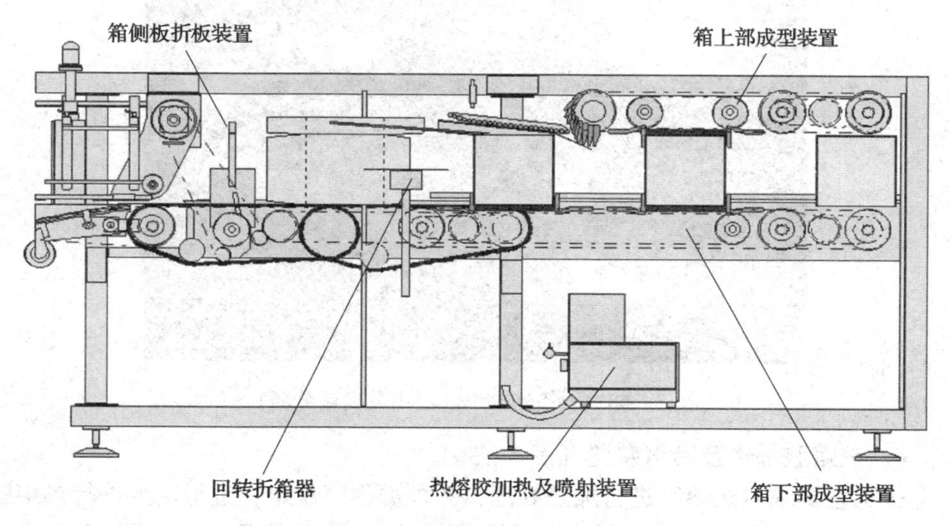

图3－46 纸箱成型通道结构图

图 3－47　纸箱包装机成型部件成型过程（顺序左上至右下）

5. 纸箱坯件分单输送部件

纸箱坯按照设计要求，先分成单张后再输送到指定位置与瓶方阵相遇（图 3－48，图 3－49）。

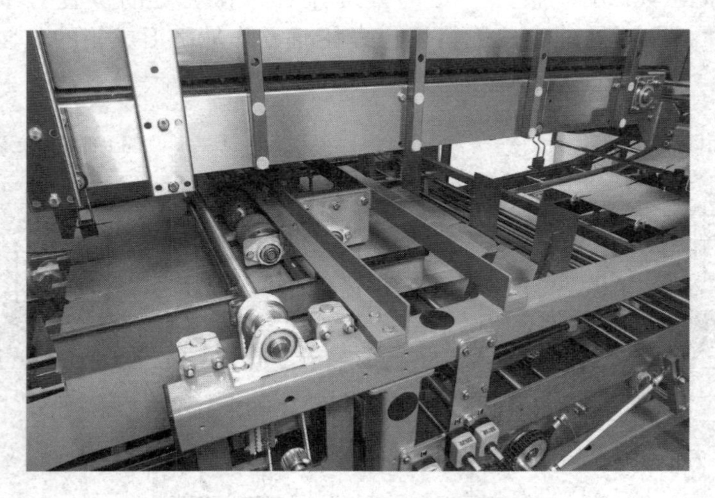

图 3－48　纸箱坯分单（经由分离辊分离）

6. 热熔胶加热及喷射装置（图 3－50）

按工艺要求对热熔胶进行加热处理，并根据程序规定，定量定点进行热熔胶的喷射，完成箱的成型。粘接的材料不同，热熔胶种类不同，加热的温度亦不同。

图 3－49　纸箱坯输送部件及其轨道

图 3－50　纸箱包装机热熔胶加热及喷射装置

7. 塑料薄膜输送装置（图 3－51）

薄膜原料辊设在设备底部，薄膜经由电机驱动的张力控制输送辊（图 3－52）、输送至薄膜切割站处（图 3－53）。由薄膜检测装置（图 3－54）检测图案后切割（无图案的薄膜按定长切割）后，与容器箱形方阵或垫板，或折完成型后的托盘或纸盒在裹膜通道（图 3－55）处相遇，由对应部件完成后续包装动作。

8. 薄膜裹包通道（图 3－55）

切断后的薄膜与包装物相遇后，由链条驱动的裹膜辊将薄膜向包装物前方掀起（图 3－56），当行走到通道尽头时才完成裹膜的动作（图 3－57）。通过图 3－57 中梯形框所示，可以看见整个裹膜动作的外形曲线和驱动部件。

9. 热缩通道（图 3－58）

为实现包装物外形的稳固，薄膜裹包后可经过热缩通道中的热空气加热处理，再经通风冷却后输出（图 3－59）。

图 3－51　薄膜输送装置

图 3－52　薄膜张力控制输送辊

图 3－53　薄膜切割站

图 3－54　薄膜图案检测

图 3－55　薄膜裹包通道

图 3－56　裹膜辊挑起薄膜

图 3－57　裹膜过程完成

图 3－58　通过热缩通道的薄膜包装物

图 3－59　在热缩通道出口处的包装物

可以看出，一体式包装机对某一种包装材料的处理过程设置在一段通道内，这种模块化的设计可以使生产厂家在同一机器原型平台上设计出针对各种包装物的一体式包装机，从而适应广大市场的需求。

三、纸箱包装的工作原理

啤酒行业大量采用的纸箱包装是一种经济合理、便于运输、安全性较强的包装形式。纸箱包装从分多台设备生产到一体式设备生产，体现着生产效率的提高，包装技术的革新。

1. 多台设备进行纸箱包装的工作原理：折箱 – 装箱 – 封箱

由纸箱折箱机将纸箱坯件打开成型。纸箱由输箱传送装置输送到纸箱装箱机的纸箱定位装置处。纸箱的定位处理完成后，装箱机的抓瓶头在输瓶台上抓取瓶酒。瓶子的输送由输送带完成，瓶子的定位由分瓶轨道使瓶酒排列实现纸箱包装的要求，使得抓瓶头能够在完成抓瓶后，借助导向装置准确地将瓶子放入纸箱中。瓶子放入纸箱后，抓瓶装置升起。成品纸箱在定位装置脱开后，由输送装置将其输送到封箱机进行封箱处理。折箱机工作过程见图 3 – 60 和图 3 – 61，装箱机工作过程见图 3 – 62，封箱机工作过程见图 3 – 61。

图 3 – 60　折箱机中动作部件将纸箱坯展开成箱

2. 纸箱一体式包装机的工作原理

纸箱包装机结构简图见图 3 – 63。

图 3－61　折箱机中的封箱部件对纸箱坯进行封箱处理（留出箱子上部便于装箱机操作）

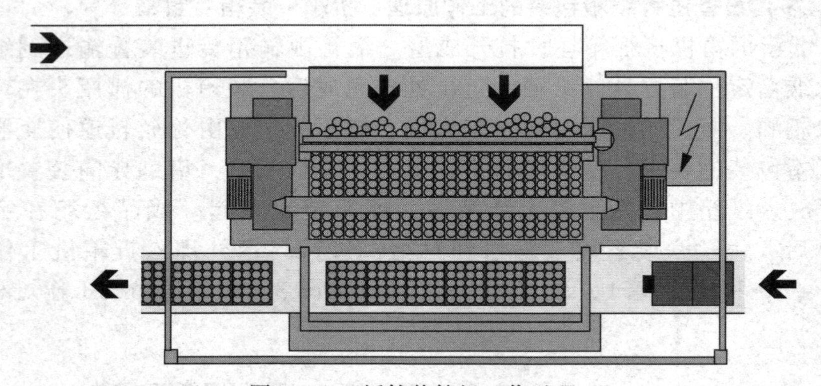

图 3－62　纸箱装箱机工作过程

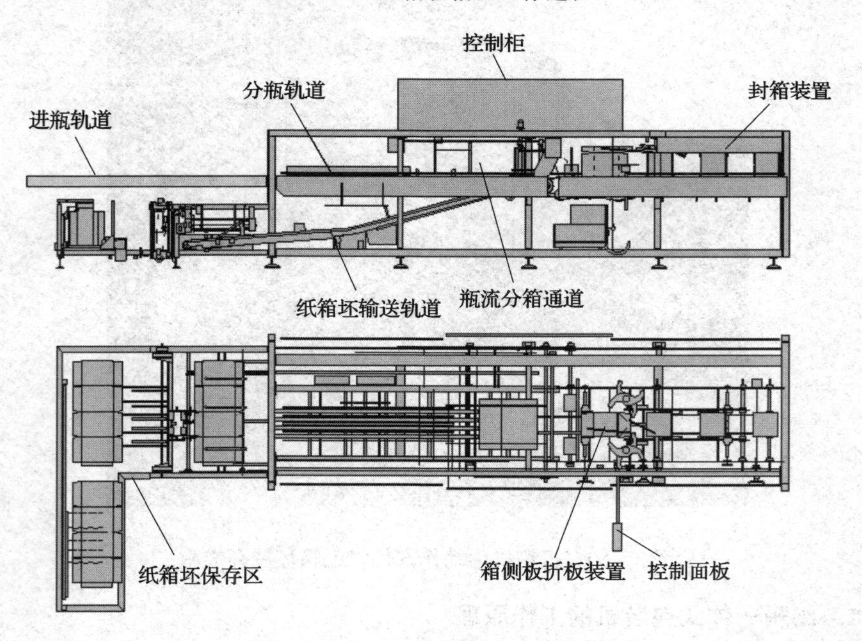

图 3－63　纸箱包装机结构简图

（1）纸箱坯件的垛堆输入一体式包装机存储位置。

（2）纸箱坯件的输送装置经由分单装置输出一张瓦楞纸坯，并将其输送至包装位置。

（3）瓶酒输入轨道上，经由分瓶轨道分成多列，再经由分隔装置划分成箱中的排列形式。

（4）纸箱坯件按设定程序，在成型通道处与瓶方阵相遇后一起输送，成型通道上各个工作位置对其进行折叠，粘贴，按压，挤压，粘贴，成型。

（5）输出成品纸箱。

四、纸箱一体式包装机的操作规程及其维护和保养

1. 操作规程

（1）操作人员必须按时上岗，穿戴整洁，注意安全卫生。

（2）检查设备各个部位是否按说明书要求到位。

（3）预热热熔胶，调定加热温度，检查热熔胶喷嘴状况。

（4）在加热器中添加所需胶材。

（5）在纸箱坯件保存区添加纸箱坯件。

（6）点动机器，检查有无异常情况。

（7）开启输入和输出输送带。

（8）检查温度是否满足工作要求。

（9）启动机器，试包装 2～4 箱。

（10）检查试包装结果。

（11）试包装结果满意后，运行机器。

（12）在运行过程中的注意事项。

① 观察连续运行过程中的包装效果。

② 注意添加纸箱坯件。

③ 注意添加热熔胶。

（13）包装工作结束。

① 停止加热。

② 按说明书要求处理喷嘴。

③ 停机。

④ 停止输送带的运行。

⑤ 清理机器上的残余粘接材料。

⑥ 清理剩余纸箱坯件。

⑦ 清理其他部位，保持机器整洁。

⑧ 关闭总电源。

2. 基本维护和保养工作

(1) 每天的基本维护和保养

① 每天工作结束后，应尽快彻底清洗清理机器。

② 保持机器的干燥。

③ 关闭各供气阀门，使各气缸处于非工作状态。

④ 排空所有供气管道气体，使所有管道处于常压。

⑤ 排除气体处理装置里的除水器里的水分。

⑥ 按说明书要求，进行润滑加油工作。

(2) 每周的基本维护和保养

① 每周工作结束后，完成每天的基本维护和保养工作。

② 检查机器工作状态，对每周应进行润滑的润滑点添加润滑油。

③ 对工作场地进行彻底清洗，并清理工作场地。

(3) 每月的基本维护和保养

① 检查所有运动零件的工作状况。

② 更换磨损件。

③ 对每月应进行润滑的润滑点添加润滑油。

④ 检查各气缸的工作状况。

(4) 每季的基本维护和保养

① 检查所有运动零件的工作状况。

② 更换磨损件。

③ 对每季应进行润滑的润滑点添加润滑油。

④ 检查各气缸的工作状况。

(5) 每半年的基本维护和保养

① 检查气缸、阀门和泵的工作状况。

② 更换磨损件。

③ 对每半年应进行润滑的润滑点添加润滑油。

④ 对所有部件进行彻底清理。

(6) 每年的基本维护和保养

① 检查气缸的工作状况。

② 更换磨损件。

③ 对每年应进行润滑的润滑点添加润滑油。

④ 对所有部件进行彻底清洗和清理。

⑤ 按维修计划更换易损件（如密封圈等）。

思 考 题

1. 抓瓶帽有哪两种形式？

2. 空气处理单元主要由哪三个部件构成？

3. 装箱机和卸箱机如何分类？

4. 连续装箱机和卸箱机有哪些形式的设备，各自特点是什么？

5. 如果带气动式抓瓶帽的装箱机将瓶子装入箱中后，又把瓶子提起，请问该设备的气路部分有什么故障发生？

6. 一体式包装机可以有哪些包装形式？

第四章 啤酒包装生产线上的辅助设备

知识目标

1. 了解不同种类的辅助设备。
2. 着重了解辅助设备中的洗箱机及其结构。
3. 熟悉洗箱机的工作原理。

技能目标

1. 学会洗箱机设备的一般操作规程。
2. 熟悉某一种型号洗瓶机的操作。
3. 会简单维护某一种型号的洗瓶机。

自动化程度高的大中型啤酒包装生产线上需要很多辅助设备来完成一些繁琐的工作。例如，垛板的检测、垛板储存库、空瓶载箱检验机、去盖机、洗箱机、空箱检验机、储箱库、成品满箱检验机等。

第一节 洗 箱 机

一、基 本 任 务

一个外观清洁的箱子在饮料市场上有着树立企业形象的重要作用。干净漂亮的箱子有着广告、包装的作用。而用洗箱机来清洗塑料箱，可以有效地保证清洁的可靠性和经济性（图 4 – 1）。

图 4 – 1　两个浸泡槽的洗箱机

二、基 本 结 构

从清洗的方式上来分，洗箱机分为两类：喷冲式和浸泡槽式。

1. 喷冲式洗箱机

用来洗一般脏污程度的箱子。通过喷冲，箱子的各面均先被清洁剂后被水清洗。简单的洗箱机仅仅只用一种清洗液体，如只用清洗液或水。为更好地清洗箱子，在洗箱机后还可安装一个吹风装置（图 4 – 2）。

图 4 – 2　洗箱机的喷冲系统

系统优点：喷冲装置和喷嘴能够轻松地被移动（角度）。通过设备的观察窗能很好地监视设备状态。维护简单，定期更换循环泵的轴封。

2. 浸泡槽式洗箱机

新一代的洗箱机装有一到两个浸泡槽，并装有水处理系统，能够节省能源、水和清洗剂。洗箱机后装有吹干装置（图 4 – 3）。

图 4－3　T2 洗箱机（两个浸泡槽）

三、工 作 原 理

1. 喷冲式洗箱机（图 4－4）

箱子被不锈钢平顶链输送带送入设备，喷冲水从各个方向冲洗箱子。从箱子上洗下的脏物被倾斜放置的滤板从循环水中隔离开。如果装有自动污垢去除装置，滤板上的沉积物能够周期性地被去除。系统的热水供应可以从洗瓶机处得到，可以减少能源的需求。如果需要，也可安装独立的加热系统（图 4－5 至图 4－7）。

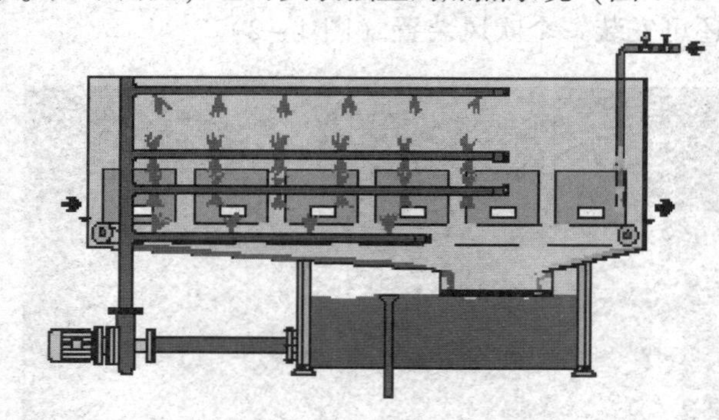

图 4－4　喷冲式洗箱机

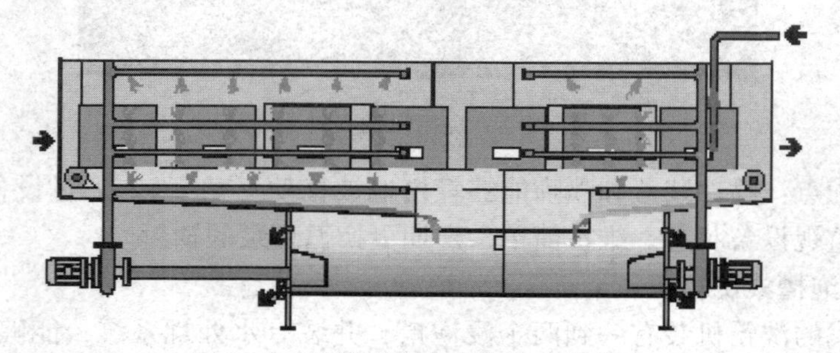

图 4－5　喷冲水从各个方向冲洗箱子

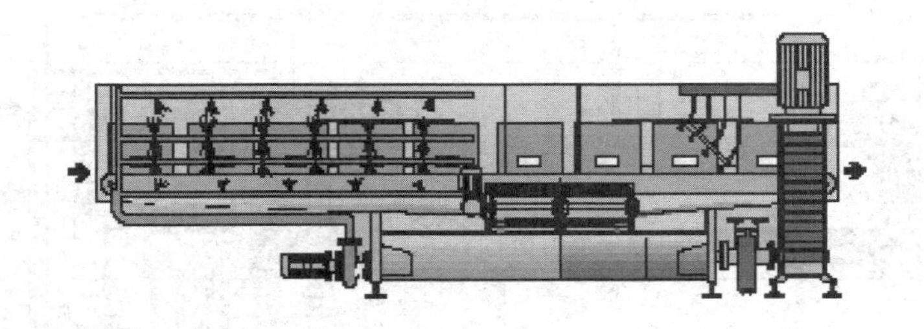

图 4－6　两步清洗过程的喷冲式洗箱机

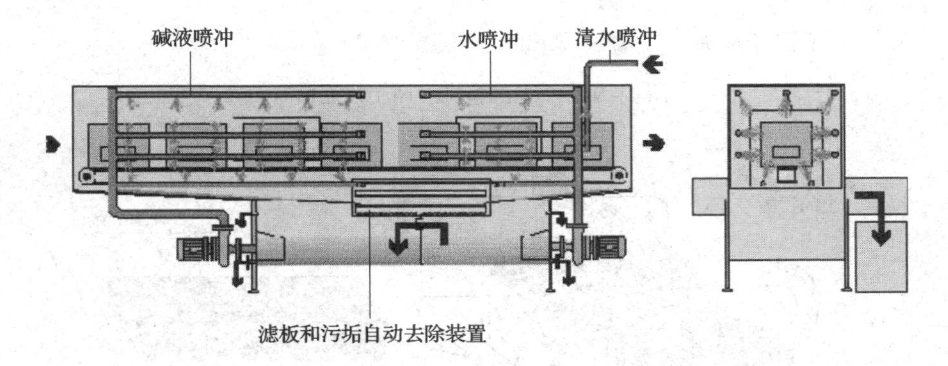

图 4－7　污物去除装置安装在洗箱机外部

2. 浸泡槽式洗箱机

经过预喷冲后，在第一个浸泡槽中，箱子上的灰尘随循环水被滤板除掉。在两个浸泡槽的洗箱机中，当箱子从第一个浸泡槽中出来后再次被喷冲。在第二个浸泡槽中，箱子上顽固的污渍被去除，当箱子出来后，再次被清洗剂喷冲。在后喷冲过程中，箱子上残留的清洗剂被去除。这个过程中用的水经过过滤后用于预喷冲。在浸泡槽底部护栏中的箱子靠后续的箱子来推动，直到推到槽出口处的链条上。这样可以降低机器传送带的磨损（图 4－8 至图 4－10）。

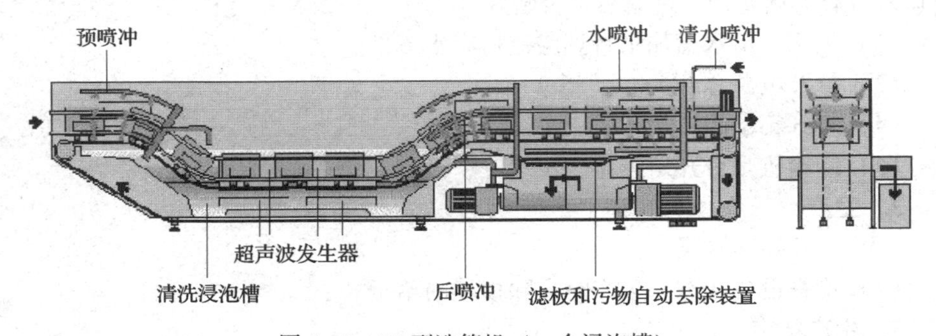

图 4－8　T1 型洗箱机（一个浸泡槽）

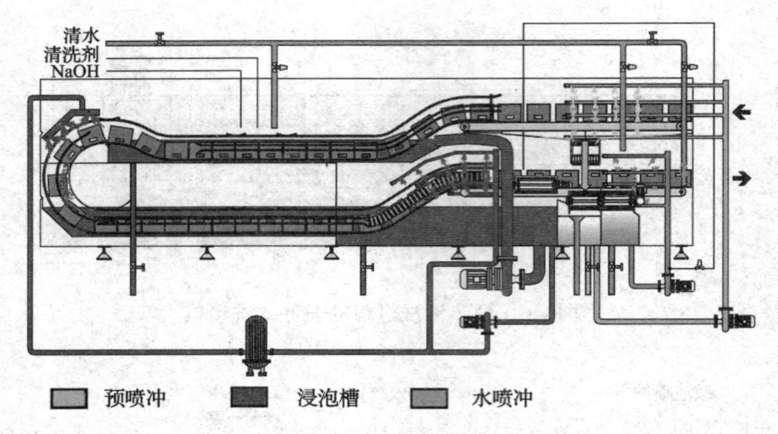

图 4－9　T2 型洗箱机（两个浸泡槽）

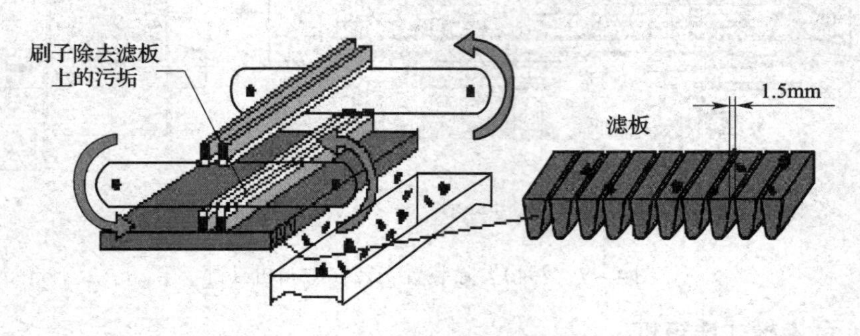

图 4－10　自动去除污垢装置

四、操作规程及维护工作（单步喷冲式洗箱机）

1. 设备启动

（1）检查　观察窗是否关上；排污阀是否关上；清洗槽门是否关上；机器出口入口有无堵塞物；过滤板是否装好。

（2）加水　给水槽加水直到溢流口有水流出。

（3）打开电源总开关。

（4）打开箱子的传送带。

（5）卸箱机是否开始工作。

2. 生产

（1）打开喷冲水泵。

（2）检查设备状态，生产时去除损坏的箱子。

3. 生产结束

（1）关喷冲水泵。

（2）排空设备，直到没有箱子出来。

（3）打开排污阀排污。

（4）打开清洗槽门，取出过滤板。

4. 维护工作

表 4－1　维护保养内容

维护周期	部位	清洗材料	工作内容
每天清洁操作时	设备和设备部件	—	外观检查
每天或在生产结束时	设备和设备部件	扫帚、刷子、海绵、温水	清除碎片，清洗机器
	观察窗	软布、温水	检查清洁或是否损坏
	排污阀	—	是否有泄漏
	光电开关及反射镜		检查清洁或是否损坏
每周或每 50 个工作小时	传送带：链条、链轮	—	检查必要时更换
每月或每 200 个工作小时	水泵：轴封	—	检查必要时更换

第二节　其他设备

一、去盖机

1. 基本任务

在使用回收瓶的生产线上可以使用去盖机，用于去除回收瓶上未去除的皇冠盖，便于洗瓶机进行清洗，避免洗瓶时可能发生爆瓶或者浪费资源。

2. 基本结构和工作原理

在箱的输送系统中，设置一个挡箱装置，去盖机的去盖头对应于塑料箱中瓶子的排列形式。若空瓶载箱检测有箱含有未去盖瓶，则当问题箱运动到去盖机后，挡箱装置升起，输送系统停止等待去盖。去盖头下降至箱中后升起，升降过程中去除未去的瓶盖，而其他瓶不受影响。去盖头脱离后，输送系统继续运行（图4－11）。

二、翻箱机

翻箱机是利用输送系统输出箱的惯性和重力，实现箱的输送和翻转（图 4－12）。翻箱机一般位于洗箱机输送轨道上，便于倾倒箱内杂物。

图 4－11　去盖机

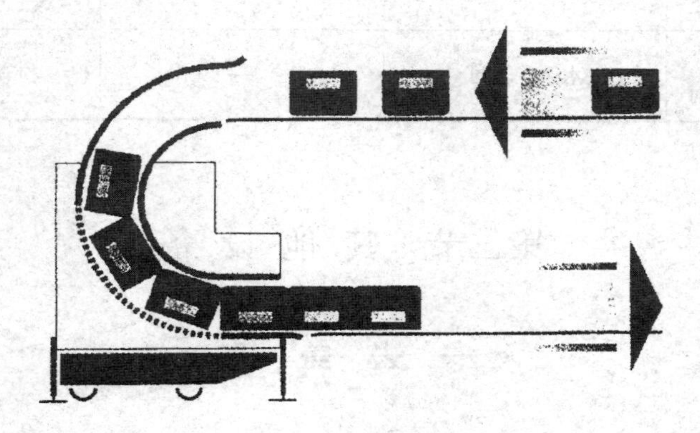

图 4－12　翻箱机

三、箱 储 存 库

1. 箱储存库的任务

啤酒包装生产线开始生产后，新产品还未生产出来时会出现大量的空箱。在瓶子经洗瓶到灌装压盖贴标乃至巴氏杀菌，这段时间超过半个小时以上。而卸箱机到洗箱机的运动是不会停止的。如果不采取对洗箱机输出的空箱进行储备的话，很快就会出现空箱堵死的情况。而箱储存库的应用使得任何时候都能按需调度空箱。

2. 箱储存库的结构（图 4－13）

箱储存库成行堆放空箱，其优点为容量大且占地省。这种库区狭长，宽度仅略宽于箱子的宽度，堆放高度却相当可观。空箱驶入直到一排摆满，随即被整排提升到一定高度，然后继续下一行的装填。这一过程一直要持续到首批新瓶酒到达装箱区为止。

此后，空箱将直接穿过库区直接驶向装箱机进行包装，直到洗箱机洗完最后一个箱子，储箱库才开始排空。

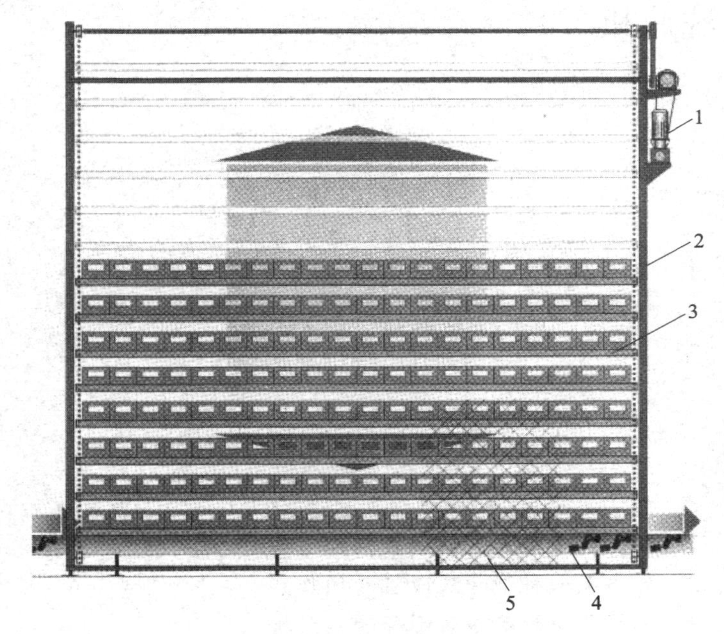

图 4－13　箱储存库（储箱库）

1—驱动装置　2—库框架　3—升降勾　4—带气动挡箱装置的输箱带　5—防护网

思　考　题

1. 洗箱机有哪些类型？
2. 喷冲式洗箱机的喷头位置可调整吗？
3. 有浸泡槽的洗箱机完全靠传送带来输送箱子吗？
4. 为更好地洗净箱子，在洗箱机后可安装什么装置？
5. 带碱浸泡槽的洗箱机可以采用什么措施来节省能源？

第五章 洗瓶机

知识目标

1. 了解不同类型洗瓶机的结构。
2. 熟悉洗瓶原理、洗瓶工艺及影响清洗效果的因素。
3. 了解洗瓶机主要部件及辅助部件的功能。

技能目标

1. 学会洗瓶机设备的一般操作规程。
2. 熟悉某一种型号洗瓶机的操作。
3. 会简单维护某一种型号的洗瓶机。

第一节 概 述

一、洗瓶的任务

洗瓶是饮料包装工艺中不可缺少的一环，它的工作效果是决定成品饮料质量的重要因素之一。洗瓶机的任务就是对饮料包装用瓶进行彻底地清洗和杀菌，使其符合卫生和使用要求。

二、洗瓶的基本原理

啤酒瓶的干净程度对于啤酒的质量具有决定性的意义。由于回收空瓶的脏污程度差别很大，因此必须使所有的瓶子经过适当的方法处理后达到后续的生产使用目的。所以，通常情况下必须完成如下处理工作：瓶子表面必须经过机械作用力清洗；瓶子必须经过清洗剂处理；瓶子上所有对啤酒有害的微生物必须彻底清除和杀灭。

完成这些处理工作后，瓶子应经由空瓶验瓶机检验瓶子干净与否，清洗对瓶子是否造成不良影响。

三、影响清洗效果的因素

为达到良好的洗瓶效果，需要考虑多个相关作用因素：

1. 瓶子本身脏污程度

瓶子本身被污染的程度超出了一定的范围，抑或被特殊的物体所污染，需要找到其他合适的洗涤、处理方法，或通过改善已有的清洗方法来处理。

2. 清洗剂的作用

最重要的清洗剂成分无疑就是水，没有水的作用洗瓶就只是空谈，但仅仅依靠水清洗效果会很差，一般可添加氢氧化钠来改善清洗效果。

碱性清洗剂有部分杀菌作用，尤其在温度较高的情况下。清洗剂有溶解污垢和容纳污垢的作用，由此起到清除作用。清洗的效果和浓度相关，一般情况下，为改善清洗效果可在一定范围（1.5% ~3%）内提升清洗剂浓度。当清洗剂中的碱达到一定浓度，水溶液的表面活性达到最大值以后，去污能力就不再随碱浓度的升高而增加了。一旦碱浓度过高，反而会造成残留、标签纸纤维溶解，从而影响生产和瓶子的后续使用。

在清洗剂中常加入一些助洗剂、添加剂来改善清洗效果和抑制不必要的泡沫，并且还能使瓶子具有干净亮泽的外观。

3. 提高清洗温度的作用

较高的清洗温度能够加速污垢溶解。一般有效的清洗温度在 75 ~85℃。为改善清洗效果，对回收玻璃瓶采用 80 ~85℃的清洗工艺温度。由于玻璃为热的不良导体，实际生产过程中，为防止瓶子热应力分布不均而破裂，对瓶子应分级逐步升温。实际升温中温度差不能大于 30℃，而降温时不能大于 20℃。

4. 喷冲的作用——机械作用力清洗

当污垢经过有效的浸泡，就可以通过喷冲的机械作用力有效去除，这是瓶子内部清洗的重要手段。

5. 作用的时间

清洗剂浸泡的时间越长，洗瓶的效果越好。

碱液浸泡时间平均为 6 ~7min，必要时也可延长。这一浸泡时间在机器设计制造时就已固定下来了，实际生产时只能在较小一段范围内调整。

喷冲也是如此，时间越长，洗瓶的效果越好。为改善清洗效果，在实际生产中就要采用跟踪喷冲的方式对瓶内壁进行清洗。

四、洗瓶机的类别

1. 按进出瓶位置划分

按进出瓶在机器的位置，洗瓶机可以划分为单端机和双端机，其基本结构如图5－1至图5－3所示。

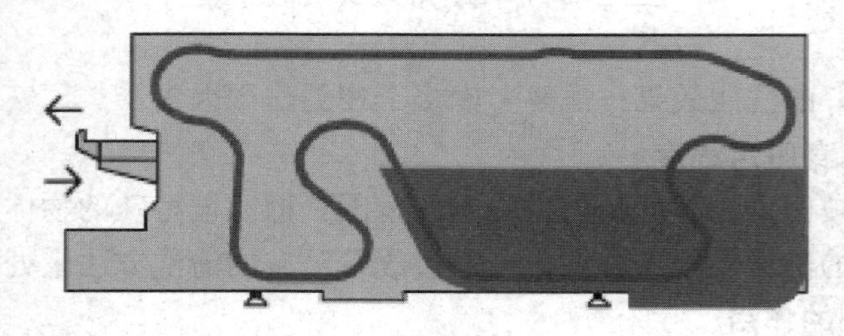

图5－1　单端洗瓶机

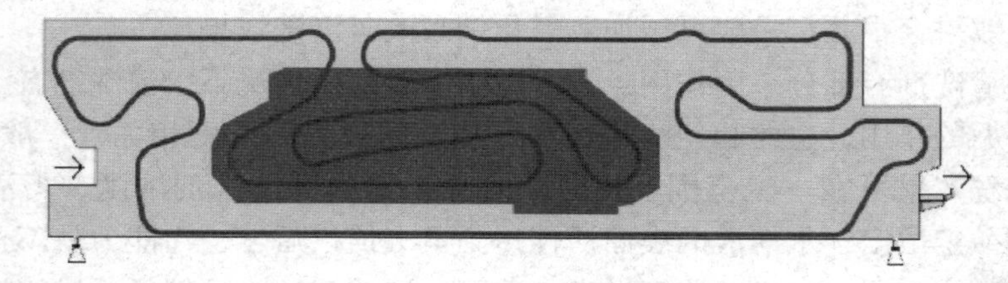

图5－2　双端洗瓶机（卧式碱槽）

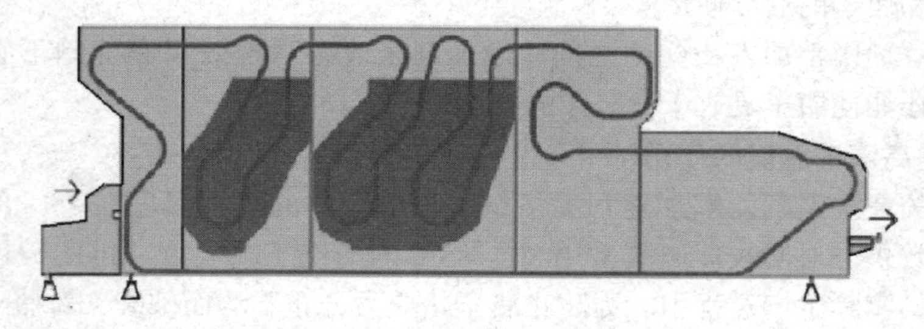

图5－3　双端洗瓶机（立式碱槽）

（1）单端机　进瓶口与出瓶口集中位于机器的一端。

（2）双端机　进瓶口与出瓶口分别位于机器的两端。

两种机型相比，单端洗瓶机具有结构紧凑，占地小，有着较经济的工作方式等优点。但由于进瓶和出瓶在机器的同一端，存在待洗瓶污染洗净瓶的可能。

双端机由于空载瓶盒较多，所以洗涤空间利用率并不高，所需动力也较大。但它能有效降低净瓶被再次污染的可能性。

2. 按驱动方式划分

按驱动方式可划分为间歇式和连续式。间歇式洗瓶机在主传动链上采用棘轮机构，实现瓶子的间歇行走，从而增加洗瓶过程的处理时间。但由于瓶子在间歇行走过程中，碰撞摩擦使得破瓶率增加，同时生产设备磨损程度加大，使得后期的维护工作量过大。现在这种间歇式运行的洗瓶机已被完全淘汰，取而代之的是现在广泛使用的连续运行式的洗瓶机。

3. 按清洗方式划分

按清洗方式可划分为浸刷式和浸冲式。浸刷式洗瓶机为半自动化设备，清洗的步骤分为浸泡清洗和刷洗，依靠毛刷来完成对瓶壁的机械作用力清洗。现在这种设备因为劳动强度大，洗瓶效果不佳，已被完全淘汰。取而代之的是现在广泛使用的浸冲式洗瓶机。其清洗方式为浸泡和喷淋清洗，依靠水流的喷冲对瓶壁进行机械作用力清洗。

五、洗 瓶 工 艺

瓶子由进瓶装置送进机器后，装在瓶盒里，随瓶盒链条一起运动，经过各清洗工作点，先后经过浸泡和喷冲最后洗净出瓶。目前饮料包装生产线上的洗瓶机都是采用浸冲处理方式，各种机型的洗涤工艺过程基本相同。一般的清洗工艺如下：

1. 排残液

在瓶子进入洗瓶机后，瓶口朝下，将瓶内残留液体倒出，由专门的排污管排出。

2. 预浸泡

在该处理区域，通过用热水对瓶子进行浸泡，一方面对瓶子进行预洗，将瓶子上的灰尘去掉，减轻后续清洗的负担，从而延长碱液的使用时间；另一方面，使瓶子温度逐步升高，为进入后续的高温浸泡区做准备，避免了瓶子骤然升温而破瓶。

3. 预温喷淋

在该处理区域，通过热水（温度比前面处理温度要高）对瓶子进行喷淋。作用与预浸泡相同。预浸泡或预温喷淋的级数越多，瓶子升温各步骤间的温差也就越小，越有利于后续的高温浸泡清洗。

4. 碱浸泡

这是洗瓶机上的强洗涤区。瓶子经过一定浓度（一般1.5% ~3%）和温度（一般75 ~85℃）碱液的浸泡，瓶上的污垢和废标都将疏松脱落，瓶子的内外也同时被消毒杀菌。

5. 除标

用大量的碱液冲洗瓶壁，将脱落的标签冲出瓶盒。由除标装置及时地除出机外。除标可以利用碱槽中碱液的流动，也可以在瓶盒出碱槽后利用碱液从上往下喷淋，将已经泡得疏松的标签从瓶外表面冲下。

6. 碱液喷淋

有的机型中，瓶子离开碱槽后，还会受到碱液对瓶内外壁的喷淋，使清洗更加彻底。

7. 热水喷淋

用数组不同温度，基本上循环使用的水对碱液处理过的瓶子内外进行跟踪喷冲，将瓶壁上附着的碱液冲洗下来，同时将瓶子温度逐渐降下来。

8. 清水喷淋

最后用无菌清水对瓶子内壁跟踪喷冲，使瓶子符合后续生产的要求，即卫生无残碱、瓶温合适。

9. 残液沥干

清洗完毕后，瓶盒链条经由机器内特别设置的颠簸轨道，瓶子会在瓶盒中抖动，加快瓶内残液的沥干。

第二节　洗瓶机的结构和工作原理

一、各清洗作用点设置

1. 某单端洗瓶机的工作原理（图5－4）

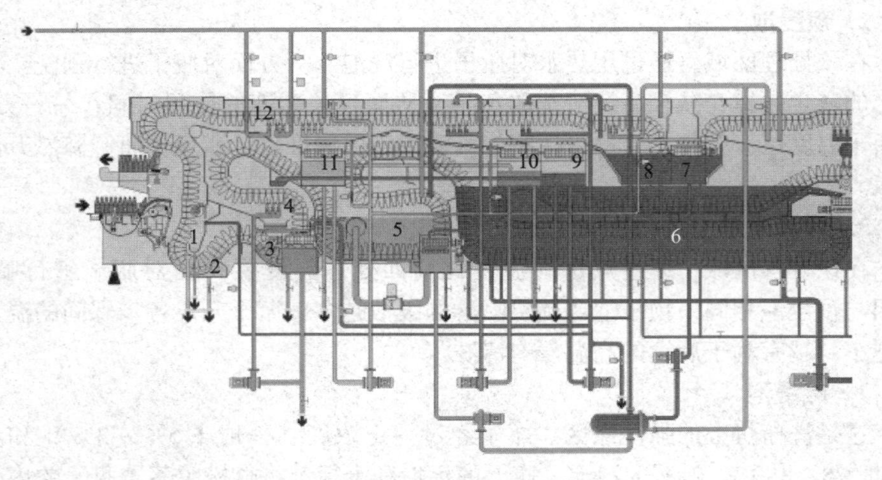

图5－4　单端洗瓶机结构及工作原理

（机型 Lavatec KES，克朗斯，Krones AG）

1—排残液　2—1#预浸泡　3—2#预浸泡（水温约40℃）　4—预温喷淋（水温40～50℃）　5—预碱浸泡（约60℃）　6—碱液浸泡（主碱槽，80℃）　7—后碱喷淋（50～55℃）　8—后碱浸泡（65～70℃）　9—热水喷冲2（40～50℃）　10—热水喷冲1（25～30℃）　11—冷水喷冲（15～20℃）　12—清水喷冲（10～12℃）

瓶子进入洗瓶机后向下行走，首先进行残液排放。在浸泡清洗瓶子之前，处理残液是十分必要的，特别是瓶中含有较多残酒时，一旦残酒进入 1 号预浸泡槽，将造成不必要的污染。瓶子一排排经过 1#和 2#预浸泡槽，预洗瓶子的同时瓶温也升到 40℃左右，再经预温喷淋（40 ~ 50℃）。

预碱浸泡槽 5 中，瓶子的温度被进一步提升到 60℃，污垢进一步溶解和分离。来自热水喷淋区的溢流水在此进行预清洗，同时对瓶子预热，通过分步提升瓶温，避免骤然升温引起破瓶。

瓶子在主碱槽中迂回前进，在 80℃下浸泡 6 ~ 8min（最长可达 10min）。在此期间，各种污垢包括标签和胶都将被溶解脱落。标签要求整体脱落，不能破碎成细渣或纤维，否则将使碱液质量下降，影响加热器升温及洗瓶效果。

瓶子走出碱槽后，经由除标喷淋，大量碱液由上往下冲刷瓶盒中的瓶子，将已经疏松脱落的标签冲入除标装置（参见后续内容）并排出机器外，必要时对其进行压榨处理，回收废标中含有的碱液。瓶子随后倒转排空，进入机器上部的喷淋区，碱液则流回碱槽。

由于瓶子不断进入主碱槽并携带走碱液，碱温碱浓都有下降趋势。碱槽需要一个大功率泵对碱液循环，并通过蒸汽加热器供热维持洗瓶的工艺温度；也专门设置有计量泵添加高浓度碱液，以维持主碱槽碱浓恒定。

后碱浸泡槽 8（后碱喷淋水槽 7）的温度通常在 65 ~ 70℃，并由瓶盒或瓶子带入主碱槽的热碱液而保持一定的碱浓。后碱喷淋水经由一热交换器，对预碱浸泡的水加热；水加热后在预碱浸泡槽出口处进一步对瓶子升温；同时经预碱浸泡水降温后的后碱喷淋（50 ~ 55℃）继续冲洗走出后碱浸泡槽的瓶子。

此后，瓶子接下来通过热水喷冲 2（喷冲站 9）、热水喷冲 1（喷冲站 10）、冷水喷冲（喷冲站 11）对瓶子内外进行冲洗，并逐级降温，彻底去除瓶内碱和添加剂的残留物。最后一步采用清水（10 ~ 12℃）喷冲瓶子内部，实现最后一步降温，并有效去除清洗剂残留物。

清水喷冲水使用后经收集盘收集后进入冷水喷冲罐 11，并逐级溢流，流向 10、9，最终流向预浸泡槽中（图 5 –5），从而对有残留碱浓升高、温度升高趋势的循环喷淋水起到补充作用。

2. 某双端洗瓶机工作原理（图 5 –6）

瓶子进入机器后向上运动并排掉残液。首先进行预浸泡，然后进行预温喷淋。预温喷淋 4 利用后碱喷淋水罐回收的热能加热，瓶子被升温到 50 ~ 60℃。

在接下来的两个碱液浸泡槽中对瓶子在不同温度下长时间地浸泡，随后进行碱液的喷冲清洗。长时间和高强度的碱液处理保证了清洗彻底，碱液不断循环和流动加上除标运动都有助于清洗效果的改善。碱槽 1 的温度设定在 80 ~ 85℃的某个温度。碱槽 2 的温度和碱液浓度一般比前面的碱槽低。因为碱液会随瓶

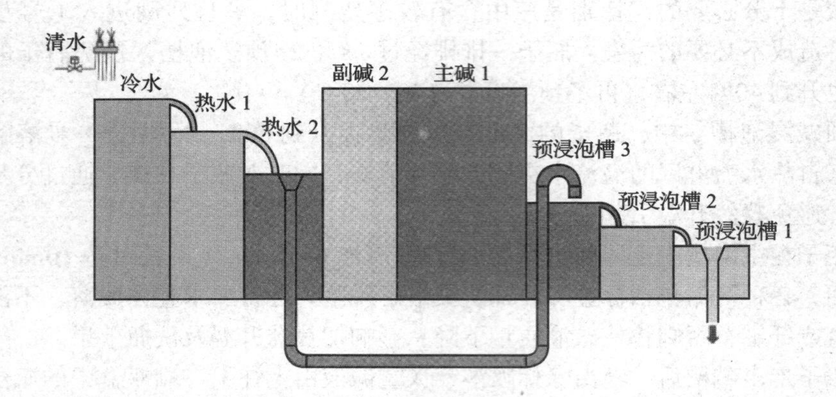

图 5－5　洗瓶机中水的流程

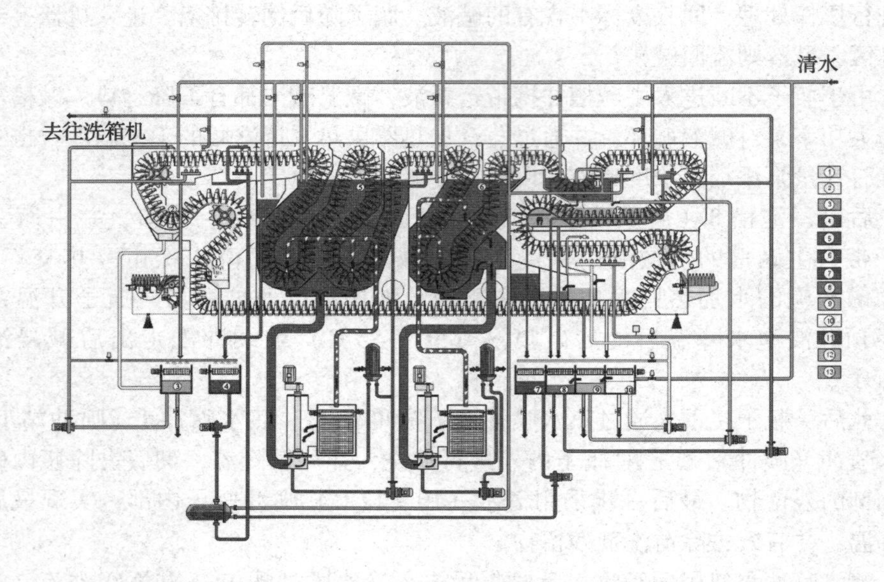

图 5－6　双端洗瓶机结构及工作原理（立式碱槽）

（机型 Lavatec KD2，克朗斯，Krones AG）

1—排残液　2—预浸泡　3—预温喷淋 1　4—预温喷淋 2/热回收装置　5—碱槽 1　6—碱槽 2
7—后碱喷淋　8—热水 2 喷淋　9—热水 1 喷淋　10—冷水喷淋　11—后碱浸泡槽
12—热水 1 浸泡槽　13—清水喷淋

子或瓶盒从前一个碱槽向后一个碱槽转移。碱槽 2 的温度设定在 65 ~ 70℃ 的某个温度。与单端机不同，双端机的除标工作基本上在碱槽内利用碱液的循环来完成。

瓶子出碱槽后，进入后碱浸泡槽浸泡，随后有后碱喷淋冲洗降温；然后经热水 2 喷冲清洗后，又经热水 1 浸泡和喷冲清洗，最后经清水喷冲清洗瓶内壁后出瓶（其工艺参数可参见图5－4中热水喷冲区温度）。

由于此种双端式洗瓶机瓶盒载架做上下运动时并非垂直，而是稍有倾斜。这是考虑到瓶盒中的瓶子水平放置会不易盛满清洗液，影响清洗效果；水平放置还会使瓶子不会彻底排空，容易携带过多碱液进入下一清洗环节。所以，立式碱槽设计方案必须要让瓶盒运动轨道在垂直运动方向上倾斜，这样机器的内空高度就会增大。

出于降低机器高度的考虑，可以部分改变垂直方向上的迂回结构，即将碱槽的结构设计成为部分水平迂回（有点类似于单端机碱槽），保证同样轨道长度的条件下，仍可以达到同样的清洗效果，如图5－7所示为双端洗瓶机卧式碱槽设计。

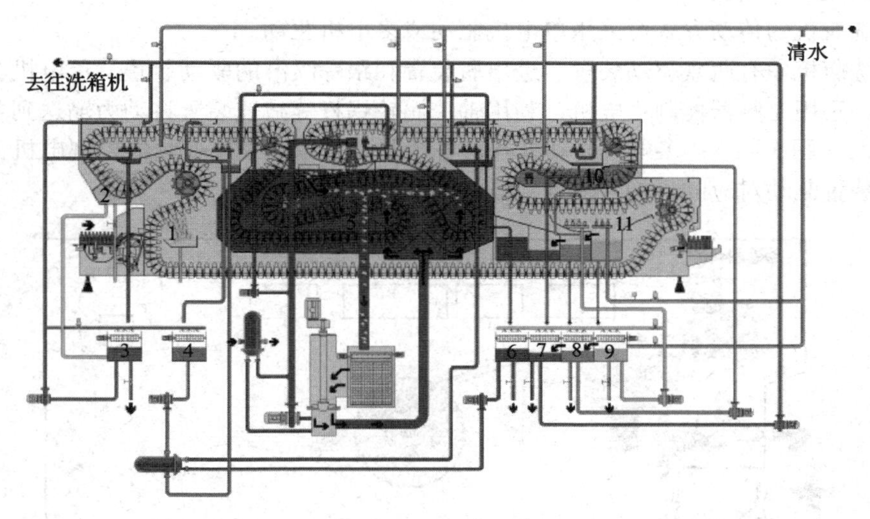

图5－7 双端洗瓶机结构及工作原理（卧式碱槽）

（机型 Lavatec KD，克朗斯，Krones AG）

1—排残液 2—预浸泡 3—预喷淋1 4—热回收装置/预喷淋2 5—主碱槽 6—后碱喷淋 7—热水2喷淋 8—热水1喷淋 9—冷水喷淋 10—热水1浸泡 11—清水喷淋

二、洗瓶机主要组成

1. 热能回收装置

通过一系列管道和容器对喷淋水进行收集，并利用泵送回喷淋区循环使用。在管道中安装热能回收装置（由管道连接调节阀门和板式热交换器组成，图5－8），则可利用喷淋区域的热能维持预浸泡槽水温（图5－4中的5和7之间；图5－6中的4和7之间；图5－7中的4和6之间）。一部分喷淋水溢流到对应的预浸泡槽，也部分地起到维持水温的作用（图5－4至图5－7）。

图5-8　热能回收装置

2. 主传动装置

洗瓶机的传动方式可采用单电机驱动或多电机驱动。

洗瓶机中有瓶盒驱动装置、进出瓶装置和跟踪喷淋的驱动装置。单电机驱动方式，采用变频器控制主电机，利用轴、涡轮蜗杆等减速装置将动力输送到各个驱动点（图5-9）；多电机驱动方式，各个驱动点单独采用变频器控制电机，经减速装置驱动对应的机构（图5-10）。

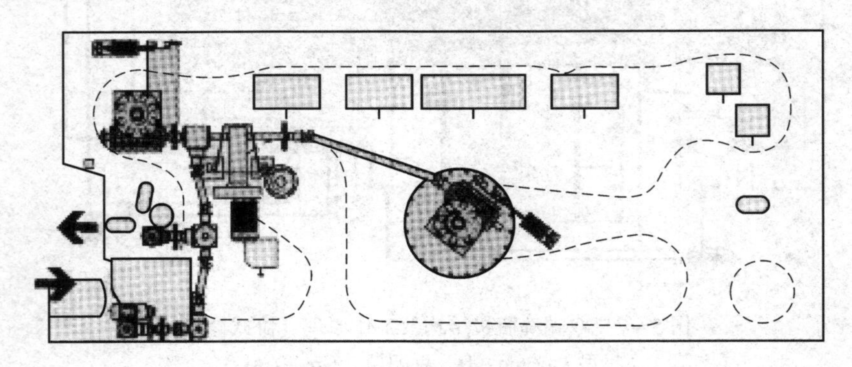

图5-9　单电机驱动方式

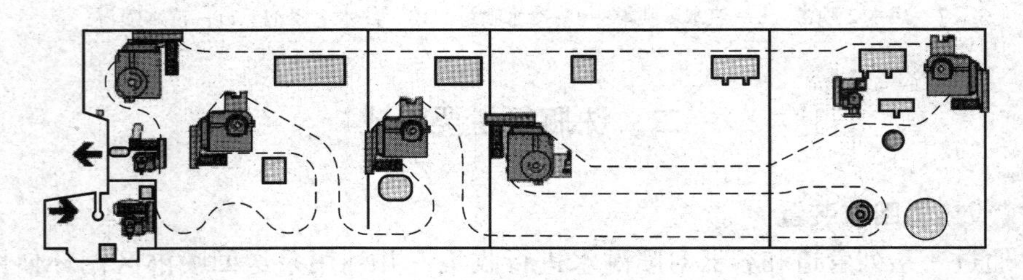

图5-10　多电机驱动方式

单电机驱动方式采用机械总轴协调控制，通常是一台功率较大的电机通过齿轮箱减速器使得洗瓶机各个机构协调运行。这种方式适用于传动范围不大，系统功率比较小的洗瓶机，故一些工作速度较低的单端洗瓶机上常采用这种传动方案。其特点是同步性较好，但灵活性较差，负载的拖动功率有限，受机械磨损的影响大，精度难以做到很高。当洗瓶机占地面积大时，各机构之间距离较远，要使总轴产生足以拖动负载的扭矩，需要增大机械轴的截面积，从而导致成本增加。

多电机驱动方式，采用多个电机通过减速器单独驱动对应机构，各机构的相互距离不受限制，较松散地连在一起，使用时很灵活，但失去了机械总轴同步控制所固有的同步特性。这种驱动方式需要采用电子虚拟总轴控制，通过模拟机械总轴的物理特性，实现各机构的同步驱动。多电机传动控制器常采用基于总线网络的多电机协调控制技术，从而实现良好的控制性能。基于这些特点，大型的洗瓶机普遍采用这种传动方式，在各驱动点安装独立电机，可由一台中央变频器实现同步调速驱动。

3. 瓶盒链条驱动装置

瓶子进入洗瓶机后是装在瓶盒里由链条带到各处理部位。瓶盒载架由两端的链条带动，链条则由电机通过减速装置带动链轮驱动。链条的驱动点总是选择瓶盒运动轨迹曲率最大处。驱动力如果集中在一侧的链条上，会使得它很快磨损和变形，因此通常采用刚性很好的空心轴来连接一对驱动链轮［图 5 – 11（1）］。此外，驱动点设有泄漏腔隔离清洗液和轴承润滑油脂，防止交叉污染。

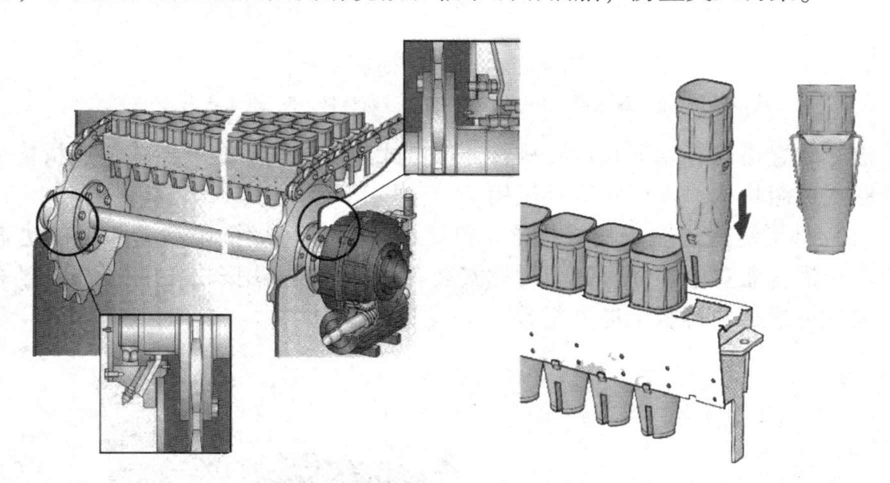

(1) 驱动点的驱动链轮、链条及泄漏腔　　(2) 瓶盒载架及可拆卸塑料瓶盒

图 5 – 11　瓶盒链条驱动装置

洗瓶机的瓶盒多采用塑料或钢 – 塑料混合制成［图 5 – 11（2）］并固定在瓶盒载架上，塑料瓶盒可以减小瓶子在行进中的摩擦和碰撞，保护瓶子。同时瓶盒还起到对中定位的作用，这对于喷冲准确性非常关键。拖动瓶盒载架的链条为滚子链。若使用新型材料的滚子链，则可降低滚子与轨道的摩擦力，既能节省能源又能延长链条的使用寿命。

4. 进瓶装置

进瓶装置是洗瓶机重要的部分，其作用是把瓶子准确地送入瓶盒，所以进瓶装置必须与瓶盒的运动精确协调。进瓶的过程（图 5 – 12）为输瓶链条 1 将待洗瓶 3 送到洗瓶机的输瓶台上，台上的疏瓶器 2（凸轮驱动疏瓶器推杆来回运动）将瓶流疏松开后送入轨道排列，输瓶轨道尽头的第一排瓶子半倒在进瓶轨道 5 上，由进瓶拨杆 4 将待洗瓶底部托起，送进慢速运动的瓶盒 6 中完成进瓶运动。

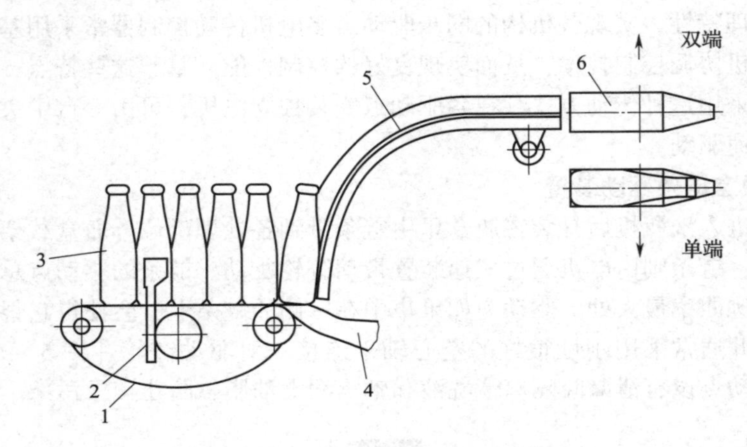

图 5 – 12　进瓶运动示意图

1—输瓶链条　2—疏瓶器　3—待洗瓶　4—进瓶拨杆　5—进瓶轨道　6—瓶盒

进瓶装置可以有以下几种结构：环形链式进瓶机构、旋转器式进瓶机构、二次推瓶式进瓶机构、连杆式进瓶机构。

（1）环形链式进瓶机构（图 5 – 13）　瓶子被环形链条顺着弧形的进瓶轨道将瓶子推入瓶盒中。环形链上对称安装有两排挡板，用来推送瓶子，链条每运动一圈，将推送两排瓶子进入瓶盒。

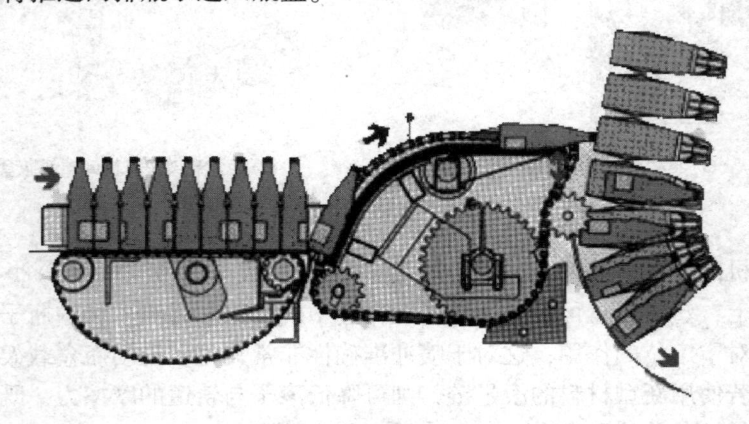

图 5 – 13　环形链进瓶

(2) 旋转器式进瓶机构（图5－14） 进瓶由旋转器将待洗瓶推入处于水平位置的瓶盒中。旋转器的回转运动由齿轮驱动，为配合瓶盒运动，曲柄带动旋转器做一定幅度的跟踪摆动。

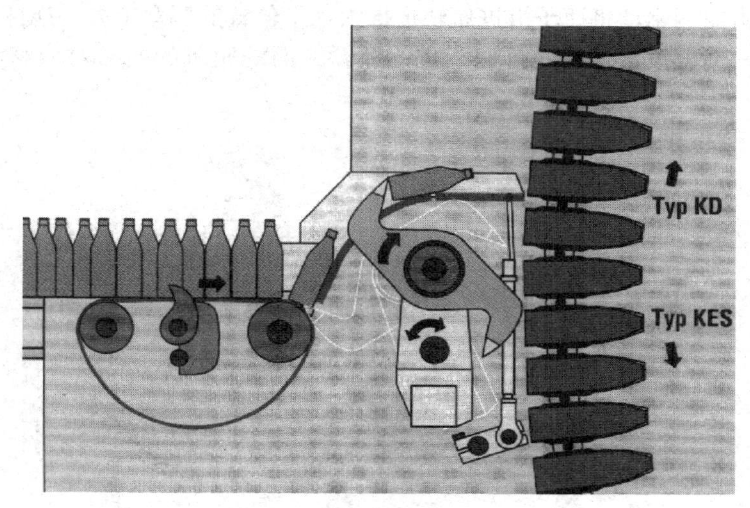

图5－14 旋转器式进瓶机构

Typ KD—克朗斯公司 KD 型洗瓶机 双端设备

Typ KES—克朗斯公司 KES 型洗瓶机 单端设备

(3) 二次推瓶式进瓶机构 图5－15 (1) 为二次推瓶示意图。大拨杆将瓶子推到水平位置，小拨杆将瓶子从水平位置推入瓶盒中。由于进瓶轨道的间距很小，受大进瓶拨杆结构及运动空间所限，一般将小拨杆设置在进瓶轨道上部位置，避免了大小进瓶拨杆互相干涉。

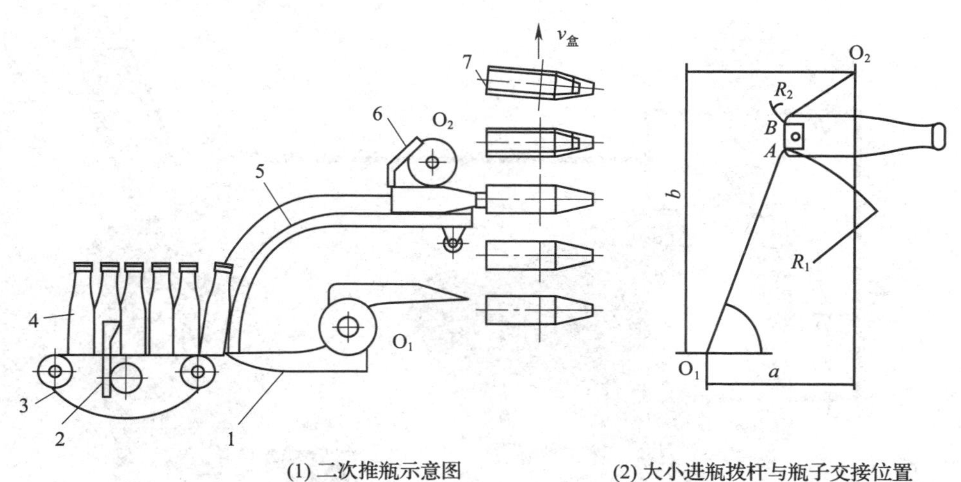

图5－15 二次推瓶式进瓶机构

1—大进瓶拨杆 2—疏瓶器 3—进瓶链条 4—待洗瓶 5—进瓶轨道 6—小进瓶拨杆 7—瓶盒

图 5 – 15（2）为大小进瓶拨杆与瓶子交接位置，O_1 为大进瓶拨杆回转中心，O_2 为小进瓶拨杆回转中心。

（4）连杆式进瓶机构　瓶子经传送链条进入进瓶隔板，排列在进瓶轨道处。进瓶拨杆由曲柄驱动将瓶子沿进瓶轨道推入水平位置的瓶盒中去。连杆机构的曲柄每转动一周，拨杆推动一排瓶子进入瓶盒，而洗瓶机的瓶盒对应移动一排的距离。

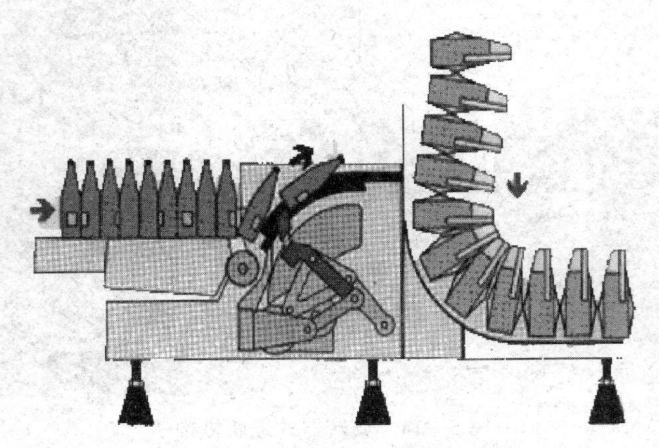

图 5 – 16　连杆式进瓶机构

5. 出瓶装置

出瓶装置的作用是将洗净的瓶子平稳地接送出洗瓶机外。和进瓶装置一样，出瓶装置也是洗瓶机重要的部件。它的动作精确与否直接影响到洗瓶机的正常工作。如图 5 – 17 所示，由齿轮驱动的凸轮连杆机构驱动接瓶指，每上下运行一周

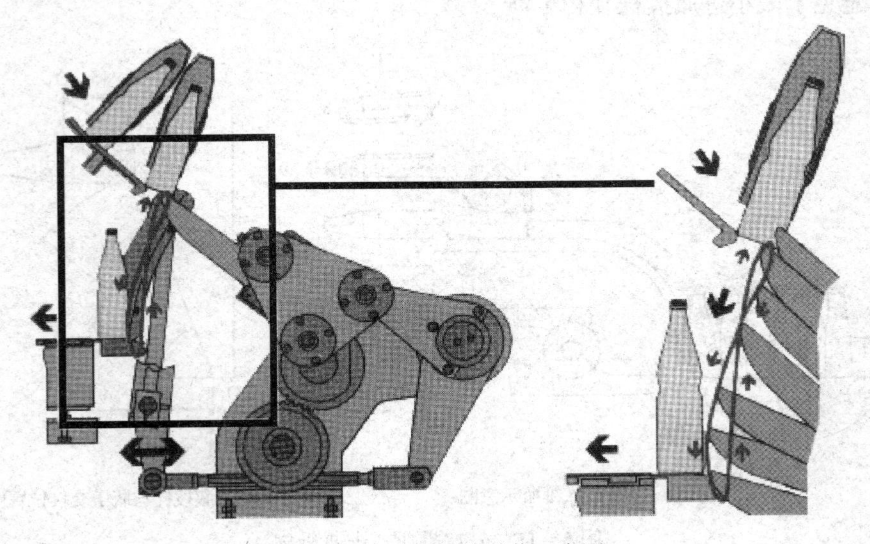

图 5 – 17　出瓶机构动作示意图

期，对应于瓶盒运动一排的距离，接住从瓶盒中由自重下落出来的瓶子，放在出瓶台上；同时凸轮连杆机构驱动出瓶滑道来回运动，将落在输瓶台上的瓶整排推出，为下一排瓶子的落下腾出空间，输送带将推出的瓶子带走。出瓶机构往返运动当中，接瓶指的最高点位置应直接对应于瓶子落出瓶盒的那一位置，并做到与瓶盒运动精密同步，这样瓶子的下落过程才会平滑过渡，噪声小，不易出现倒瓶。

6. 喷冲站

对瓶子进行喷冲处理，对瓶子进行机械作用力的冲刷清洗，以清除污垢或碱液。同时视喷冲站所处的位置，对瓶子进行分级升温或对瓶子进行多级降温处理。

为使瓶壁的内表面得到充分的清洗，必须采用射流将清洗剂喷入瓶内部，同时还要保证喷冲清洗的有效时间。这就要求喷冲瓶内壁的喷嘴要和瓶子的运动精确同步。喷入瓶内部的液体不能过多，防止瓶内水流的下落在瓶颈部和喷射水流相遇后堵塞，但又不能过少，过多或过少都会使清洗效果变差。

喷冲站采用固定安装的喷淋管从上往下喷冲瓶子的外壁（图 5 - 18）。

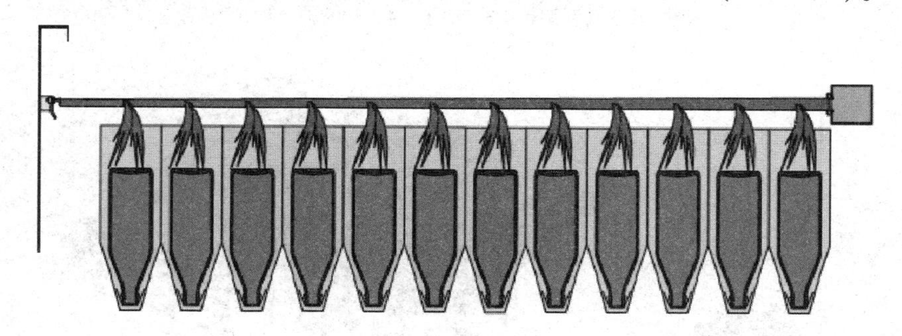

图 5 - 18 瓶子外壁的喷冲清洗

瓶子内壁的喷冲要采用跟踪喷淋的形式。一般洗瓶机上常见的有移动式跟踪喷淋（图 5 - 19）和旋转式跟踪喷淋（图 5 - 20 至图 5 - 21）。

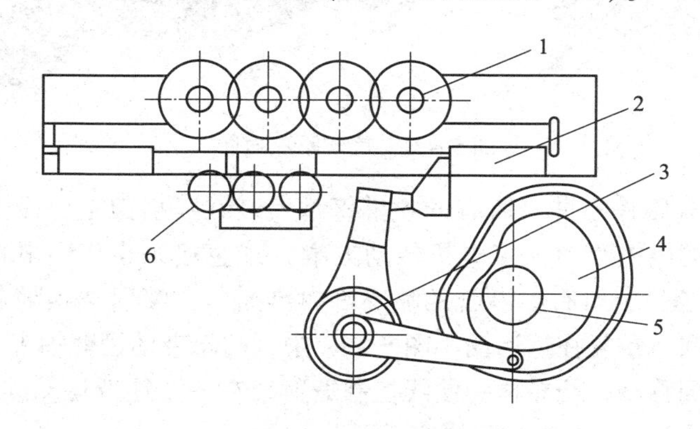

图 5 - 19 移动式跟踪喷淋

1—喷淋管 2—喷射架 3—摆臂轴 4—凸轮槽轮 5—凸轮的驱动轴 6—喷射架的移动滑轮

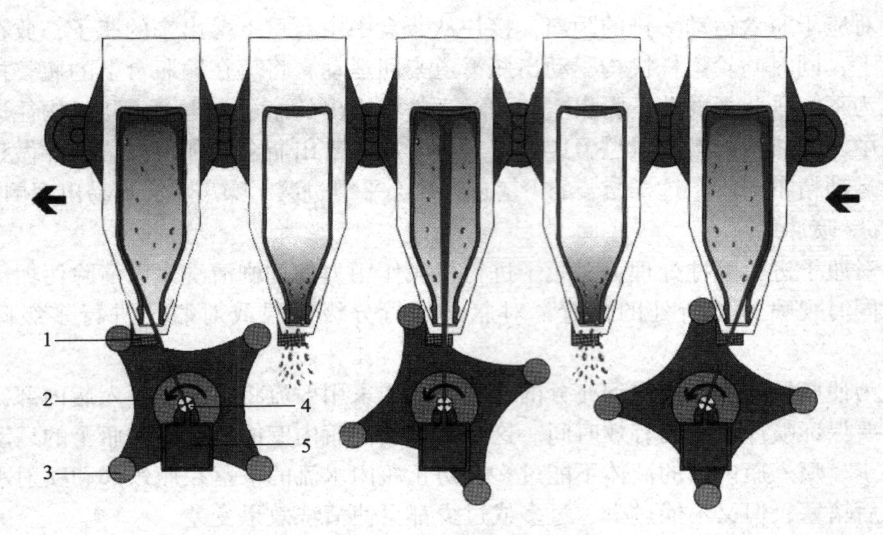

图 5－20　旋转喷嘴跟踪喷射

1—挡块　2—转动星轮　3—滚子　4—喷嘴轴　5—喷淋管

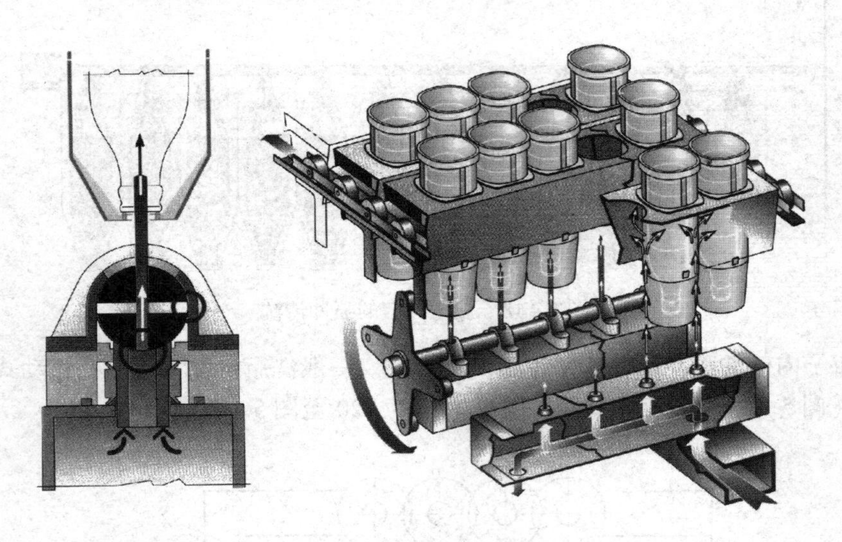

图 5－21　旋转跟踪喷冲

（1）移动式跟踪喷淋　所有的喷淋管都安装在喷射架上，而喷射架则由与瓶盒同步运行的电机驱动（多电机传动方案）或直接来自于主电机的总轴传动（单电机传动方案），所有喷淋管的喷嘴都对准瓶口，喷射架跟随瓶盒前移一段距离后快速返回，重复往返运动。图 5－19 中，凸轮带动摆臂轴来回摆动，摆臂推拉喷射架来回移动。凸轮槽的曲线控制喷射架在一个往返运动周期内，2/3 时间跟随瓶子同步运动，1/3 时间快速返回。

（2）旋转式跟踪喷淋　通过一旋转的喷嘴轴同步跟随每一排瓶子的移动实

现跟踪喷淋。喷嘴轴管内的喷嘴为十字交叉状，随每排瓶子移动偏转90°，喷射水流可沿不同的入射角冲洗瓶的底部和内侧壁（图5－20），实现内部高强度的清洗。

喷嘴轴的旋转必须与瓶排的移动同步，由瓶盒两头的挡块（图5－20中的1）推动喷嘴轴顶端的转动星轮旋转，而转动星轮带动喷嘴轴旋转，这样喷嘴的旋转运动就能和瓶盒的运动同步。水流会准确地喷入瓶口，清洗瓶内壁。

7．除标和废标签处理装置

在高温碱槽中，所有标签都被浸泡至疏松脱落。浸泡应保证标签的完整，不能分解成为碎渣或纸纤维。标签在碱液内停留时间越长，溶解纤维化的危险也就越大。因此，洗瓶应快速将脱落的标签运出机器外。

单端洗瓶机一般采用在瓶盒出碱槽后，利用喷淋或碱液定向流动（加热循环流动），大量碱液将标签冲出瓶盒，由一链条驱动的筛网传送带过滤碱液，同时筛网传送带向外运动将废标签带出机器外（图5－22）。

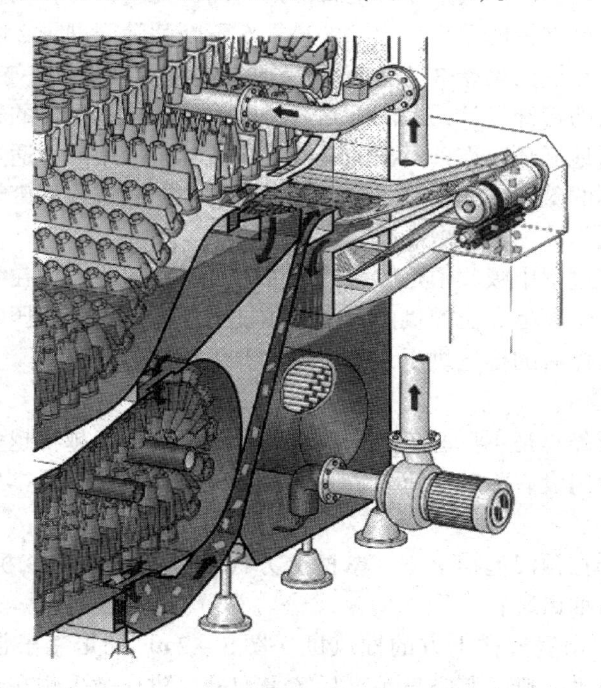

图5－22　借助除标喷淋和定向液体流动除标

大部分的双端洗瓶机则依靠定向碱液流动配合筛网过滤来除标（图5－23）。碱液经由除标箱体内的泵1泵回到碱槽下方。碱槽和除标箱体之间形成压差。大量带有标签的碱液如图5－23所示方向流向除标箱体中。沿着管形筛网网带2的两端面半圆缺口进入筛网网带2中，过滤后的碱液又按图示箭头方向由泵

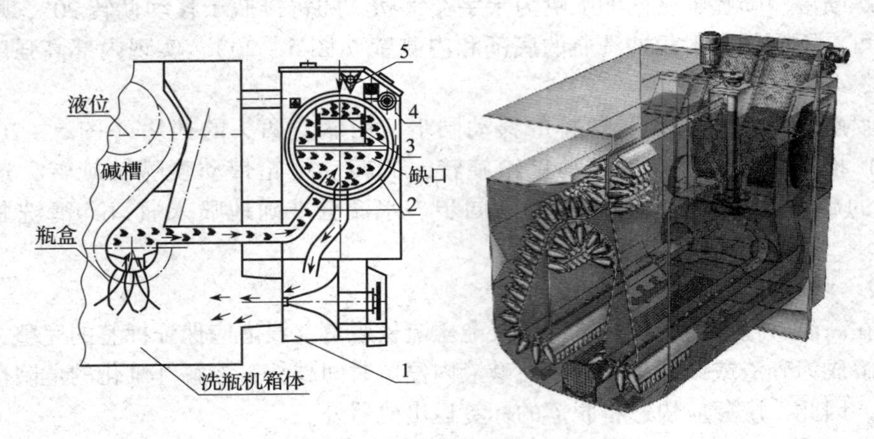

图 5-23　借助定向碱液流动的除标

1—泵　2—管型筛网网带　3—横向网带　4—链条　5—喷管

泵回碱槽中，不断循环。链条 4 带动管形筛网网带转动，当转动速度较高时离心力将废标带到筛网网带的顶部。顶部的喷管 5 不断朝筛网网带 2 喷淋，网带上的杂物和废标就落在横向网带 3 上。横向网带 3 将废标及杂物不断带出除标箱体外。基于浸泡槽的特殊设计，碱液都是通过碱槽圆弧轨道下部的狭缝流向除标箱中。由于泵不断地循环工作，泵出的碱液定向流动，从瓶表面通过时将标纸冲刷下来。含有废标的碱液就如此流入管形除标筛网中，经过滤的废标及杂物被排出机体外。

标签在洗瓶过程中吸收了足够多的碱液，可予以回收。可在除标器下方增设废标压榨装置处理废标。压榨机由一个液压缸给湿标签团施加压力，收集压榨出的碱液，并对压榨后的标签烘干，最后排入专用槽车内。

8. 除玻璃渣

玻璃瓶的破碎总是不可避免的。碎玻璃沉到机器下面越积越多，可致机器卡死。有些机器专门设有除玻璃渣装置，将槽底破碎的玻璃碎片排出机外。

9. 抽风机

洗瓶机分别在预浸泡槽上方、碱槽上方（洗铝箔标的洗瓶机才需要安装）、出瓶口位置装有抽风装置。

（1）安装在预浸泡槽上方的抽风机（图 5-24）抽走瓶子带入机器内部的灰尘和污浊的空气，避免脏空气污染后续浸泡槽，防止微生物在预浸泡槽的空间内滋生。

（2）安装在出瓶口上方的抽风机（图 5-25）抽走机器头部的废热蒸汽。在机器出瓶位置附近，温度已经降低，当达到露点以下时，机内蒸汽会冷凝成水滴，极有可能凝结在瓶内、外壁上或者凝结在机器内壁后滴到已清洗的瓶子外壁或内部，易造成瓶子的二次污染。

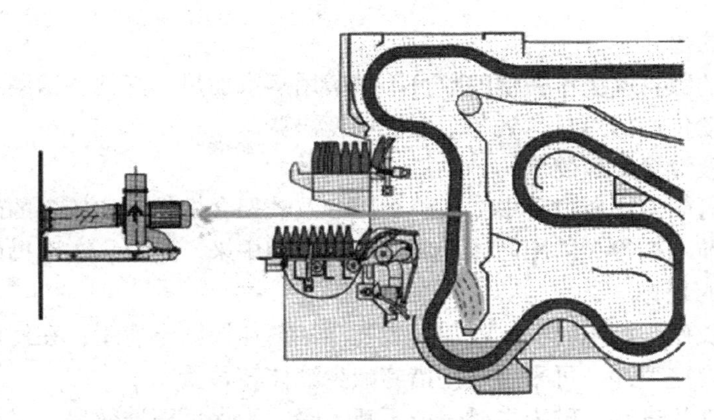

图 5－24　进瓶端脏空气的抽排

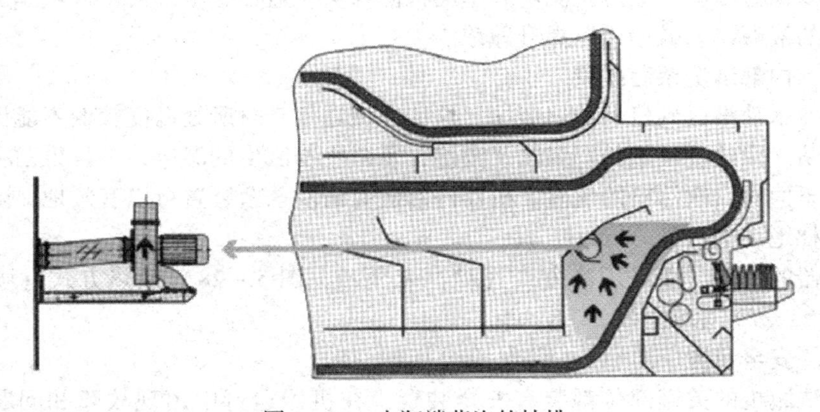

图 5－25　出瓶端蒸汽的抽排

（3）安装在碱槽上方的抽风机（图 5－26）抽走碱槽上方空隙里聚集的氢气。如大量的瓶子带有铝箔标，清洗时标签中的铝会和碱液发生反应生成氢气，当氢气累积到一定程度时，存在着和空气中的氧气剧烈反应而爆炸的危险。

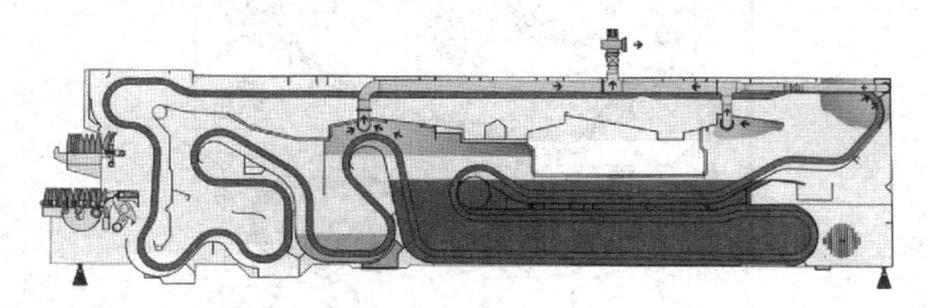

图 5－26　碱槽上方氢气的抽排

$$2Al + 6NaOH + 6H_2O \rightarrow 2Na_3[Al(OH)_6] + 3H_2\uparrow$$

由于氢气的产生和聚集是缓慢的，所以抽氢气的抽风机不需要时刻运行，以避免碱槽热量过多散失。

10. 加热器

加热器的数目取决于碱槽的数目。碱槽用蒸汽加热，其他各槽利用瓶盒和清洗液循环流动传递的热量达到各个温区温度协调。

11. 碱液计量添加装置

在较长时间的洗瓶过程中，瓶子、瓶盒及载架会携带走比较多的碱液，而清洗中也会从前端携带大体相同体积的热水到碱槽中来。所以，主碱槽的温度和碱浓总有下降的趋势。

适当延长瓶子沥干时间，或加入表面活性剂加快沥干速度；在使用碱液喷冲时，只对瓶内壁喷冲。可采用这些措施减少液体转移量。

随着清洗的进行，碱损失时碱浓不断下降。为保证清洗效果，必须持续地补充碱液以保持浓度。通过检测电导率的检测探头，监控碱浓，由一计量添加泵将高浓度的液碱泵入碱槽用以提升碱浓。

12. 内部清洗杀菌装置

从冷水喷淋区到机器的出瓶端，这些区域在生产时所处温度较低不能保证绝对的无菌。而这些区域长期温暖又潮湿，是微生物滋生的温床，一旦染菌将使洗净的瓶子面对二次污染的危险。机器内部装有清洗杀菌装置可以有效地保障杀灭细菌，杜绝二次污染。

机器的头部可以采用冷方式（喷冲杀菌液，图 5－28）或热方式（喷冲蒸汽，图 5－27）杀菌。

13. 安全装置

在洗瓶机的关键部位都装有安全装置，在机器运行中出现故障和问题时动作，及时地保护设备和操作人员的人身安全。

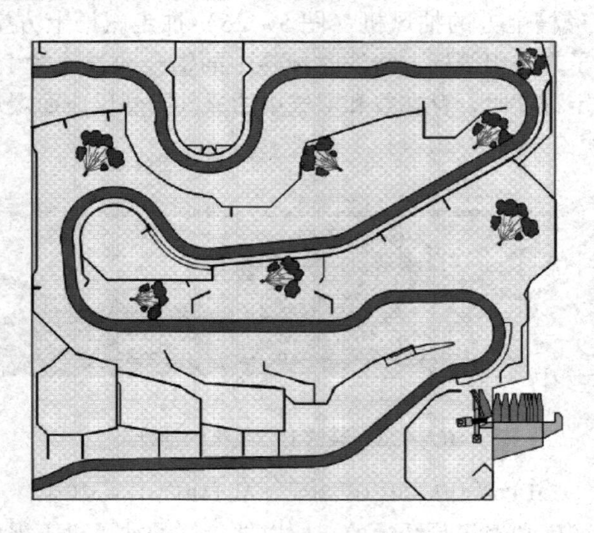

图 5－27　机器出瓶端蒸汽杀菌

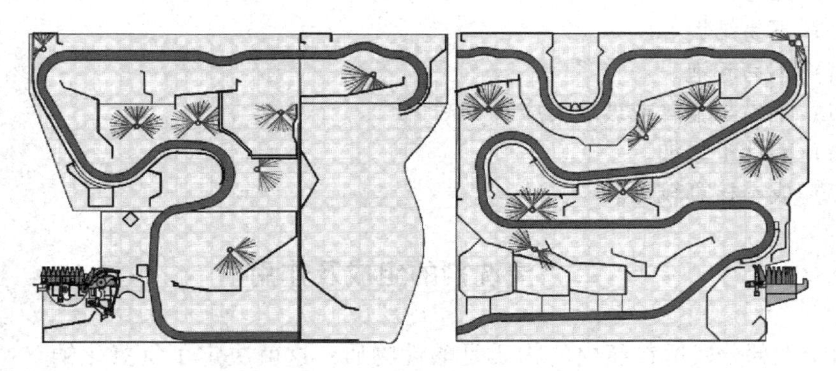

图 5 – 28　机器内部杀菌液杀菌

（1）人身安全装置　机器的进出瓶部分装有安全检测开关，当人员进入工作区域时，设备会停机。

（2）设备安全检测装置

① 瓶盒破损检测装置：瓶盒破损后，瓶子在喷冲时将会碰撞喷淋管从而造成设备损坏。当检测装置动作后，设备将停机。

② 过载保护装置

a. 单电机传动方案：在进出瓶传动轴上安装过载离合器，当卡瓶发生时，载荷超出设备所能提供的，过载离合器就会动作。检测装置检测到离合器的脱开，设备将会停机报警。

b. 多电机传动方案：在每个驱动点都安装有检测元件，检测链条的变形（力矩），信号提供给 PLC 实时监控，通过变频器来调整各电机的运行状态。一旦故障发生设备会及时停机报警。

14. 检测装置

各水槽的温度、液位检测装置；碱槽的液位、温度、浓度的检测装置；电机运行速度的检测装置。这些检测装置中，碱槽温度和浓度的检测比较重要，这两个工艺参数将直接影响到操作人员的操作步骤。

第三节　清洗剂水耗及操作规程

一、清洗用碱的要求

清洗用碱的主要要求可以归纳如下：

（1）较高的洗涤能力，其中包括：溶解污垢的能力；抑制或杀灭细菌的能力；良好的浸润能力；防止脱离的污垢再沉积的能力；快速穿透标签纸的能力。

（2）无毒，不产生有毒废水。

（3）不易结垢。

（4）不易起泡。

（5）不易与金属或玻璃反应。

（6）能计量添加。

（7）成本核算较低。

二、清洗剂的组成及作用

由于大部分残留在瓶内的物质是酸性物质，这就决定了氢氧化钠（NaOH，苛性钠）作为清洗剂的主要成分，浓度 1.5% ~3%。它能对玻璃瓶起到良好的清洗作用。

苛性钠有着以下特性。其中有些特性是它作为清洗剂主要成分的原因，有些则是它作为啤酒回收瓶清洗剂的缺陷。

（1）乳化和皂化脂肪作用。

（2）蛋白质分解和水解作用。

（3）溶解碳酸盐的作用。在碱槽里不易形成水垢，但在预温处理部分和热水喷冲区域就容易产生水垢。

（4）分散不溶性物质，易与一些难溶物质反应生成易溶物质。

（5）对玻璃瓶有腐蚀性。

（6）会和铝锌金属反应生成氢气。

为弥补氢氧化钠的缺陷，增强洗涤效果，清洗剂当中还应适当添加防垢剂、螯合剂、消泡剂、抗蚀剂、表面活性剂、杀菌剂（图 5 – 29）。

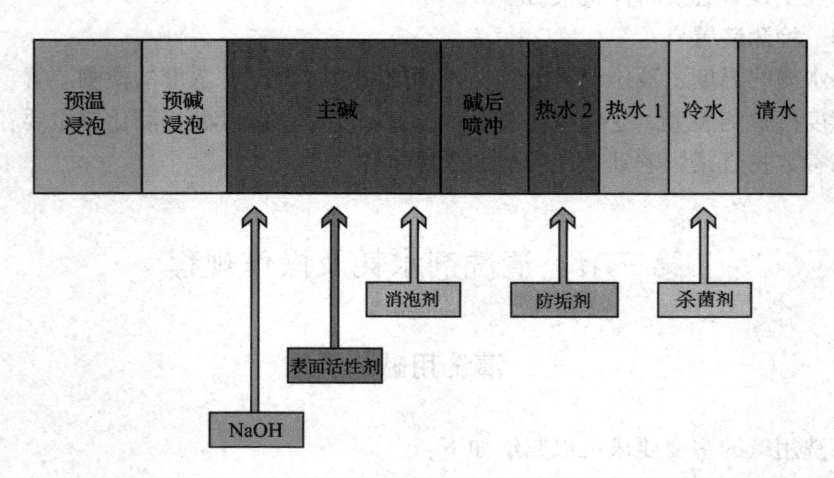

图 5 – 29　添加清洗剂及添加剂

防垢剂：这是一种对洗瓶机内不溶于水的碳酸盐，其形成过程起反作用的物质。防垢剂通常在热水喷冲区添加，因为这里是主要结垢区域。结垢大量形成，最终会导致沉积在喷淋管内部，堵塞喷嘴；沉积在热交换器周围使热效率降低；沉积在泵中会造成泵工作能力下降，严重时会使泵叶卡死；在喷射架上沉积会使携碱量增加。

螯合剂：一般为有机酸，主要针对溶解状态的金属离子有稳定作用，防止其沉淀。

消泡剂：清洗剂使用一段时间后，会逐渐累积一些非离子型表面活性物质。这些物质常会引起泡沫，而泡沫的存在会阻隔清洗剂和污垢接触，降低原有的清洗效率。当泡沫产生时，可向清洗剂当中加入适量的消泡剂。

抗蚀剂：碱性清洗剂对玻璃瓶有腐蚀作用，降低瓶体强度，同时使得瓶体外观出现白色的浊迹。添加抗蚀剂可有效减轻碱液对瓶的侵蚀作用。

表面活性剂：具有良好的污垢溶解能力（增溶作用），起到改善与污垢结合的作用（乳化作用），改善瓶壁水流特性（减小水分子表面张力）的作用。使用时，应注意其残留问题。

杀菌剂：是否在洗瓶过程中添加杀菌剂取决于净瓶的微生物检测结果。通常在所供应的洗瓶水中微生物较多的情况下需要添加杀菌剂。

三、洗瓶的水耗

洗瓶机的水耗量取决于喷嘴数目、喷冲频率以及出瓶温度。如果水耗过低，则出瓶温度较高就会影响后续的灌装生产。洗瓶机水耗控制在200～250mL/瓶(500mL 瓶型)，视为很理想的水平。

四、洗瓶机操作规程

机器型号或类型不同，操作的方法也略有差别，但所有洗瓶机总的操作过程是一致的，即分为四个阶段。

1. 开机准备阶段

清除进出瓶处一切杂物，关上所有安全门、观察窗、清洗窗和排污阀，将所有水槽灌满水。

2. 升温阶段

开动除标器，碱循环泵；打开蒸汽阀，对碱槽里的碱液升温。当温度为40℃时，测碱槽中碱（NaOH）浓度，必要时添加片碱；当碱液温度约为55℃时，启动主电机以及所有喷冲泵，直至碱槽温度达到工艺要求的设定值。

3. 生产阶段

碱液温度达到设定值后，启用自动温控系统；打开输瓶台链条并润滑、抽风机、清水喷冲，开始进行洗瓶生产。在生产运行中，观察各部分动作是否协调同步、有无异常声响；不定期检查各喷嘴及滤网有无堵塞；水压、气压、蒸汽压力是否正常。根据整条包装线生产情况和洗瓶效果，调整合理的运行速度。

4. 结束阶段

关闭蒸汽阀、清水喷冲水源；机内所有瓶子被输出后再关闭拖动瓶盒的主电机，各喷淋泵、输送带、进瓶台链条；保持碱循环泵、抽风机和除标器运行，直到标签完全排出机器外后关闭除标器。打开除碱槽外所有贮水槽的排污阀放水，并取出过滤筛网用水冲洗；确认各贮水槽内已无水后，打开清洗窗，对其内部冲洗；冲洗完毕后，敞开清洗窗、观察窗；关上抽风机、碱循环泵；切断主电源。

五、基本维护和保养

机器投入运行后，应根据实际工作状况和机器制造厂家提出的要求，严格地、有计划地实施维护和保养工作，以保证机器正常生产和运行寿命。

1. 清洗保养

每天：操作方法见本章本节四、4“结束阶段”。

每周：除常规清洗外，拆下喷淋管清洗喷颈。

每季：彻底清洗碱槽内部，包括液位和温度探头、除标器网带等。

2. 润滑保养

应严格使用机器生产厂家指定的润滑油和润滑脂牌号。

每班：所有杆件铰链、开式齿轮啮合部位加润滑脂一次。

每周（或40h)：所有瓶盒链条主动链轮、张紧轮轴承；万向节、花链轴节；除标器链轮轴承加润滑脂一次。

闭式齿轮箱首次运行500h后第一次换油，2000h后根据情况决定是否第二次换油。

思 考 题

1. 影响洗瓶效果的因素有哪些？
2. 洗瓶机单端机和双端机的优缺点？
3. 洗瓶机中如何做到热能的节省回收利用？
4. 洗瓶机中采用哪些措施可有效地降低碱液的携带量？
5. 简述洗瓶设备的安全检测装置及其作用。

第六章 检验设备

知识目标

1. 了解不同的检验技术。
2. 熟悉空瓶验瓶机的检验原理。
3. 了解满瓶验瓶机的工作原理。

技能目标

1. 熟悉玻璃瓶的构造。
2. 了解某一类型验瓶机的结构。
3. 会简单地维护某一型号的验瓶机。

第一节 检 测 技 术

一、检测技术的应用

啤酒包装生产线上使用到的检验技术一般有以下几种应用形式。

（1）空瓶验瓶　检验瓶子洗瓶效果以及瓶子缺陷，剔除缺陷瓶。

（2）满瓶检测　检验已灌装瓶子是否含有可疑物体，保证消费者的饮用安全。

（3）液位检测　在灌装后检测容器中的液位是否满足灌装标准。

（4）标签检测　在贴标之后，检测标签上的图案、打印日期等。

（5）箱子的检测　在装箱之前检验空箱（塑料箱）的完整性，剔除不合格的箱子；检验箱子上面的图案（洗箱之前），剔除异厂箱；在装箱（纸箱）

之后，检测箱中是否缺瓶，保证箱中不缺瓶；以及检测打印的生产日期、批次等。

这些检验技术都是为了啤酒包装工序能够顺利、准确地完成，以确保消费者手中的啤酒有良好的品质。

二、检 测 原 理

应用于啤酒包装生产线的检测技术有光学扫描技术、机器视觉技术、红外光检测技术、涡流检测技术、高频电磁波检测技术、X－射线检测技术等。这些检测技术分别应用于包装过程中对各种包装材料的缺陷检测，如塑料（PET）瓶的缺陷检测，易拉罐中的污垢检测，玻璃瓶的高低、尺寸、颜色检测，玻璃瓶的缺陷检测、塑料箱的缺陷检测等；包装后对包装必要重要工艺指标的检测，如瓶中液位的检测，有无盖的检测，标签完整性检测等。

1. 光学扫描技术

光学系统的光束传播方向随时间变化而改变，这种光学系统称为光学扫描系统。主要利用光源（白光或激光）形成对被测物体的扫描运动，配合光电器件，电子技术与计算机，构成精密测试的方法。光学扫描技术较普遍地应用于早期的验瓶机，是检测核心元件受限于光电元件分辨率的缘故。需要把检测物体（瓶子）的大面积检测面透射光或反射光转换为数字的电信号，而感光元器件分辨率又过小，无法一次完成转换。采用扫描技术即在光路中添加可高速运动的反射镜，让光束扫描到整个平面，从而按时间的先后变化进行光电信号转换，由此可以在感光元件分辨率较低的条件下得到较好的信号质量（详细内容见瓶底检测、瓶口检测）。由于有运动部件的存在，设备的磨损会比较常见，早期的检测速度和精度都不是很高。现在光学扫描的方法还在某些流水线在线检测当中使用。

2. 机器视觉（摄像）技术

由于光电技术、计算机技术的高速发展，机器视觉技术基本上可以完成啤酒包装生产中的大部分检测工作。所谓机器视觉就是通过机器视觉产品即图像摄取装置（分 CCD 和 CMOS 两种）将被摄取目标转换成图像信号，传送给专门的图像处理系统，根据像素分布和亮度、颜色等信息，转换为数字信号；图像系统对这些信号进行各种运算来抽取目标的特征，进而根据判断的结果来控制现场设备的动作。

机器视觉系统有几种适用平台，可区分为独立型、智能型、基于 PC 型等三种。独立型的视觉应用平台，通常采用一体成型的机箱设计，自成一部完整的检测机，内建相关的处理器、电源及其他输入/输出必要控制端。例如，基于机器视觉的灌装液位检测装置等。智能型的视觉平台是指摄像机内部植入特殊的嵌入式开发的处理器，提供某些特定检测工具使用，使用者仅需透过通讯接口经由计算机联机设计必要检测项目及相关参数，即可进行快速的动态检测，并且通过可编程控制器（PLC）输出，人机界面（HMI）进行监控。这种平台已逐渐成为未来机器视觉的发展趋势。基于计算机（PC－Based）为主的插卡（图像采集卡）型应用平台，已经广泛大量地应用于各行业，进行各种线上检测工作。采用现场总线技术解决了控制器和视觉平台的通讯，使系统可靠性、集成化、高速化得到了提高，从而完成产品的线上检测、产品输送线的速度控制、剔除不合格产品等工作。

一个典型的机器视觉系统包括光源/照明、镜头、摄像机、图像采集设备、图像处理软件、控制器几大部分。

（1）光源/照明　照明是影响机器视觉系统输入的重要因素，直接影响输入数据的质量和应用效果。光源分为可见光源和不可见光源。常见的可见光源是白炽灯、日光灯、卤素灯、LED 等。白炽灯与卤素灯是热光源，光照强但产生的光一般带有橘黄色。高频日光灯是白色光源，光照强，且价格适中，但是日光灯的光能随着使用时间的增加会有所下降，没有 LED 等光源稳定，所以本系统采用 LED 作为光源。LED 光源响应速度快，可以达到纳秒（ns）级，无频闪，符合在线检测要求。在空瓶检验中，LED 作为光源已经普遍使用。

光源照射的方法可分为背向照明、前向照明、结构光和频闪光照明。像啤酒瓶检测中多采用背向照明（可以有效地去玻璃的反光，透明度好）和频闪光照明（LED 电流较大，长时间影响寿命，故采用闪光，要求摄像机与光源同步）。正确的照明方法可以提高图像的对比度，可以使被测物体图像更清晰，最小化环境光造成的干扰。

（2）镜头　镜头是摄像系统的最关键设备，它的质量优劣直接影响摄像整体性能指标。选择镜头要与摄像机匹配。选取合适的镜头规格，与摄像机的感光元件（CCD）尺寸一致，合适的焦距保证视场角的大小。

（3）摄像机　按感光元件（CCD）的类型不同分为线阵 CCD 和面阵 CCD 摄像机（图 6－1）。面阵 CCD 应用面较广，如面积、形状、尺寸、位置甚至温度的测量。在现代验瓶机当中可以用来检验瓶口、瓶底、瓶壁，甚至可以用来检验瓶子的残液与灌装后瓶中的液位（配合图像处理过程）；线阵 CCD 分辨力高，但要用线阵 CCD 获取二维图像就必须配以光学扫描技术的辅助。由于扫描运动及相应的位置反馈环节存在，增加了系统成本，图像精度也可能受到扫描运动精度的影响。即使如此，线阵 CCD 加扫描机构及位置反馈环节的成本仍会低于同等面积、同等分辨率的面阵 CCD。理论上线阵 CCD 可获得比面阵 CCD 更高的分辨率和精度，可用来检测连续运动的产品：产品的外形、尺寸、缺陷等较精密的检测。从实际工程应用角度出发，线阵 CCD 图像处理还是相当复杂的。瓶壁检测、塑料箱的检测设备就用线阵 CCD 来检查瓶壁、箱的缺陷。

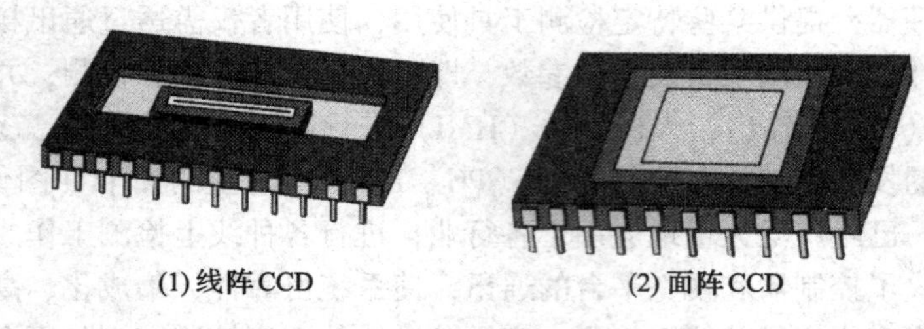

(1) 线阵CCD　　(2) 面阵CCD

图6－1　线阵 CCD 和面阵 CCD

（4）图像采集设备　图像采集设备有图像采集卡（基于 PC）和图像采集电路（基于嵌入式芯片系统）。图像采集设备具备取样和量化功能，将目标对象的信息电信号转化成数字图像。光图像采集设备直接决定了摄像头的接口：黑白、彩色、模拟、数字等。

采集卡中比较典型的是 PCI 或 AGP 兼容的捕获卡，可以将图像迅速地传送到计算机存储器进行处理。有些采集卡有内置的多路开关。例如，可以连接 8 个不同的摄像机，然后告诉采集卡采用哪一个相机抓拍到的信息。有些采集卡有内置的数字输入以触发采集卡进行捕捉，当采集卡抓拍图像时数字输出口就触发闸门。

（5）图像处理软件　图像处理软件由处理器对数字图像进行处理，包括图像的预处理（平滑处理、滤波、除噪等）、图像的增强（灰度的变换：涂层异物与背景灰度的对比度）、图像的分割（对图像的灰度级设置门限的方法将图像划分为若干区域或部分）、特征的提取（对应于空瓶验瓶，就是瓶缺陷的识别；对应于标签的检测就是图案特征的识别等）等一系列步骤，最后通过分析运算获得测量结果或逻辑控制值。

（6）控制器　控制器根据图像分析处理的结果控制生产线运行、进行定位、纠正运动误差等。在检验设备中一般用 PLC 系统作为控制器完成产品运动定位、发出抓拍信号、剔除机构动作等工作。

第二节　空 瓶 检 验

一、验瓶的任务及其方式

验瓶的任务：确定瓶子的内外洁净度以及瓶子的破损情况，剔除有疑问的瓶子。

验瓶可采用：人工验瓶、机器自动验瓶或机器结合人工验瓶。

1. 人工验瓶

人工验瓶即用人的眼睛在一定的亮光背景下观测瓶子的特定部位，主要是瓶口和瓶身。光屏一般长 600 ~ 1000mm，照度 700 ~ 1500lx。由于瓶子处在运动状态，因此眼睛极易疲劳，一般每半小时需换岗，最好与其他工作交替进行。瓶子的输送速度不宜超过10000瓶/h，如果设备速度更高，可将瓶子分流分别检验。

人工验瓶的局限性：可靠性差，漏检率高，瓶子底部和残留液较难检出，且劳动强度大，在高速设备上根本无法实施。

2．机器验瓶

机器验瓶即利用机器设备借助光电等技术对瓶子进行检验，并自动排除可疑的瓶子。最先进的技术已涉及瓶子的气味以及微生物状况。

机器验瓶主要检验项目：瓶底、瓶口、瓶壁、瓶中残液。

其他检验项目还包括：颜色、轮廓形状、高矮、螺纹、密封性等（PET瓶）。

实际中回收瓶的各部位缺陷大致按以下比例出现：

瓶口	50% ~60%
底部	约30%
内外壁	约15%
其他	2% ~3%

机器验瓶要求瓶子质量高、一致性好，瓶子一些部位的外形误差过大会引起误操作，使可靠性下降。

机器验瓶的优点：可靠性高，效率高，自动统计数据，节省人力。

机器验瓶的缺点：可靠性过分依赖于瓶子质量和生产条件，维护维修费用高。

3．人机结合验瓶

实践证明，机器和人工相结合的方案较为理想，切实可行。

二、空瓶验瓶机的结构

空瓶检验多采用机器视觉技术借助多台CCD面阵摄像设备进行。验瓶机基本上有两种基本形式。

1．直线式验瓶机（图6－2）

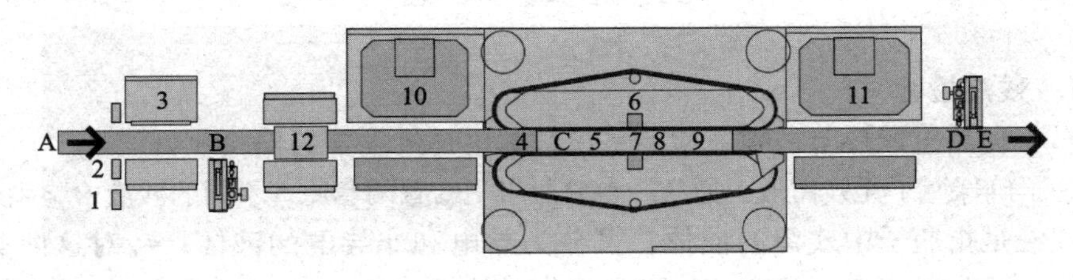

图6－2 直线式验瓶机（Linatronic735，克朗斯，Krones AG）

1—瓶颜色检验传感器 2—高度检测（光电开关） 3—轮廓，高度，颜色，磨损（PET瓶）
4—瓶口侧面或瓶口 5—红外残液检测 6—高频电磁波残碱检测 7—瓶底，瓶内壁检测
8—瓶口螺纹检测 9—密封面检测 10、11—瓶外壁检测模块 12—瓶口侧面检测
A—保护装置（有倒瓶或者过高瓶时停机） B—进口处的剔除装置（排除异厂瓶）
C—瓶底吹扫装置 D—破瓶打击器 E—脏瓶打击器

直线式验瓶时瓶子只做直线运动，通过各个检验站进行单项检验。瓶子外形检测需要另设检验单元。

2. 回转式验瓶机（图6－3）

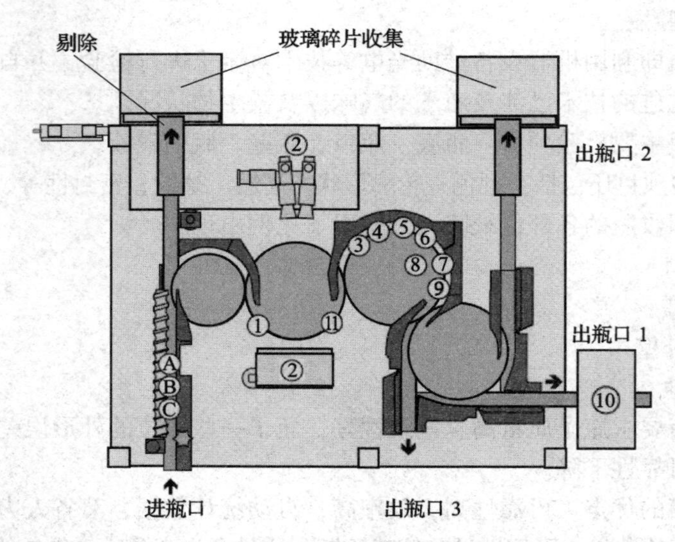

图6－3　回转式验瓶机

A、B、C—进瓶口处的异厂瓶检测及剔除装置（颜色、高度、瓶径、轮廓，玻璃瓶/PET瓶）
1—PET瓶的磨损划伤　2—瓶外壁、PET瓶壁磨损检测　3—密封面检测　4—瓶底检测
5—瓶内壁检测　6—螺口螺纹　7—瓶口侧面检测　8—高频电磁波验残碱　9—红外光验残液
10—PET瓶口侧面检测　11—PET瓶漏气检验（检测模块567视厂家要求增减）
出瓶口1—通往灌装设备　出瓶口2—破瓶排出口　出瓶口3—脏瓶排出口

回转式验瓶机的检验过程是在瓶子座圆周运动中完成的。为适应各种瓶型需设有各种可更换附件。附件转换需要较长时间，附加成本较高，还需要存放库位。

三、检验原理

1. 残液检验

对于食品生产环节，残液检验是最基本也是最重要的检验项目。

为了确保瓶子无残留液，通常一台验瓶机上安置两套原理不同的残液检验系统。

残液是指瓶子中残留的液体，可分为导电和非导电的液体。针对这两类残液，检验通常采用高频电磁波技术和红外线技术。

高频电磁波法适于导电的液体，如水、啤酒、碱液、废液等。

红外线法适于各种液体，主要针对非导电液体，如酒精、油类、高浓的酸碱液等。

（1）高频电磁波技术　瓶子进入机器后通过真空吸持瓶身或机械夹持（颈部）等手段悬空，在瓶底相应高度设置一对高频电磁波发射/接收装置，由发射装置发出的电磁波沿瓶底面横向穿透到达接收装置，当瓶内残留有碱液（或其他导电液体）时，由于其电导远大于空气及玻璃，所以接收装置接收的电磁波较强，通过电子电路对接收信号进行处理，然后同预先设定的参考信号比较，就可以识别不正常的瓶子并记忆下来。最后由执行机构在输出过程中将其剔除。

改变参考信号的高低，实际上就是调节检测灵敏度的大小。

实践中有时会遇到打出率太高的情况，如瓶子是湿的或底部带有润滑液等。这时如果单纯调低灵敏度是不可取的。因为随着灵敏度的降低，当瓶子中真正含有一定量的碱液时或含水超标时可能发生漏检。总之，灵敏度过低或过高都是不利的，都会使检验可靠性降低。因此，设备上一般都采取措施如刷子、吹气的喷嘴等除去瓶子底部润滑液，也可避免瓶底检测时造成干扰（图 6－4）。

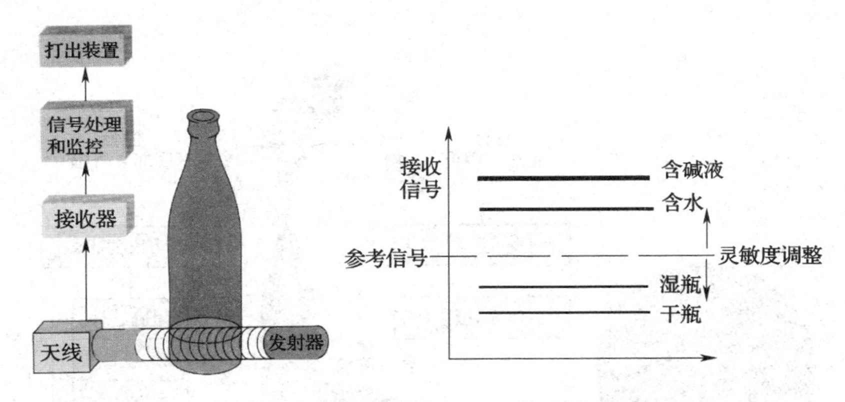

图 6－4　高频电磁波（HF）技术测残碱

（2）红外光技术　红外光沿瓶子轴线由下而上透射瓶底，瓶子上部的红外光传感器接收透射光并测定其强度。由于几乎所有的液体对一定波长的红外线均具有较大的吸收率，因此，由直接穿过瓶口的透射光的强度发生变化即可以识别含有液体的瓶子，然后经过信号处理单元给出控制信号将检出来的瓶子剔除（图 6－5）。

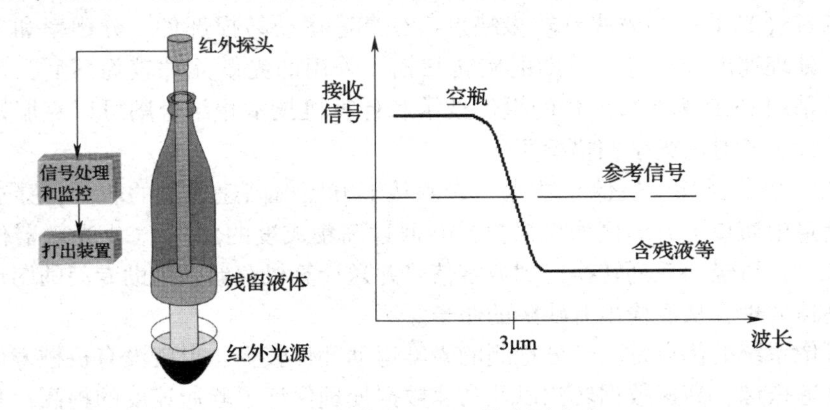

图 6－5　红外光（IR）技术测残液

2. 瓶底检验

瓶底的检验有两种基本方法：传统的光学扫描技术和先进的摄像技术。

（1）旋转（光学）扫描技术　旋转扫描法工作原理如图6－6所示，光源设置于悬空的瓶子下方，卤素灯发出的光线由下而上穿过瓶底部，到达瓶口上方的半透镜后，一部分继续向上到达高速旋转的扫描头。扫描头是一个只有一小部分（从圆心至外缘的一条窄长面）可反射光线的凹面镜，它对透过瓶底外围区域的光线进行扫描并反射到一个平面型光敏元件上，如果瓶子中有污物，则其阴影会落在光敏器件上，光敏器件输出信号（电流）会发生改变，通过放大处理，控制执行机构（电磁或气动击打器等）将该瓶子剔除。由于扫描头对底部中央处的阴影不敏感，瓶子底部中央区域的光信息则由半透镜反射到另一光敏元件专门处理。

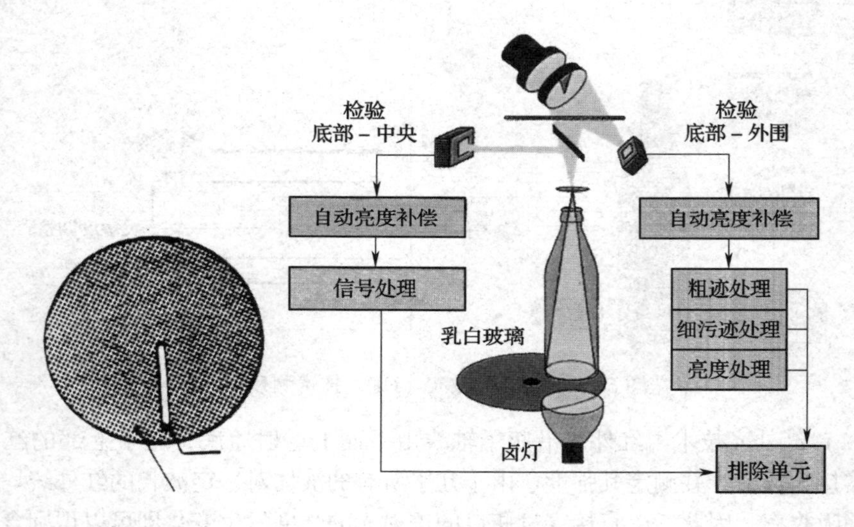

图6－6　扫描头（左）　瓶底旋转扫描技术（右）

旋转（光学）扫描法有较多缺点：有高速运动易损部件，分辨率和灵敏度有限，处理速度较低等。早期的旋转扫描，采用的光敏元件较为落后，已经淘汰。而采用CCD为光敏元件的摄像技术和计算机技术相结合则可以克服以上不足，取代了原有的光学扫描检测法。

（2）机器视觉（摄像）技术　光源从下方照射高速通过的瓶子，穿过底部的光信息由瓶口上方的摄像机采集，并通过高集成度的面阵CCD光敏器件转换为电信号，再经一系列转换得到数字信号并送计算机存储，借助专门的图形处理软件高速处理，从而检出有缺陷的瓶子。

摄像系统的优点是大部分检测的光学运动部件较少，也就没有机械寿命的问题；高速摄像，高速数据转化以及高速数据处理保证了验瓶速度的提高；高集成度的平面型光敏器件在约1mm^2的面积上分行列分布了数万个感光像素点，这样，一个较小的阴影就能覆盖几十到上百个的像素点，使得检测分辨率大大提高，自然也提高了灵敏度。

当然，摄像技术在图像处理方面较早期的光学旋转扫描技术要复杂得多。实际上瓶子的几乎任何部位都可用摄像技术来完成检测。

以上两种技术的检测精度比较见表6－1。

表6－1 旋转扫描与摄像技术的检测精度比较

瓶子颜色	异物大小/mm	旋转扫描	摄像技术
棕色	2×2	—	98%
	3×3	93%	99.9%
	4×4	98%	99.9%
	5×5	99.9%	99.9%
绿色	3×3	93%	99%
	4×4	97%	99.9%
	5×5	99.9%	99.9%
白色	2×2	—	99%
	3×3	93%	99.9%
	4×4	97%	99.9%

瓶底投射来的卤素灯或LED点阵频闪灯的光线，经面阵CCD摄像机获取得到图像。光路中可以采用偏振光滤光镜，滤去杂光。

底部照片被分成若干个区域分别采用不同的算法和不同的灵敏度进行检测。底部照片被分为环形区域和中心圆区域。在各自区域内再平均分成若干等份，中心区域分为内接正方形和圆内弦；环形分为若干个扇区。这样底部的中心区域和防滑纹分为均匀的几部分，小区域图像内的灰度值分布均匀，更加便于检测(图6－7)。

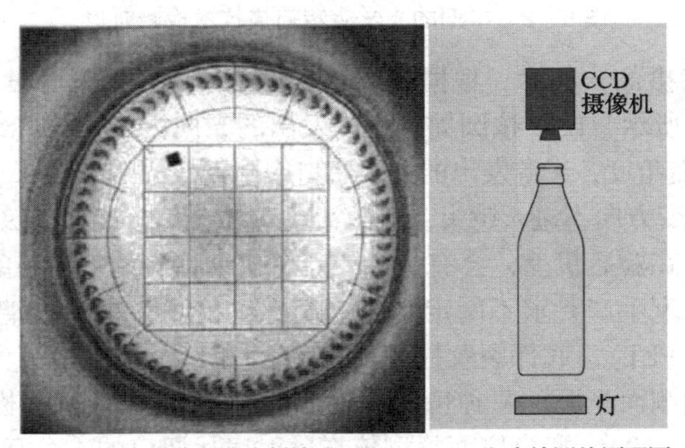

(1) 瓶底对称区域分割检验　　(2) 瓶底检测的原理图

图6－7 机器视觉技术原理

底部图像在不同亮度分区内进行分析，可以检测出瓶底的霉菌、薄膜、标签、玻璃碎片、划痕或裂痕、瓶体中的气泡、碎片（玻璃的缺陷）等。

3. 瓶口检验

瓶口有突起、有裂纹、有缺口都会导致压盖后的密封不严，无法保证啤酒原有质量。实际中回收瓶瓶口破损率比较高，需对瓶口进行瓶口密封面检测和螺纹检测（PET 瓶）。

瓶口密封面检验，与瓶底检验一样也有两种方法，早期采用旋转扫描技术而现在则采用摄像技术。

早期的旋转（光学）扫描法采用卤素灯光通过光纤传达到高速旋转的扫描头上，并沿一定角度投射到瓶口端面上，如果瓶口完好无损，投射光可以沿一定角度向上反射，经由扫描头上的接受透镜达到光敏器件。如果瓶口完好，投射光大部分散射而到达不了光敏器件，通过比较光敏器件的电信号即可识别并打出有问题的瓶子（图 6－8）。

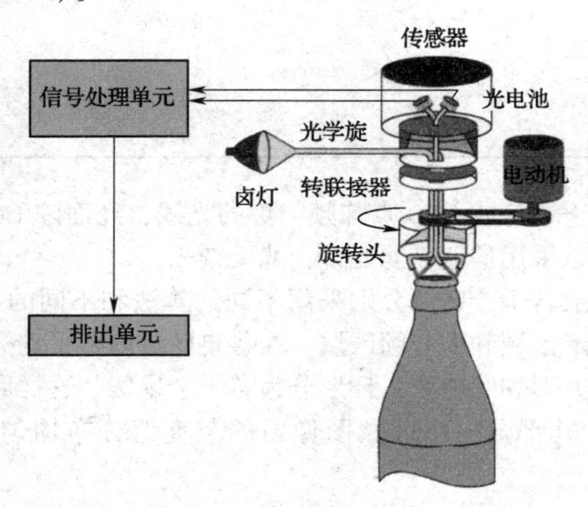

图 6－8　早期的光学旋转扫描技术检测瓶口

机器视觉（摄像）技术，根据瓶口的形状，使用环形低角度光源暗场照明，如图 6－9（1）所示，LED 按圆周排列，发出的光向内汇聚，光线方向与相机观察方向成 60°左右角度，光源发出的光经瓶口密封面反射进入镜头，缺陷等表面的变化引起光线改变方向不进入镜头，从而实现高对比度，如图 6－9（2）所示。

螺纹检测，在验瓶机上，会有一个或几个机动检测站安排在靠近机器出口位置，一般可视厂家生产要求不同定制瓶口全螺纹检测（螺口玻璃瓶或 PET 瓶）、瓶口侧面检测（PET）、底部裂纹检测（PET）。瓶口全螺纹检测，采用频闪灯作为光源或者采用侧面光源。两种情况都使用面阵 CCD 摄像机，检测识别螺纹的完整与否（图 6－10）。瓶口侧面检测依靠反射镜从瓶口的 4 个互差 45°方向拍摄照片，此时瓶子旋转 90°（直线验瓶机，图 6－11）。用于检测瓶子的瓶颈区域、支撑环和排气槽有无污垢或破损。

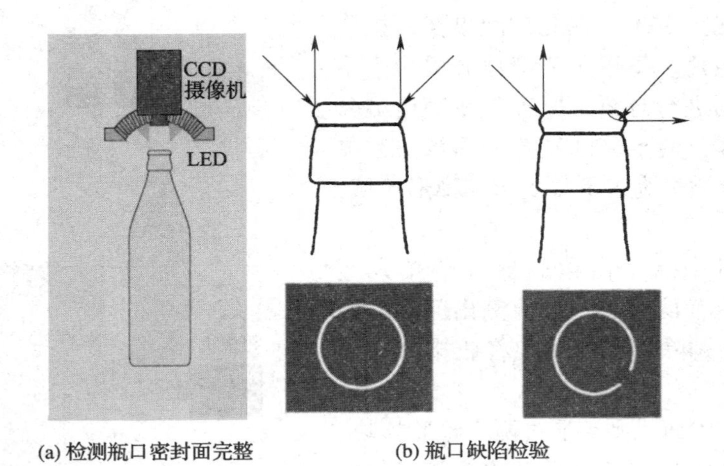

(a) 检测瓶口密封面完整　　(b) 瓶口缺陷检验

图 6－9　机器视觉摄像技术原理

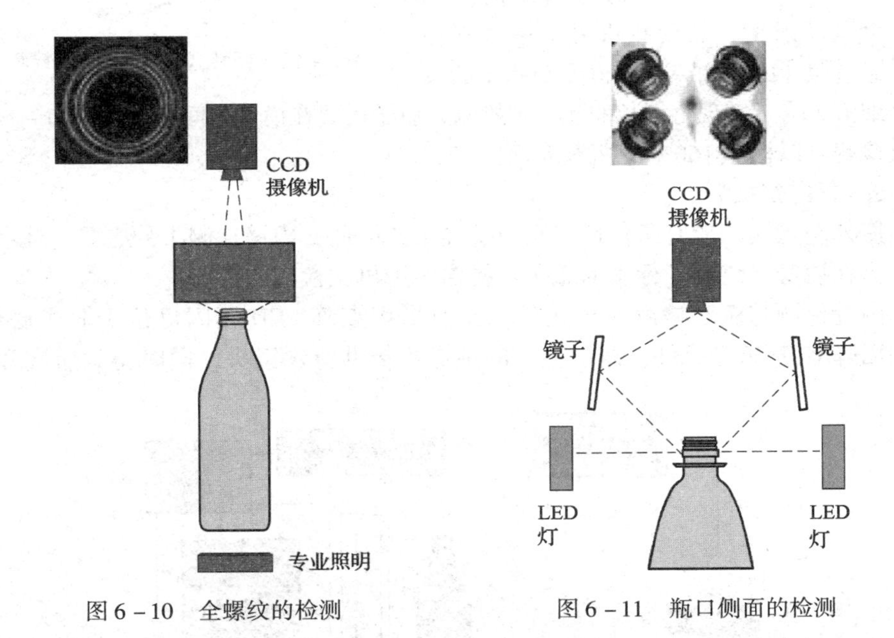

图 6－10　全螺纹的检测　　图 6－11　瓶口侧面的检测

4. 瓶外壁检测

瓶外/内壁检验多采用摄像技术。外壁检测需要检查一个正常的瓶子不应有的任何异常情况。例如，粘附有标签、未洗净的污渍以及表面划痕等。

为保护标签，瓶子贴标区上下方直径会略大，这样这些部位的接触摩擦会较为集中，容易形成上下两个因瓶表面磨损而凸显出的摩擦环。据爆瓶的相关研究表明，当磨痕区宽度增加时，暴瓶的几率增加，必须通过检测将此类问题瓶分离出来。

外壁检测，在回转式验瓶机内瓶子在光源前需旋转 360°，在此期间摄像机摄取多张瓶壁照片。每幅照片都被分成多个小块区域分别进行分析，原理与瓶底检测分区道理一样，便于分区设置不同算法和灵敏度。外壁被分为若干个矩形和梯形区域，见图 6－12。

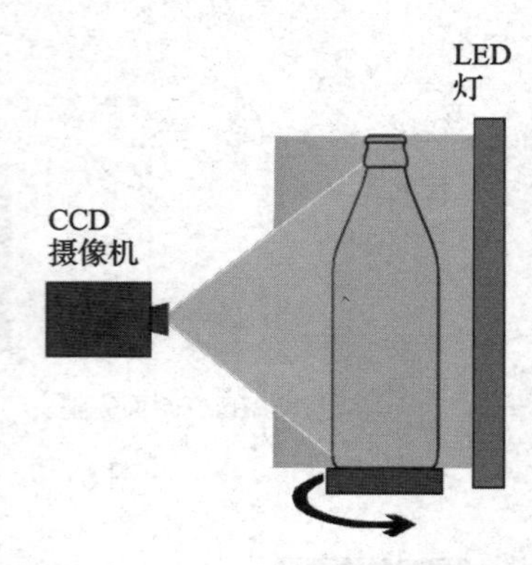

图 6－12　回转式验瓶机测瓶外壁

验瓶机中瓶子由编码器（节拍发生器）提供位置信号，一旦检测出问题，由 PLC 控制的剔除装置准确地将瓶排除（图 6－13）。

直线式验瓶机则需通过两个检验模块，每个模块采用 1～2 台摄像机来摄取瓶外壁照片。一个平面 LED 灯均匀照亮整个瓶高。借助反射镜，每台相机可拍摄多张照片，通过照片的叠加，可以检测到瓶子的每一个细节。为了实现全周长的无缝隙检测，瓶子需要在模块之间旋转（图 6－14），两次检测可以检测 160% 的瓶壁表面。

5. 瓶内壁检测

瓶外壁检测只能有条件地识别内壁异常，因此，内壁检测十分必要。此项技术也为在瓶身上烧制了标志的瓶子，提供内壁再次检测的可能。

内壁检测与瓶底检测原理相似，光源采用点阵 LED 频闪灯位于瓶子底部，采用面阵 CCD 感光元件，瓶口上方的摄像机借助特殊镜头，同时得到瓶底和瓶

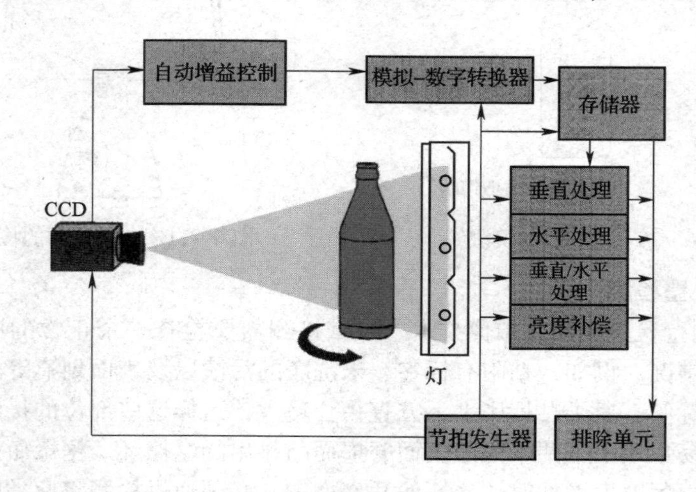

图 6－13　瓶外壁检测原理图

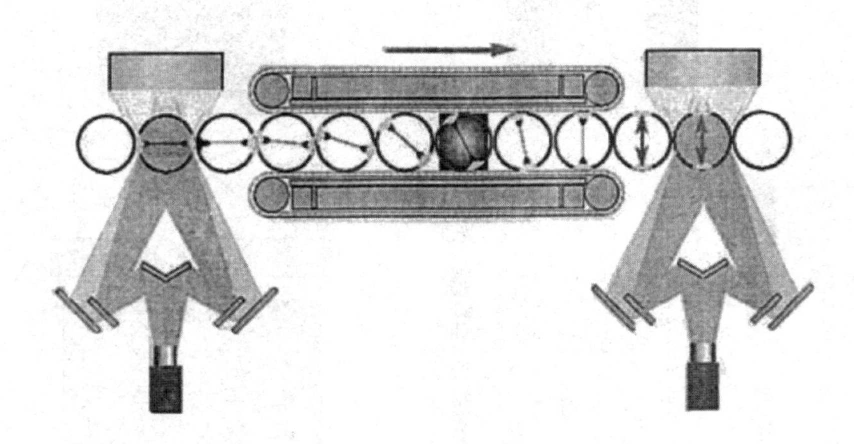

图 6-14　直线验瓶机二次拍摄检测瓶外壁

内壁图像（图 6-15）。此项检测正好可以将外表面标志或磨损严重的摩擦环区域背后的异物和污垢等检测出来，弥补了外壁检测的不足。有些瓶子由于瓶颈过渡部分的设计较为特殊，使得内表面不可能 100% 得到有效检验。

在频闪灯照亮瓶底的同时，摄像机获取一张瓶底的照片。由于摄像机具有非常高的灰度分辨率，即使对不透光的容器也能形成高质量的图像，如易拉罐的检测。该检测可以识别瓶底污垢和破损、异物，借助附加镜头可以发现瓶中的薄膜碎片和碎玻璃。

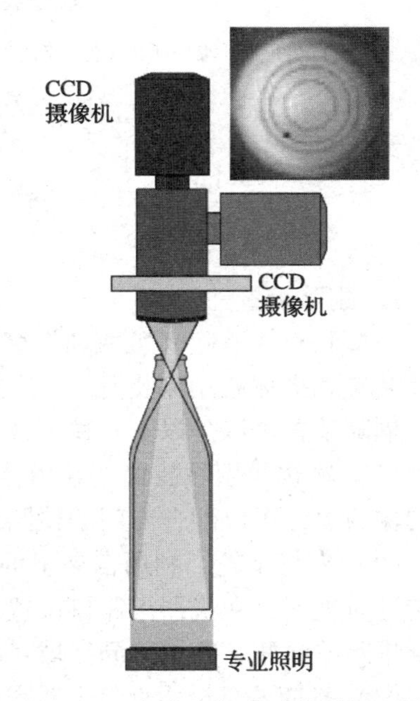

图 6-15　瓶底和瓶内壁检测原理图

6. 外厂瓶的识别

对于外厂瓶可以采用三种不同的系统来检测。

（1）用传感器检测玻璃瓶的颜色。

（2）用光电管识别玻璃瓶或回收 PET 瓶的直径和高度。

（3）CCD 摄像机识别玻璃瓶和回收 PET 瓶的外形轮廓、直径、高度和颜色［图 6-16（1）］。这种检测模块还能够检测回收 PET 瓶的划痕和烧制在玻璃瓶身上的标志［图 6-16（2）］。

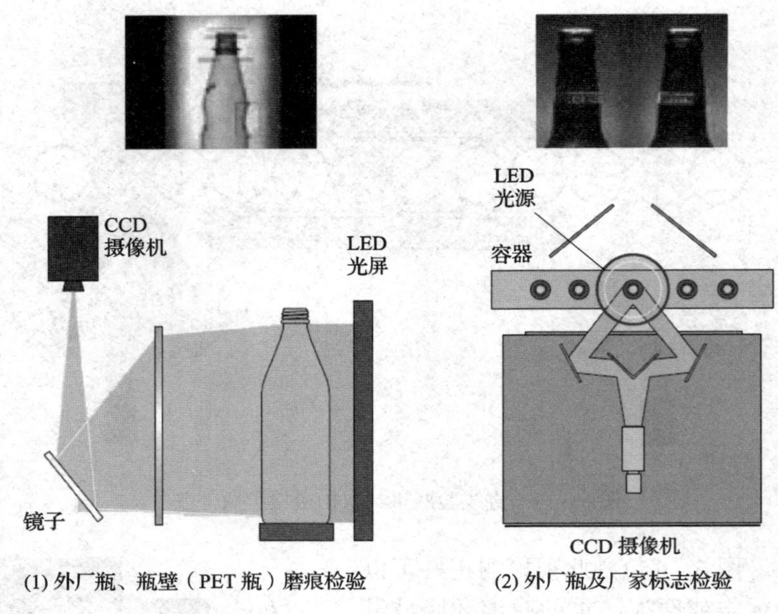

(1) 外厂瓶、瓶壁（PET 瓶）磨痕检验　　(2) 外厂瓶及厂家标志检验

图 6－16　外厂瓶的识别系统

四、辅 助 装 置

1. 剔除装置

当检测出缺陷瓶（脏瓶和损坏瓶），剔除装置将其排除生产流水线，分脏瓶剔除装置和损坏瓶剔除装置。

剔除装置可以是以下几种形式。

（1）输送线剔除装置　利用传送带剔除装置将不同外形的瓶子输入几个不同的输瓶道，可以配合专门的检测装置做分捡瓶的工作。

（2）夹持星轮　利用带夹子的星轮输送瓶子，有缺陷瓶在星轮上时，夹子在传送时夹紧，在机器出瓶口位置不打开，而在缺陷瓶收集区入口处打开夹子，起到排除缺陷瓶，并按不同区域对缺陷瓶收集分类的作用。

（3）打瓶器　分柔性打击器和直接打击器。柔性打击器由气动装置驱动打击杆横向伸出同时打击瓶上部和下部，安全地将问题瓶送到旁边平行的输送带上；直接打击器则由气动部件驱动，直接打击瓶身，将其打入专门的收集容器中。

（4）滑道阻挡装置　由气动装置驱动多段圆弧状阻挡装置伸出，瓶子将顺着装置的曲面滑到输瓶轨道旁的平行轨道中，该装置可以排除空瓶或满瓶。

2. 瓶底吹扫系统

在瓶子进入机器，瓶底悬空后，瓶底吹扫系统对瓶底进行清扫和吹干（图 6－17），防止链带润滑液在瓶底影响后续检测。

图 6－17　瓶底吹扫系统

五、控 制 系 统

验瓶机控制系统结构如图 6－18 所示。检测控制系统的运行状态分为调试和正常运行状态。检测控制系统处于正常运行状态时，控制系统的工作流程为 PLC 通过光电传感器和编码器获取检测对象的精确位置，当检测对象到达检测位时，通知图像采集系统启动 CCD 摄像机对其进行拍摄。然后将拍摄的图像数据传输给专门的信息处理系统去处理，得出空瓶质量是否合格的结果后通知工控机及 PLC。PLC 再控制击出器在不合格产品到达击出位置时将其击出。在调试运行状态时，系统能在主控计算机的监督下，按要求分别对各个光电传感器、图像采集子系统、击出器等进行静态的调试，以使各个设备能处于系统需要的正常状态。传送系统则由变频器控制，具体启动、停止等控制以及速度的设定由工控机管理。

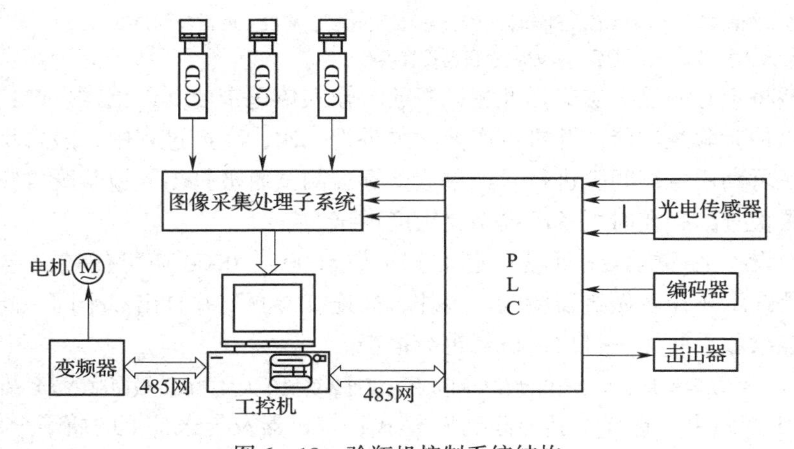

图 6－18　验瓶机控制系统结构

六、验瓶机的操作与维护

1. 操作规程

（1）生产准备　机器应已调整到与待加工的瓶子相适应（注意有关套件）、打开压缩空气总阀、合上电源箱上总开关。

（2）生产之前的检查工作

① 机械部分：装入机器的套件等是否正确；机头高度是否调整到位（标记）；导瓶部件是否调整好；输送带挡板是否调整好，用一个瓶子检查其通过机器的情况。机器及传送带上有无工具等杂物。

② 电气部分：瓶型选择开关位置是否正确；各检验项目的灵敏度设置是否正确；检验功能选择开关是否拨到“开”位置；各电源指示灯是否正常，有无故障显示，消除故障。各紧急停机按钮是否正常，残碱液检验的发射－接收头间距是否适应瓶子的直径，相应检测试验瓶是否备好。

注意：只有做完上述检查后才可开机生产。

③ 生产开机：选择开关“电子线路电源”拨到“开”位置；选择开关“生产模式”拨到“开”位置；启动传送带，使瓶子缓慢驶入定位星轮或阻瓶器；将“生产模式”选择开关旋至“自动”（Automatic）位置，起动其他辅助驱动电机。

附：生产过程中的注意事项如下：

a. 根据实际瓶子情况适当调整检验的灵敏度。

b. 及时处理收集传送带上被打出的瓶子。

c. 及时清理瓶渣和残留标签。

d. 根据传送带润滑液情况调节吹瓶底气流大小。

e. 监视输入输出侧瓶流状况，及时发现处理倒瓶、破瓶等异常情况。

f. 监视控制屏上“验瓶记录和统计”，与经验情况比较，有疑点时做详细检查。

g. 与人工检验站取得联系，及时调整机器设置参数。

定期将带有明显标志的标准测试瓶放入输入传送带使其以正常生产速度驶过机器，以检验验瓶功能。开机生产前必须进行一次，生产过程中一般每小时进行一次。还可利用生产间隙进行。如果这些标准测试瓶被打出，检验既告完毕。否则，肉眼检查，必要时可考虑提高灵敏度再试。

高速设备上都能做到每隔一定瓶子（如5000～10000瓶可任意设定）采用声光报警提示操作者做机器检验。另外，如连续检测到并打出数个同一问题的瓶子，或连续数千瓶无一打出，机器也会报警。

注意：验瓶功能检验工作应当由灌装车间负责人或可靠的操作人员完成并做详细记录备查。

④ 生产结束：选择“排空运行”模式；将机器及传送带上的瓶子全部排出；停止主/辅驱动电机；关压缩空气总开关和水阀；关电源总开关；清洁机器。

2. 维护和保养

每天（8h）。

注意：以下工作只允许在停机状态下进行。

（1）工作时必须按下紧急停机按钮。

（2）排除压缩空气除水器集水杯中的水。

（3）用扫帚或刷子清除玻璃碎片，用温水（40℃左右）和海绵、毛刷清洗机器。必要时在生产间隙也可进行。

（4）一般应避免用高温或高压水冲洗机器。

（5）光学系统的清洁保养参见有关说明并由专人进行。

3. 安全规则

（1）总体规则　请时刻牢记，机器上设置的安全装置仅仅只是防止事故的基础，安全生产主要还靠操作者自己来保证。

因此，机器只能由经过专门培训并具有高度责任心的人员来操作。维护和调整工作时难免需要暂时切除保安装置的功能，所以只有经过培训和授权的有关人员才允许进行这类工作。

不得拆除任何安全保护装置或使之失效。

（2）每次开机之前须检查　所有可更换部件位置正确，安装牢固；机器中不可有工具、抹布等杂物；机器运行时切不可使用抹布或类似物件擦机器或排除故障；不要在机器运行时触及机器的危险部位。

维护维修调整工作以及不生产时应关电源，按下紧急停机按钮以防因无意起动机器而引起事故。

第三节　其他检验项目

一、易拉罐检测

易拉罐检测主要检测易拉罐罐口的变形，罐内有无污垢，内部涂层完整与否，罐壁或罐底的变形等。采用和罐口形状对应的环形低角度光源照射罐内，LED 按圆周排列，发出的光向罐内汇聚，如图 6－19 所示。摄像机在罐顶拍摄到罐内的反射光。由于摄像机具有非常高的灰度分辨率，所以可以得到足够高质量的罐口、罐底及内壁照片（图 6－20 和图 6－21）。

二、灌装液位的检测

灌装液位可以由以下几种检测方法检测。

图 6－19　易拉罐检测的光源及摄像机镜头

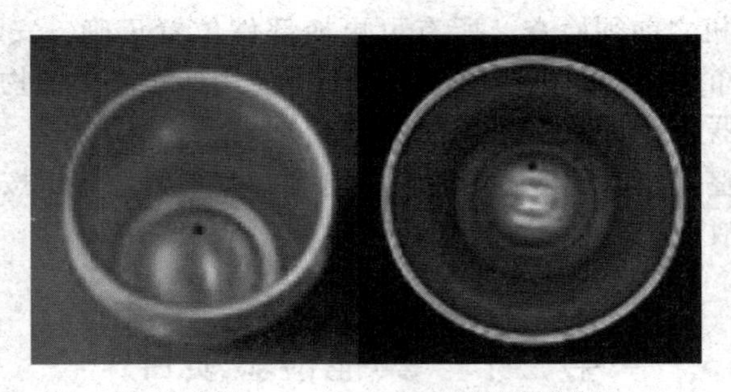

(1) 实物　　(2) 机器拍摄的照片

图 6－20　罐底的污垢

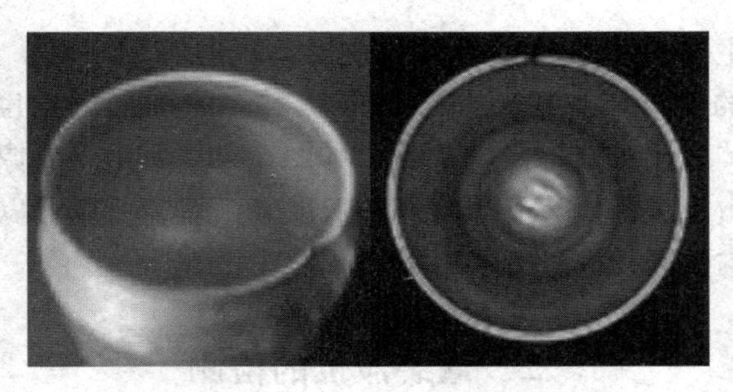

(1) 实物　　(2) 机器拍摄的照片

图 6－21　易拉罐罐口边缘的变形

(1) 红外光技术（图6-22） 没贴标之前的瓶子（半透明）。

(2) 高频电磁波技术 利用高频电磁波测导电液体的原理，分高位和低位两对探头（发射/接收，图6-22）。

(3) X射线技术 除瓶灌装液位（可贴标，但瓶颈检验处应无标签）外，还可检测易拉罐液位。X射线能穿透不透明的容器来检测液位水平，适用于无法以光电检测的情况。

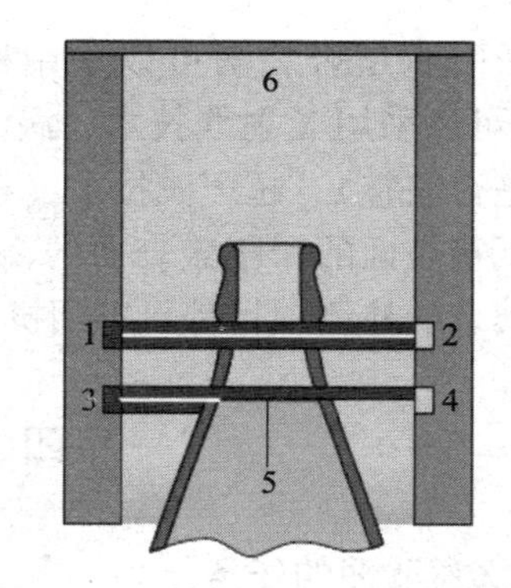

图6-22 红外光技术测液位
1—液位过高位置发射探头 2—液位过高位置接收探头 3—液位过低位置发射探头 4—液位过低位置接收探头 5—实际液位 6—测量装置头部

(4) 伽马射线技术 除瓶灌装液位（可贴标，但瓶颈检验处应无标签）外，还可检测易拉罐液位。随着容器对伽马射线不同的吸取效应，从而测试出液位的高度。

(5) 摄像技术 除检测液位外，还可以检测压盖情况（图6-23）。

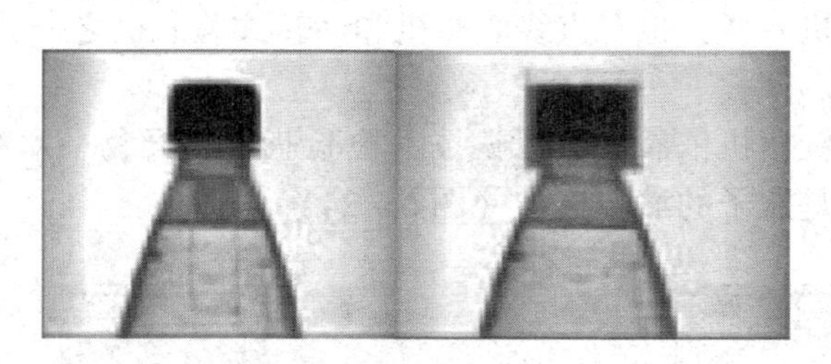
(1) 液位　　(2) 压盖情况

图6-23 摄像技术检测液位及压盖情况

(6) 称重技术 在灌装机构上安装检测装置或在包装完成后用检测装置对产品（包括纸箱包装形式、易拉罐包装形式等）进行称重，将不合格产品剔除。

三、箱的检测

空箱检测主要检测塑料箱子的完整（格子以及把手）、箱子的图案（异厂箱）、箱子的尺寸。空瓶载箱主要是检测箱中回收瓶是否有盖，然后用去盖机进行去盖工作。用机器视觉技术检测，采用线阵CCD摄像机对输送线上的箱子进行在线监测。

满箱检测主要检测纸箱或塑料箱中的瓶子装满与否（可能会在箱中爆瓶），纸箱上打印的条形码、日期，纸箱纸面质量等。

箱子中瓶是否装满可以采用称重技术、机器视觉技术（纸箱未封箱前检测）。也可以采用X射线技术、涡流检测技术（检测箱中的瓶盖数目从而判断瓶子数目是否完整）、超声波技术（检测超声波遇固体表面的反射波，有两个反射波——纸箱表面的和瓶盖表面的，如缺少瓶盖反射波则证明缺瓶）检测封口的纸箱。其余的检测项目都可以用机器视觉技术检验。

四、满瓶的检测

1. 满瓶验瓶的任务

检验已灌装瓶内的酒体中是否含有可疑物体如玻璃碎片等，保证消费者的饮用安全。还可以确定瓶子内酒体的澄清程度，剔除有疑问的瓶子。满瓶检测可以检测出最小为0.5mm×0.5mm×0.5mm的碎片，灌装生产线上装备了空瓶验瓶设备、满瓶验瓶设备、灌装液位检测和瓶盖压盖检测，灌装过程就得到了零缺陷的保证。

验瓶可采用人工验瓶或机器自动验瓶。

2. 满瓶验瓶机的结构

同空瓶验瓶机一样，也有直线验瓶机和回转式验瓶机之分，运行原理和空瓶验瓶机大体相同。

直线式满瓶验瓶机依靠机器视觉技术检验瓶中的异物、颗粒，瓶盖的图案，压盖情况，甚至是瓶子的灌装液位（图6-24）。

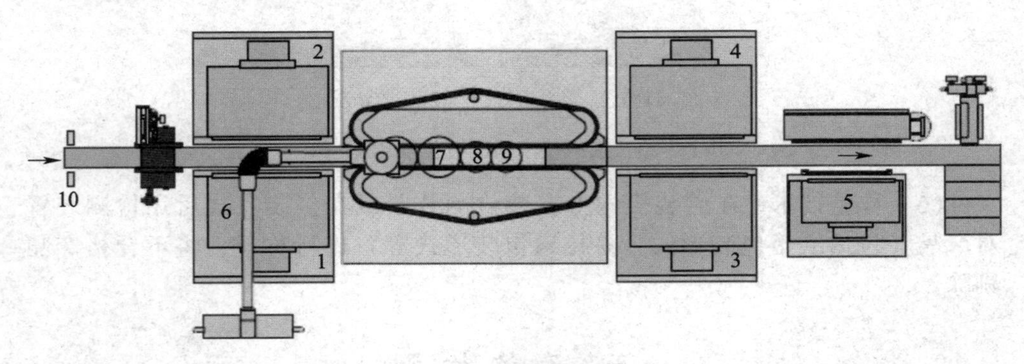

图6-24　直线满瓶验瓶机

1~4—瓶底异物检测　5—漂浮异物检测　6—灌装液位和瓶盖歪斜检测　7—瓶盖图案检测　8—瓶底检测（明场照明）9—瓶底检测（暗场照明）　10—高度检测（光电开关）

回转式满瓶验瓶机（图6-25）基本上也是依靠机器视觉技术来完成各项检验。回转式满瓶验瓶机中，在瓶台5上伺服电机驱动瓶托盘旋转并停止瓶的旋转，这时酒体由于惯性依然保持旋转，摄像机拍摄多张照片，用于找出与酒体同步旋转的颗粒物质。

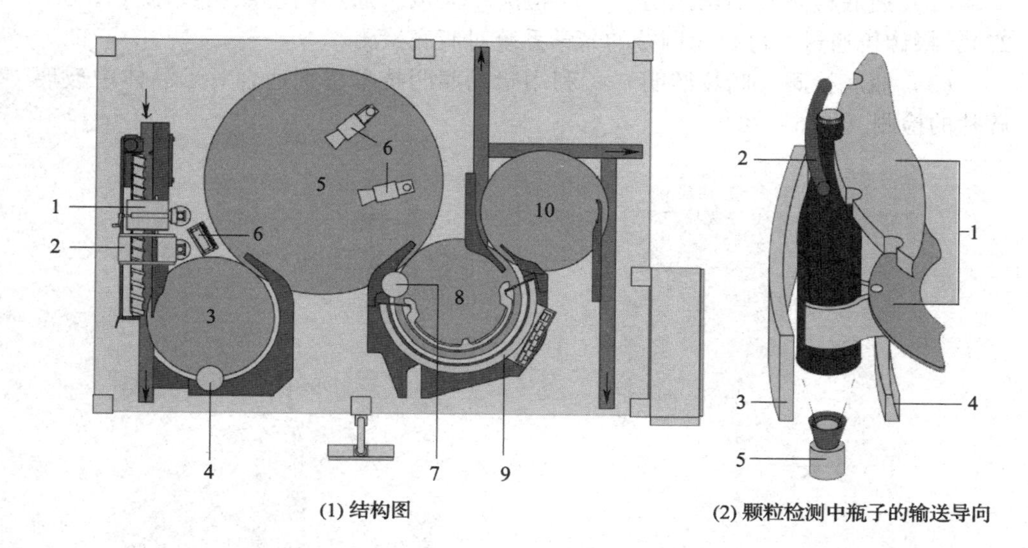

(1) 结构图

(2) 颗粒检测中瓶子的输送导向

图 6－25 回转式满瓶验瓶机

（1）图：1—盖子倾斜的检测 2—盖的检测 3—进瓶星轮 4、7—瓶底喷嘴 5—瓶台 6—可疑物体检测 8—检测星轮 9—颗粒检测 10—出瓶星轮（带剔除装置的星轮）

（2）图：1—夹持星轮 2—导向皮带 3—外圈轨道 LED 灯 4—内圈轨道 LED 灯 5—CCD 摄像机

3. 检测原理

（1）异物检测 用 4 个 CCD 摄像机在透射光照射下为瓶底拍照，在两个分开的检测模块内，每两个摄像机通过一套反射镜对瓶底进行拍照（图 6－26）。

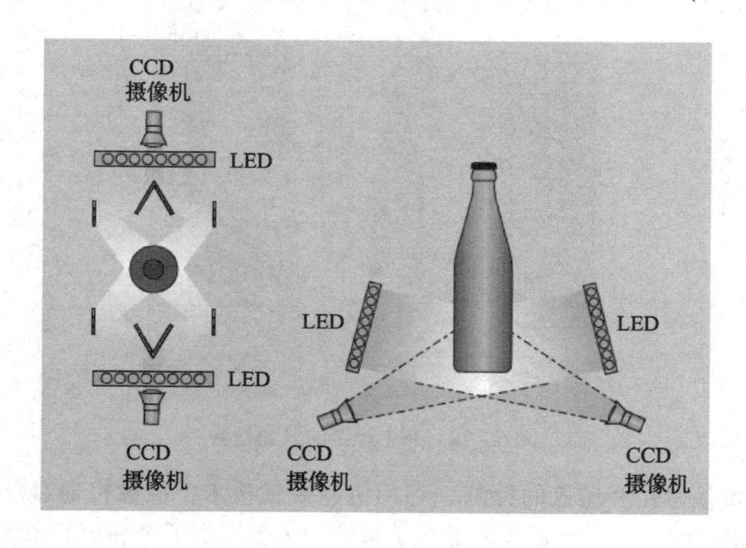

图 6－26 瓶底异物检测

（2）瓶底检测（明场照明） 在检测单元内，通过明场照明技术（图6-27），摄像机通过一可自动调整的光学系统对瓶底检测。

（3）瓶底检测（暗场照明） 利用暗场照明技术特别适合对于酒体中玻璃碎片的检测（图6-28）。

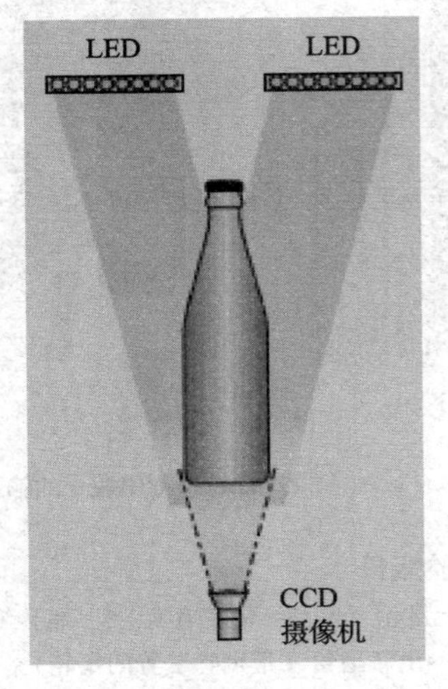

图6-27 瓶底检测（明场照明）

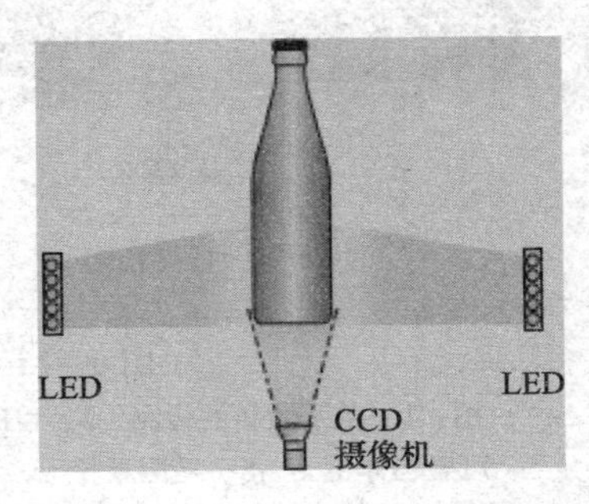

图6-28 瓶底检测（暗场照明）

（4）检测瓶中漂浮的异物 利用明场照明，照射瓶身，同时摄像机对瓶身拍照，检测酒体中漂浮的异物（图6-29）。

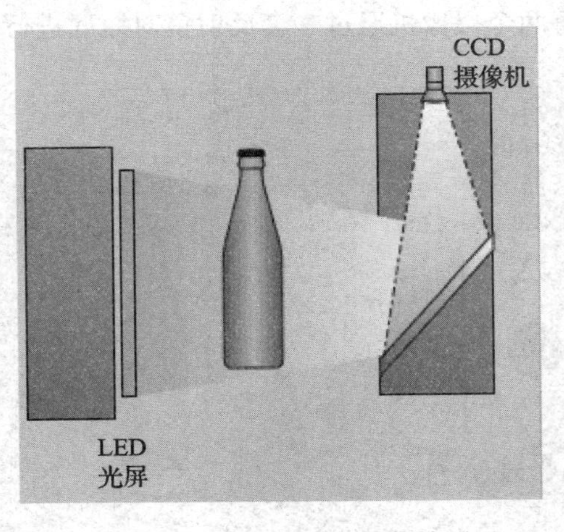

图6-29 瓶中漂浮的异物检测

（5）灌装液位和压盖的检测 利用机器视觉技术，摄像机通过反射镜拍摄两张瓶颈部分的照片。远摄镜头的光学系统为拍摄提供了最理想的角度，检测灌装液位和容器压盖情况，检测皇冠盖的偏盖、弯曲变形等现象（图6-30）。

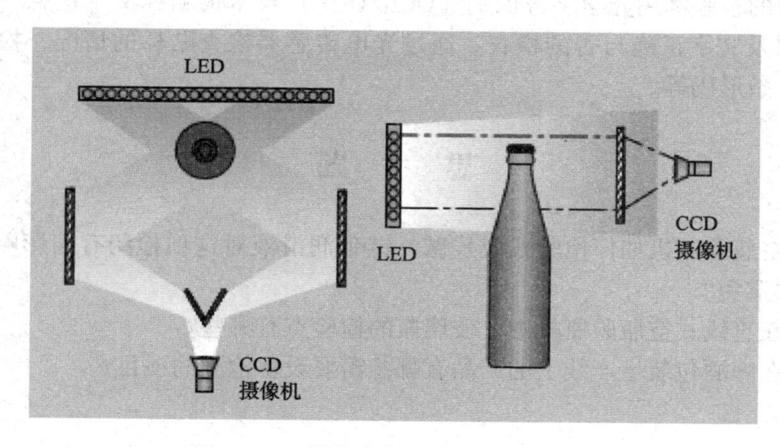

图 6－30　灌装液位、压盖情况的检测

（6）瓶盖的检测　利用机器视觉技术检测容器的瓶盖，可以分辨出瓶盖上不同的标志图案（更换瓶盖或瓶盖上印刷的图案错误）、错误的压盖或盖子损伤（图 6－31）。

五、商标的检测

利用传感器技术、机器视觉技术来检验已经贴标的瓶子，检测瓶子贴标的状况缺标与否、标签的条形码、图案及标志、标签的平整，打印生产日期、批次（如打印在标签上），如图 6－32 所示。

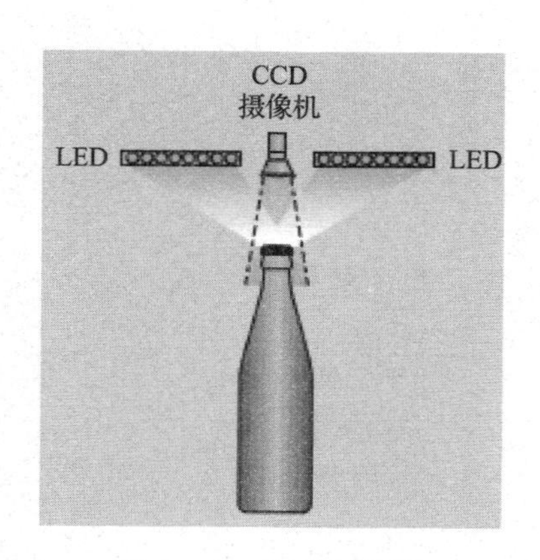

图 6－31　瓶盖的检测

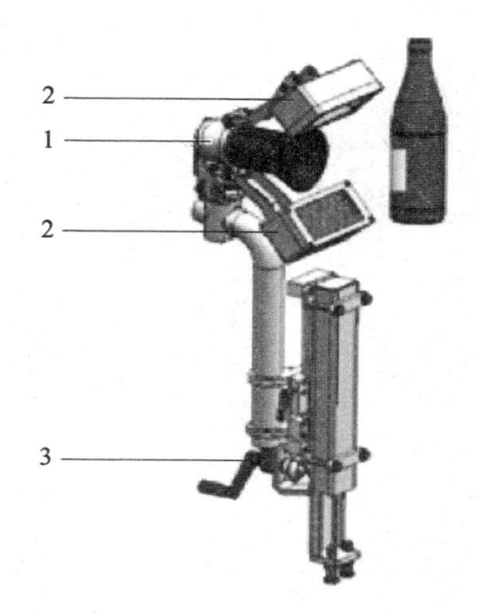

图 6－32　标签的检测
1—摄像机　2—LED 光源
3—高度调整装置

标签的检验利用光学字符识别（OCR/OCV）技术检测纯文字信息（如保质期等）以及文字正确与否的检查。通过光电传感器检查贴标的情况，检测标签的位置、条形码等。

思　考　题

1．空瓶验瓶机如何检验残液残碱？链带润滑液对这项检测有何影响？采用何种方法避免？

2．在直线式空瓶验瓶机中，玻璃瓶的检验点有哪些？

3．在啤酒包装生产线上的产品有哪些需要设备检测的项目？

第七章 啤酒灌装和压盖

知识目标

1. 了解不同的灌装原理。
2. 了解啤酒灌装生产的基本原则和与之对应的措施。
3. 熟悉啤酒灌装的工艺步骤。
4. 熟悉短管灌装酒阀的结构。
5. 了解不同包装形式的灌装机工作原理。

技能目标

1. 熟悉某一型号灌装机灌酒的工艺过程。
2. 了解某一型号的灌装机酒阀的操作规程。
3. 了解某一型号的灌装机 CIP 过程。
4. 了解某一型号的灌装机及压盖机的维护。

第一节 概 述

一、灌装基本原则

啤酒灌装过程中必须最大限度地保留产品有价值的品质，啤酒之所以有别于其他饮料正是由于它的一系列独特品质。

啤酒的灌装过程不应影响其原有品质，无论采用何种工艺都必须遵循以下原则：

（1）避免啤酒损失，保证额定灌装容量，保持啤酒内在品质。

（2）应采取各种措施，防止啤酒染菌，防止啤酒接触氧，防止啤酒中的二氧化碳损失。

（3）灌装设备在设计和制造方面能够保证，设备在清洗杀菌之后，与啤酒接触的部分乃至整个设备能在较长时间内保持无菌状态。

（4）保证灌装生产中避免啤酒以任何形式和氧接触，极少的吸氧都会敏感地影响到啤酒质量和保质期。在灌装过程中的吸氧应该控制在0.02～0.04mg/L以下，为此需要用保护性的惰性气体（如二氧化碳）来保证啤酒和氧的隔绝。

（5）保持啤酒中的二氧化碳（CO_2）也具有非常重要的意义。因为二氧化碳的损失同样也损害啤酒的质量。在灌装过程中，在啤酒储存的空间内保持二氧化碳压力高于该灌装温度下的二氧化碳饱和压力0.1MPa以上。

二、灌装原理

大多数饮料由于黏度较小流动性好，灌装较为容易。而对于黏度很高的饮料来讲采用通常的灌装方法却难以进行。因此，满足所有饮料要求的单体灌装设备是找不到的。

根据不同的灌装原理，灌装工艺可以按以下几种方式来划分。

（1）根据灌装过程中的气体压力。

（2）根据灌装过程中的啤酒温度。

（3）根据灌装过程中的计量方式。

（4）根据对容器中的氧的处理方式。

1. 灌装压力

灌装原理中，液体的驱动压差和灌装压力是两个不同的概念。所谓驱动压差是液体流动的动力，而灌装压力是指液体所处空间内的压力。

根据灌装压力的高低不同，可以将灌装形式分为：真空灌装和高真空灌装；常压灌装；超压灌装。

（1）真空/高真空灌装　瓶中是真空状态，液体以吸入的方式灌入容器内。灌装的驱动压差为储槽压力相对于瓶中的真空压力的压差。真空灌装可以应用于黏度较小的液体饮料，如葡萄酒（考虑到芳香性物质在真空灌装时损失的问题，也有采用超压灌装形式）、牛奶、果汁及其他含酒精类饮料，目的是为了形成压差加快液体的下落。高真空则用来灌装黏度较高的饮料，如甜烧酒、浓果汁，油等。

（2）常压灌装　储槽在大气压力下，液体饮料依靠自重流入瓶中。

（3）超压灌装　又称反压灌装，灌装压力高于大气压力的灌装方式。一般用来灌装含有气体的饮料，如啤酒、香槟、可乐等。灌装压力应该高于饮料中

CO_2的饱和压力（在某一温度下，CO_2溶解平衡时的压力）。

反压灌装中，按照灌装时容器和储槽的压力关系，又可以分为等压灌装和差压灌装。

（1）等压灌装　灌装时，瓶中的气体压力和储槽中的相等，这样液体下落的动力完全来自自重，即液位差。灌装机构也按此种原理设计，当灌装机储槽和瓶子压力相等时，灌装机构中的阀门就会自动开启。

（2）差压灌装　灌装时，液体下落的动力除了自重（液位差）外，还有储槽相对于瓶中的压差（与真空灌装方式相似），这样液体下落的速度会更快。

2. 灌装温度

灌装工艺可按灌装时液体所处的温度不同分为以下几种：

（1）热灌装　灌装温度高于60℃。

（2）常温灌装　灌装温度在20℃左右。

（3）冷灌装　灌装温度在8℃以下。

热灌装一般应用于内容物不会因热作用而致使营养物质破坏的饮料。啤酒若采用这种方式会有损口味质量。同时，要满足灌装压力高于高温下的饱和压力，这样灌装损耗也就将增大。

冷灌装是最普遍的啤酒灌装形式。在灌装前，需要洗瓶机中的清水喷冲将瓶子降温到15℃左右。再借助啤酒本身的低温进一步降低瓶温，从而使含有CO_2的啤酒喷涌泡沫的危险性降到最小。

3. 额定灌装量

饮料灌装的定量工作可以根据液位、体积、重量来进行，可以采用以下不同的方法：

（1）根据液位定灌装量　以液位为标准的灌装方式下，灌装的饮料一定要达到规定的液位高度。可以采用以下方法。

① 回气管高度定液位：CO_2气体回压法校正液位，利用附加槽较高压力的CO_2，将高于回气管高度的产品（啤酒）压回产品（啤酒）储槽中。

② 液位探头定液位：瓶中的液位控制可以通过一定的回气管长度，由啤酒淹没回气管口后停止灌装决定灌装液位的这种方法；也可采用CO_2附加槽高于酒槽的压力回压多余酒液到酒槽；也可采用液位探头检测灌装液位，并通过控制酒液下落速度，使灌装液位达到既定值后即刻关阀停止灌装。

（2）按重量定灌装量　这种定量方式适用于少量液体，例如水、牛奶、果汁、食用油、化妆品等。在灌装机构的容器托盘下安装称重单元，当灌装量达到设定值时，控制系统发出关阀信号停止饮料的灌入。桶装啤酒的灌装就采用这种称重定量技术（图7－1）。

（3）定容积灌装定灌装量　可以在容器灌装前测量好额定灌装量，然后再实现快速灌装。如听装灌装采用专门的测量室对每个灌装机构灌装前的灌装量进行测量，然后再把测量室内的饮料灌入容器内。还可以采用在灌装机内的产品分流管道上安装电磁流量计来实现对饮料的体积定量测量，实现测量和灌装同步进行。

4. 对氧的处理

啤酒对于极微量的氧都十分敏感。氧可以促进啤酒中内容物的氧化，在灌装后很快产生老化味。所以，各种灌装工艺都会设法去除待灌装容器中的空气。

但要做到绝对地清除空气（氧）绝非易事。具体措施如下：

（1）容器抽真空后背压 CO_2。

（2）容器二次抽真空，第一次抽真空后用 CO_2 冲洗后再次抽真空。

（3）采用蒸汽喷吹清除空气。

（4）利用 CO_2 比空气重的特性清除空气。

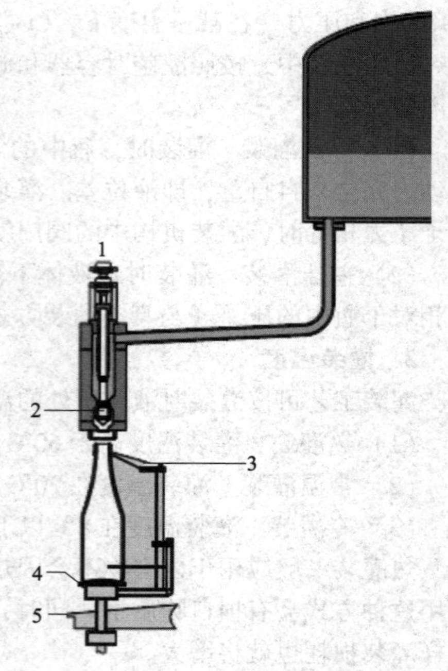

图 7－1 称重定量灌装

1—双作用气缸 2—液阀 3—容器导向架 4—称重单元 5—称重台

注：背压，通常是指运动流体在密闭容器中沿其路径（譬如管路或风通路）流动时，由于受到障碍物或急转弯道的阻碍而被施加的与运动方向相反的压力。以往教材中误称作“备压”，望读者甄别。

三、对于灌装设备的基本要求

对于灌装设备的要求，要考虑到啤酒含有丰富的 CO_2 这一特性，同时还要满足灌装生产的基本原则。

由于啤酒中含有丰富的 CO_2，灌装系统中压力应大于啤酒中 CO_2 的饱和压力。灌装设备的储槽需承受较大压力的同时，还应能保持密封性，应设有安全泄压阀，当气压过高时能排气保护设备安全。灌装机中的灌装机构能够保持灌装容器的密封，在容器背压时，压力不会损失；在灌装过程中，排出背压气体的同时能够控制灌装过程；在容器爆裂时，能及时中止灌装；在无容器时，能保证有效关闭灌装机构；容器输出设备前，能对容器内缓慢卸压，防止 CO_2 大量逸出。

要实现灌装的基本原则，设备应设计有专门的产品输送管路、清洗管路、背压气体管路；设备能耐受一定的高温，能够做到原位清洗（CIP）；设备的外表面和内表面应有一定的光洁度，利于保持卫生，便于清洁；设备应有专门机构和装置避免产品与空气通过任何形式接触。

四、灌装设备的分类

灌装设备可以按多种形式分类，其分类形式突出该设备的工艺特点。

(1) 按灌装机的产品储存槽（酒槽）形式分类　中心储存槽（酒槽）式、环形储存槽（酒槽）式。

(2) 按灌装机的灌装压力形式分类　等压灌装、差压灌装、真空灌装。

(3) 按灌装机灌装阀的形式分类　机械阀、气动阀。

(4) 按灌装机构的构造有无酒管分类　短管、长管。

(5) 按是否抽真空分类　不抽真空、一次抽真空、二次抽真空。

(6) 按产品储存槽（酒槽）中的结构——工作介质是否分开来分类　单室、多室。

(7) 按设备旋转方向分类　顺时针旋转、逆时针旋转。

(8) 按灌装容器的不同　可分为瓶（玻璃）装灌装机、听装灌装机、桶装灌装机、塑料（PET）瓶灌装机。这些设备的灌装机构在容器的输送机构上有着显著不同的特点，在灌装工艺步骤上也对应着容器的特点有所不同。例如，玻璃瓶的设备依靠瓶托气缸完成瓶与灌装机构的密封和对中；听装设备依靠灌装机构自身的下降对准容器；塑料（PET）瓶的灌装设备依靠夹持装置完成瓶对中和密封步骤。玻璃瓶的灌装机构可以专门的真空设备及管路完成对瓶中空气的处理，避免与空气中的氧过多接触。而塑料瓶和罐则由于容器材料的特点，不能采用这样的工艺步骤。

(9) 按储槽结构形状　分为中央酒槽和环形酒槽灌装机。

(10) 按灌装机内啤酒和背压气体的关系　可分为单室结构和多室结构的灌装机。对于饮料储槽（后简称为酒槽）中同时储存啤酒和背压气体的灌装机，称其为单室结构。酒槽只储存啤酒，而背压气体的进气和回气都设有单独储槽的灌装机，可以称其为多室结构。单室结构的灌装机，背压气体的进气和回气都要依靠储存背压气体的酒槽，这意味着瓶中的空气有可能混入饮料槽，造成饮料和氧气的接触。这样，单室结构的啤酒灌装机对瓶子的处理就需要有抽真空的步骤，而且要将空气含量下降到比较低的水平。

(11) 按灌装机构的构造　分为有导酒管式和无导酒管式灌装机。导酒管指灌装机构直接将啤酒送入瓶中的管道。为避免酒液落入瓶中引起大量泡沫，导酒管要伸入瓶底，因其长度较长，采用这种灌装机构的灌酒机普遍地被称为长管灌装机。无导酒管指的是灌酒机构不需要用管道输送啤酒到瓶底，而是依靠一根短管伸入瓶颈，啤酒从管壁外侧顺着瓶壁流入瓶内。这个短管的作用主要负责背压气体流入瓶中和灌装时瓶中背压气体流回灌装机构中，只能称其为导气管。视其长度远远小于导酒管，采用这种灌装机构的灌酒机普遍被称为短管灌装机。

（12）按灌装机构动作的形式　分为机械式、气动式灌装机。机械式灌装机构依靠机械作用力来开启和关闭灌装机构。气动式灌装机构依靠电气信号来开启和关闭灌装机构中酒液和背压气体的通道。

第二节　灌装设备的组成

一、灌装机的工作原理和工作过程

1. 灌装设备的结构和工作原理

所有的啤酒灌装机（图7－2）都具有相同的基本结构。

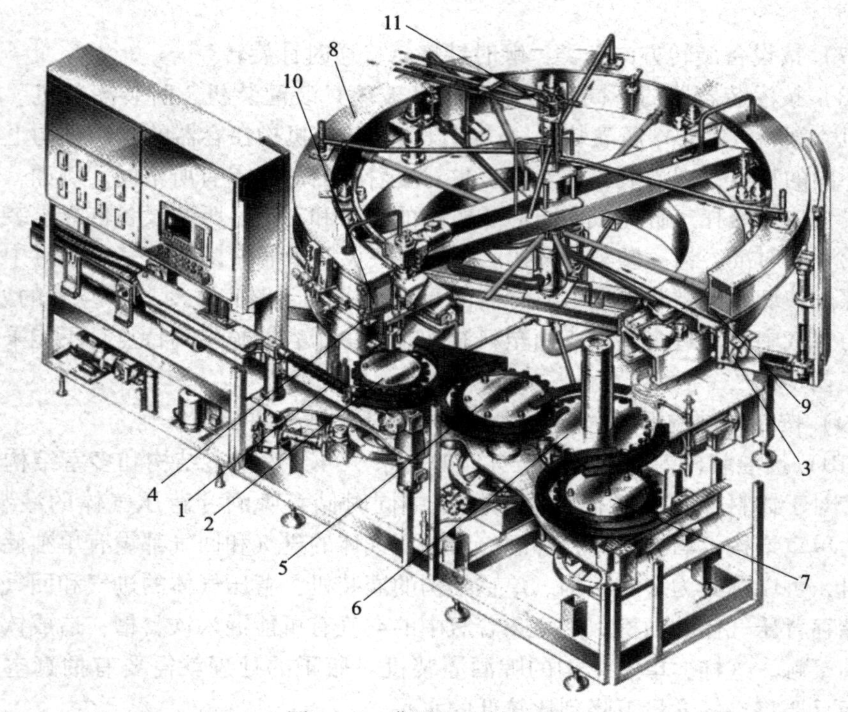

图7－2　灌酒机（剖视图）

1—分瓶蜗杆　2—进瓶星轮　3—瓶托气缸　4—定中罩　5—中间星轮　6—压盖星轮
7—出瓶星轮　8—环形酒槽　9—真空通道　10—灌装阀　11—旋转分配器

（1）基本部分包括机器台面和驱动装置，通过齿轮传动驱动各旋转体——星轮和酒槽。

（2）啤酒灌装所需的压力气体管道，包括真空管道都要经过一个旋转分配器11（分上下两部分）与环形酒槽8连接在一起。沿环形酒槽外围安装灌装机构（啤酒液由下方管道进入酒槽，气体和CIP过程中的清洗介质由上方连接），酒液经由灌装机构下落至容器中。

设备采用回转结构，容器（瓶）呈单列被送入设备。设备的主体部分——主转台即环形酒槽 8 上最多可装有 220 个以上的灌装阀。瓶子由输送带送入机器，通过分瓶蜗杆 1 将瓶按一定间距分开，并由进瓶星轮 2 过渡到可升降的瓶托气缸 3 上，通过瓶托上升实现瓶子与上面的灌酒阀对中定位并密封。

2. 灌装设备的一般工作过程

在灌装设备旋转的同时，瓶子需经过以下步骤：

（1）被瓶托 3 推升到灌装阀上。

（2）经过 1 次或 2 次抽真空以及 CO_2预冲洗。

（3）给瓶子背压。

（4）灌装。

（5）如果灌装机有 CO_2附加通道，接着就进行液位校正。

（6）给瓶颈部分卸压，便于出瓶。

（7）最后瓶子随瓶托下降，被送出灌酒机。通过中间星轮 5 送入压盖星轮 6 压盖。

（8）瓶子通过输出星轮被传送到输送带上。

在容器、设备等物质条件及参数不变的前提下，产品原料灌入瓶中的时间，根据等压灌装原理，饮料下落的动力为自重，故装满瓶子的时间是定值，大概 5 ~ 6s，但灌装前后处理还需要一定时间。要想提高生产率只能通过增大设备的回转半径来实现。设备的回转体——酒槽的直径越大，则可以安装的酒阀的数目也就越多。由于运输条件的限制，灌装设备回转体的直径最大一般不超过 6.5m。在具备 200 个灌装机构的情况下，每个工作位的间距只有约 100mm。容器的直径越大，工作位的宽度也就越大，所以在相同的机器直径下可容纳的灌装机构数目也就越少。

二、灌装设备的组成

对应于灌装的基本原则，尽可能快地实现灌装过程并立即封盖是十分必要的。基于这种考虑，所有的灌装机和压盖机都采用连体结构，因此把两者放在一起介绍。

灌酒机包括以下主要组件和部分：驱动装置、介质输送部分、瓶子输入输出装置、瓶托升降机构、高度调节机构、灌装机构——灌酒阀、灌装机构的动作控制系统、真空发生装置、CIP 过程、灌装机的控制系统。

1. 底座及驱动装置

底座用来支撑瓶托气缸及灌装机的回转运动部分。现代的灌装 – 压盖设备都采用变频调速的三相异步电动机，通过减速器驱动酒槽及压盖机、输入 – 输出星轮、分瓶蜗杆。底座上同时布置了润滑系统，保证驱动装置良好的运行（图7-3）。

图7-3 底座及驱动装置

由于灌酒机的回转运动部分一般都是大质量体，驱动装置上必须装有刹车装置。当停止转动的信号发生时，能够尽快制动，保证设备安全以及防止错误动作的发生。

2. 介质输送部分

在机器的回转部分-储槽连续转动的同时，需保证各种介质的输送持续进行。完成这一任务涉及以下方面：

（1）导入啤酒或液体（方向自下往上）。

（2）导入背压气体（如 CO_2，方向自上往下）。

（3）导入压缩空气。

（4）导入蒸汽。

（5）制备真空或导出背压气体或空气。

（6）CIP 回流通道。

（7）集电环［图7-5（2）］ 依靠电刷和碳环的接触，从中轴到旋转的酒槽传输电源和信号。

上述介质输送必须通过硬管与旋转分配器［图7-4，图7-5（1）］的转轴连接，才能由旋转分配器对若干种不同介质输送实现有安全隔离保证的分配。不同介质层之间采用了耐磨材料制成的密封圈，并同时有润滑系统保证其可靠的运行。

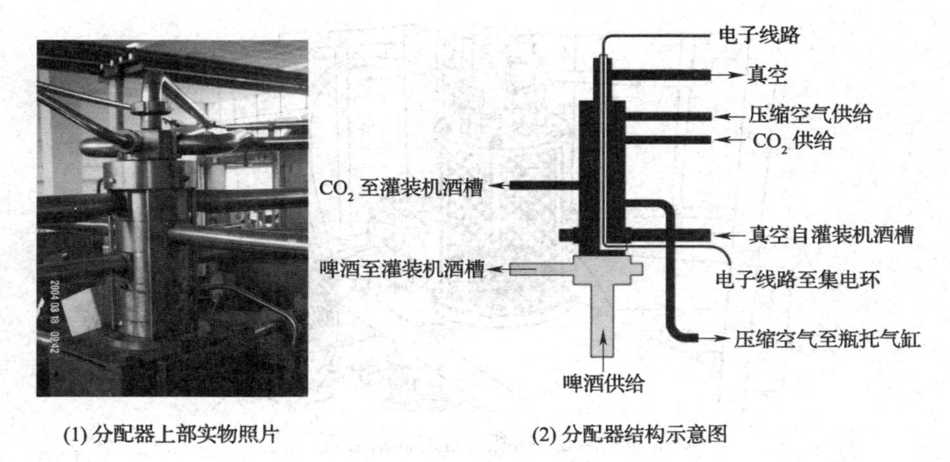

(1) 分配器上部实物照片　　(2) 分配器结构示意图

图 7－4　旋转分配器

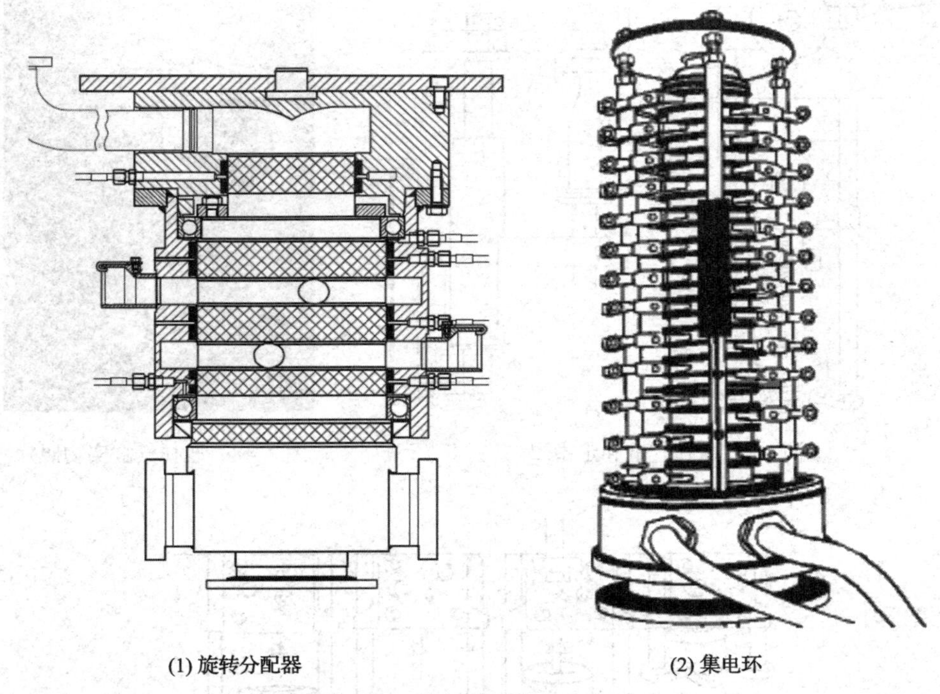

(1) 旋转分配器　　(2) 集电环

图 7－5　旋转分配器与集电环

3. 瓶子输送装置

（1）瓶托气缸　用来提升瓶子与定中罩（图 7－7，图 7－8）压紧密封的装置。压缩空气从旋转分配器中心管进入润滑装置（图 7－6 所示箭头方向）后再进入瓶托气缸，瓶托气缸上将托瓶台升起，瓶子与定中罩压紧密封（图 7－9）。出瓶时，瓶托的下降由凸轮滑槽来控制。在瓶托气缸上装的滚轮在凸轮槽

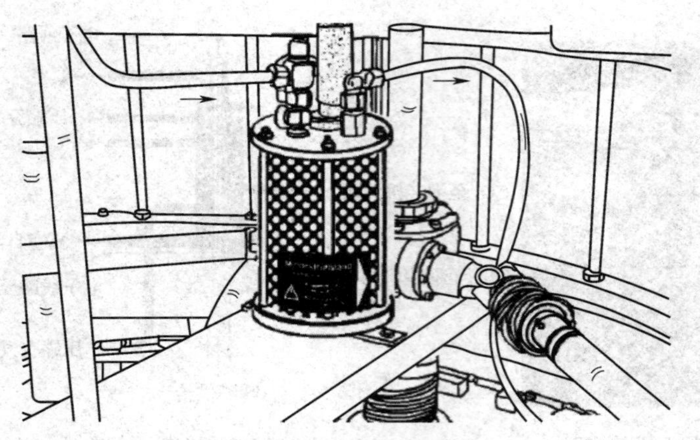

图 7－6　瓶托气缸的润滑装置

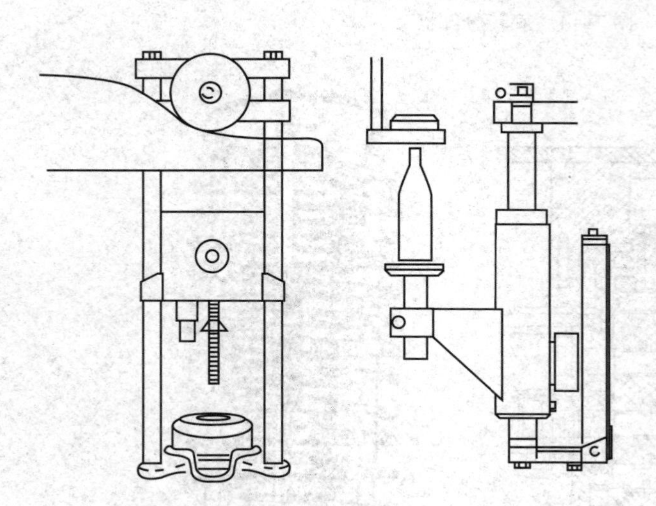

图 7－7　瓶托气缸和定中罩

图 7－8　瓶托气缸实物照片

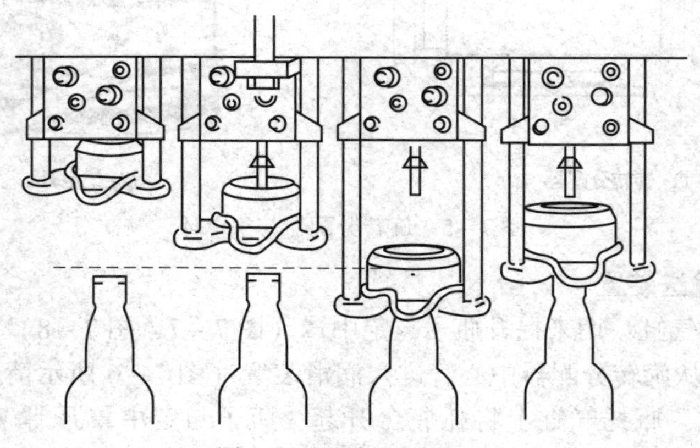

图 7－9　瓶托上升过程

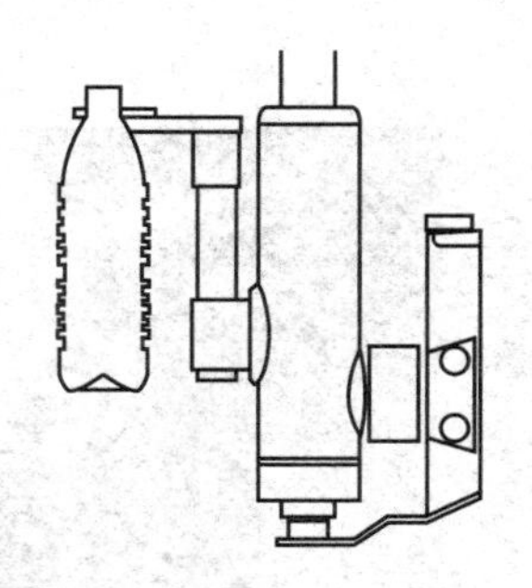

图7－10　瓶托气缸和塑料瓶的夹持装置

的作用下实现平滑下降。对应于玻璃瓶，可以由瓶托将瓶底托起；对应于塑料瓶，可以由夹持装置将塑料瓶瓶颈部分的支撑环提升至定中罩（图7－10）。

（2）输瓶组件　灌装机底座上面安装着输送瓶子的进/出瓶星轮、过渡星轮、分瓶蜗杆、阻瓶器、中间导板等部件，这些部件组成一套，和瓶子的直径大小相对应，生产时若更换瓶型（瓶径不同）则需更换组件（图7－11）。瓶子平稳地输送是实现高效率高质量灌装的前提。经过分瓶蜗杆后，瓶子间距拉开调整到正好和输入星轮的间距吻合，进瓶星轮、过渡星轮的瓶距都与灌装机上灌酒机构－酒阀之间的距离相吻合。这样瓶子会被精准地送入并送出灌装机构。塑料瓶的输送装置与玻璃瓶的差异较大，全部采用夹持式的星轮，传输瓶子时夹持住塑料瓶子的支撑环（图7－12）。

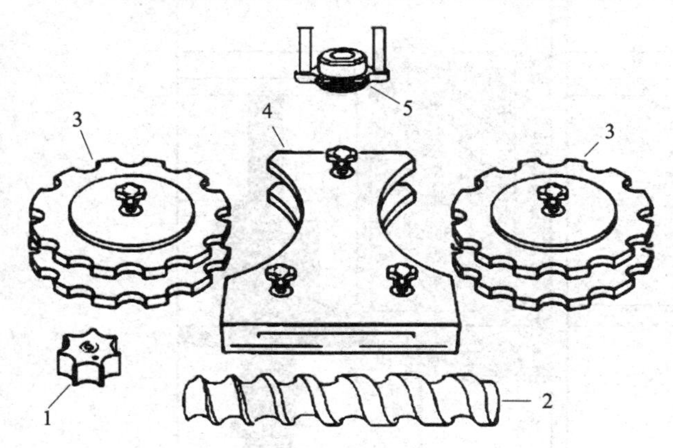

图7－11　进瓶组件
1—阻瓶器　2—分瓶蜗杆　3—进/出瓶星轮
4—中间导板　5—钟形定中罩

图7－12　夹持式输入－输出星轮

4. 酒槽高度调节装置

为适应不同瓶型生产的需求，灌装机往往需要做瓶型转换工作。转换工作，包含输瓶套件的更换以及灌装机酒槽的高度调整。能处理多种瓶型的灌装机都具备高度调整的功能。

在做高度调整时，包括环形储槽（酒槽）和灌装机构及其驱动装置在内的所有机器上部都要借助插销和齿轮等装置调整到必要高度（图7－13，图7－14）。设备上事先存储了与瓶型高度相关的参数，以便设备最短时间内完成转换调整。小型灌装机也可以采用手动方式实现高度调整的工作。

5. 钟形定中罩

瓶子和灌装阀对接的方法基本上有两种。

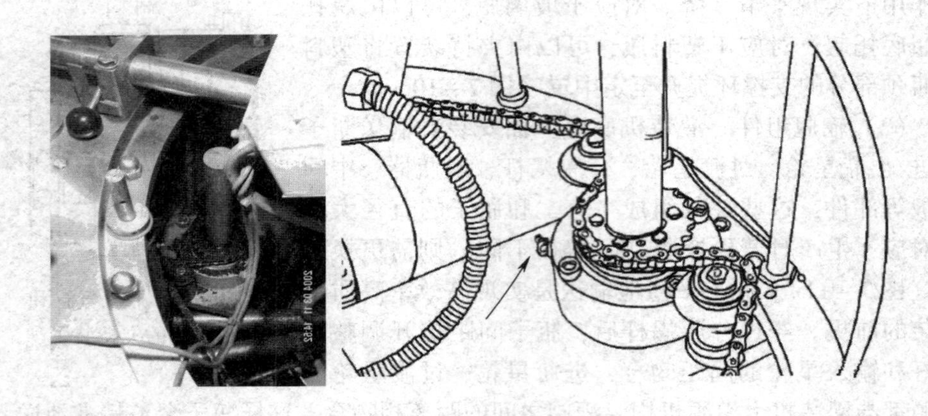

图 7-13　环形酒槽的高度调节机构

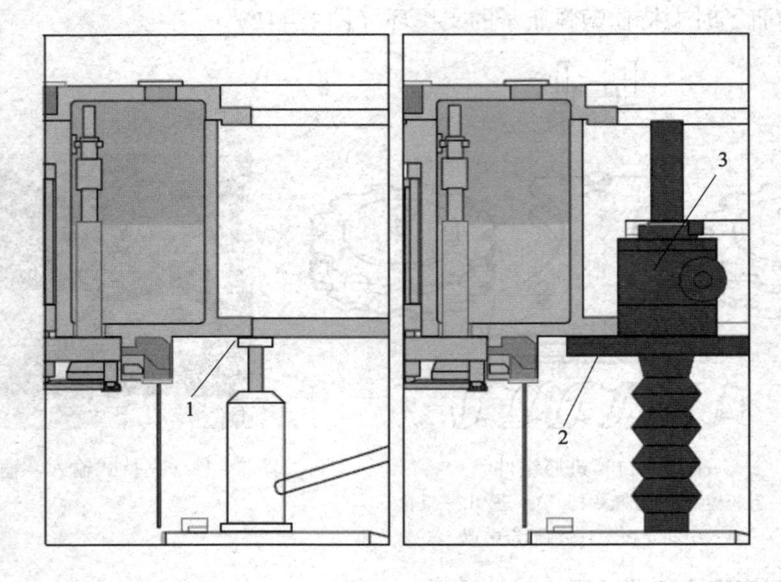

图 7-14　升降机构简图

1—环形酒槽　2—螺纹连接部分　3—高度调节机构

（1）将容器向上推升直至压接在灌装阀上。

（2）灌装阀随滚轮下降至容器口定中并密封。

第一种方式在容器为瓶子时使用，采取瓶子上升至酒阀并密封。酒阀和容器之间设置了一个可随瓶子上升的钟形定中罩（图 7-15），定中罩的作用是保证瓶子能够顺利地和灌装机构对中对接，并能保证两者之间良好的密封。

第二种方式在容器为易拉罐时使用，灌装阀由滚轮驱动下降到罐口并密封。

6. 灌装机构的结构和功能

灌装是饮料包装生产中最重要的过程。这一过程中，饮料的质量参数必须保持不变。为达到此目的，依不同饮料的不同要求，灌装阀在结构和功能上也各不相同。有按液位定量的灌装形式，有按体积定量的灌装形式，有按质量定量的灌装形式；有机械式的灌装阀，有气动式的灌装阀。

灌装阀的结构通常都比较复杂，以下按不同类别介绍各种不同灌装机构的结构和灌装过程：机械式短管酒阀灌装过程；机械式长管酒阀灌装过程；气动式酒阀灌装过程及其部件；塑料瓶酒阀灌装过程；易拉罐酒阀灌装过程。

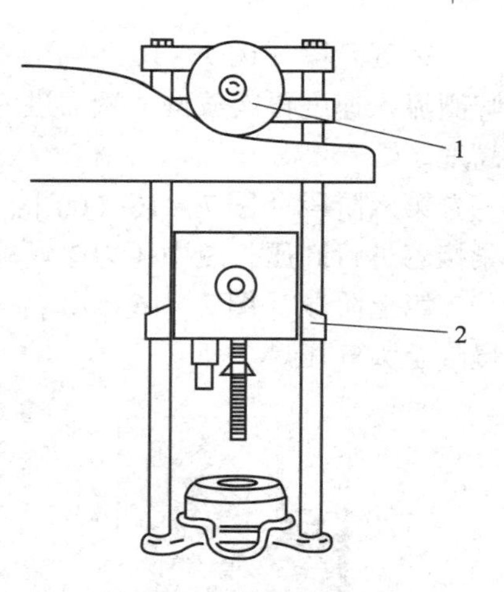

图 7－15　钟形定中罩
1—钟形定中罩　2—导架

（1）长管灌装机构　长管，所指的是灌装阀的导酒管。啤酒就是通过这个导酒管在接近瓶底处灌入瓶子中的。这种灌装方式要求啤酒由下而上缓慢地灌入瓶中，可避免过多地接触瓶中的气体（酒体在灌装过程中与气体的接触面始终为瓶身的横截面。）

液体导管（导酒管）的流通截面受到瓶口直径、回气的环形截面积等因素的限制。因此为提高灌装速度可采用一定的压差来加快液体的流动。

在灌装过程中，瓶中的背压气体经过回气通道导入回气室，当液阀关闭后，液体导管（导酒管）将与瓶颈部分的空间连通，从而管内所含液体全部排入瓶中。

为提高灌装速度，灌入过程采用控制回气通路的截面积来获得不同差压，达到控制灌装速度的目的。灌入过程大体分为三步：短暂、慢速的初始灌入阶段；较长时间的快速灌入阶段；短时、慢速的减速灌入阶段（精确控制液位）。

长管灌装阀的灌装过程见图 7－16。

第一阶段［图 7－16（1）］：起始位置。瓶子升高，通过定中罩对中瓶子，使导酒管插入瓶中。

第二阶段［图 7－16（2）］：CO_2背压（蓝色）。瓶子压接到灌装机构上后，带压的 CO_2气体通过通道进入导液管从而进入瓶子底部，利用 CO_2重于空气的特点，自下而上地将瓶中的空气赶出。

第三阶段［图 7－16（3）］：灌装启动阶段——回气口 1 开启。液阀打开，啤酒通过导酒管流入瓶内，同时瓶子中 CO_2气从上部排入回气室。啤酒流入速度由截面很小的回气口决定，啤酒流入十分缓慢，从而避免酒液落到瓶底激起大量泡沫。这一阶段直到液面超过导酒管管口后为止。

第四阶段［图 7－16（4）］：快速灌装阶段——回气口 1 和 2 同时开启。通过截面积大的回气口 2 产生较大的压差，从而提高灌入速度，这一过程的时间较长。

第五阶段［图 7－16（5）］：减速阶段——回气口 2 关闭，回气口 1 开启。啤酒流入速度再次放慢，液面进入瓶颈部分后缓慢上升，从而能够精确控制液面高度。

第六阶段［图 7－16（6）］：关闭液阀。达到预定液位高度后，液阀关闭。紧接着进行卸压，瓶中压力缓慢降至与回气室相同，完成第一步卸压。

第七阶段［图 7－16（7）］：卸压至大气压。作为第二步卸压，瓶中压力缓慢降至大气压。

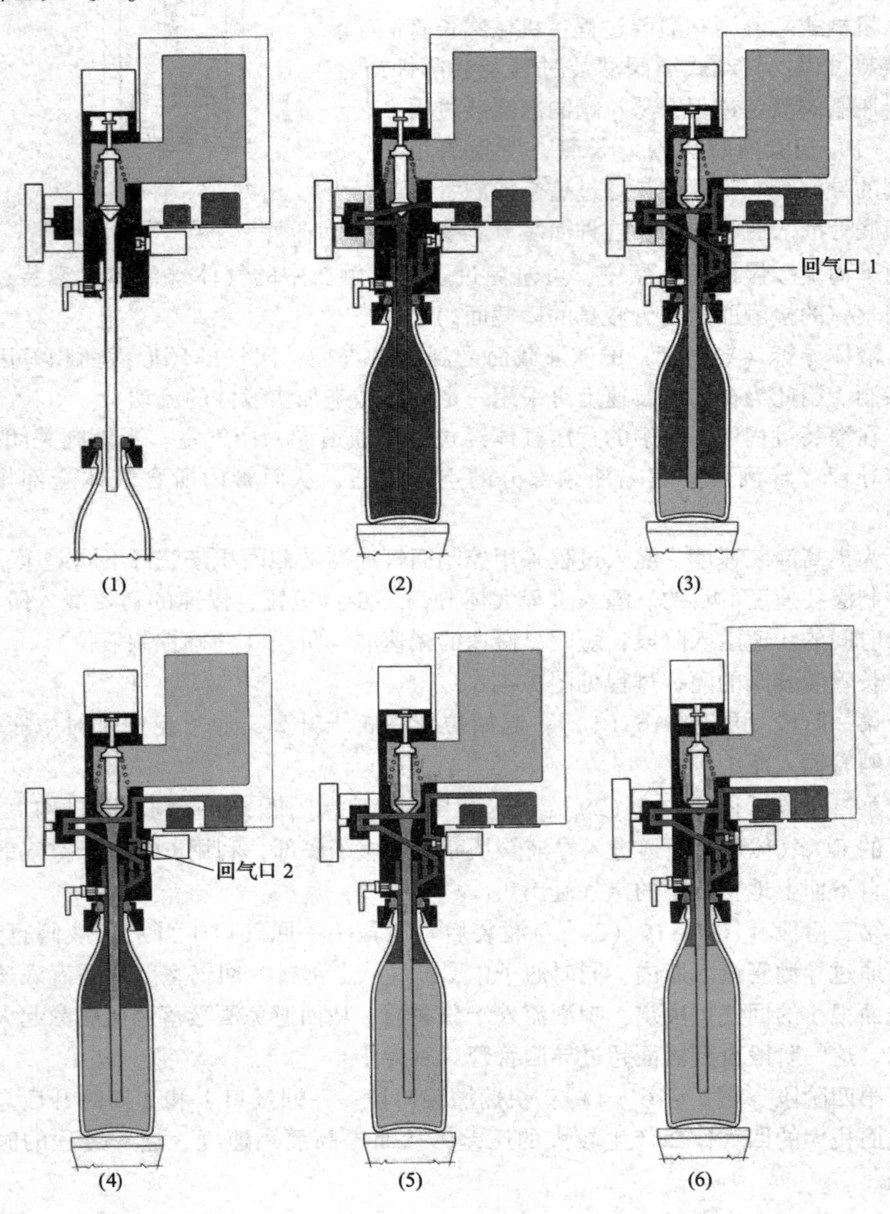

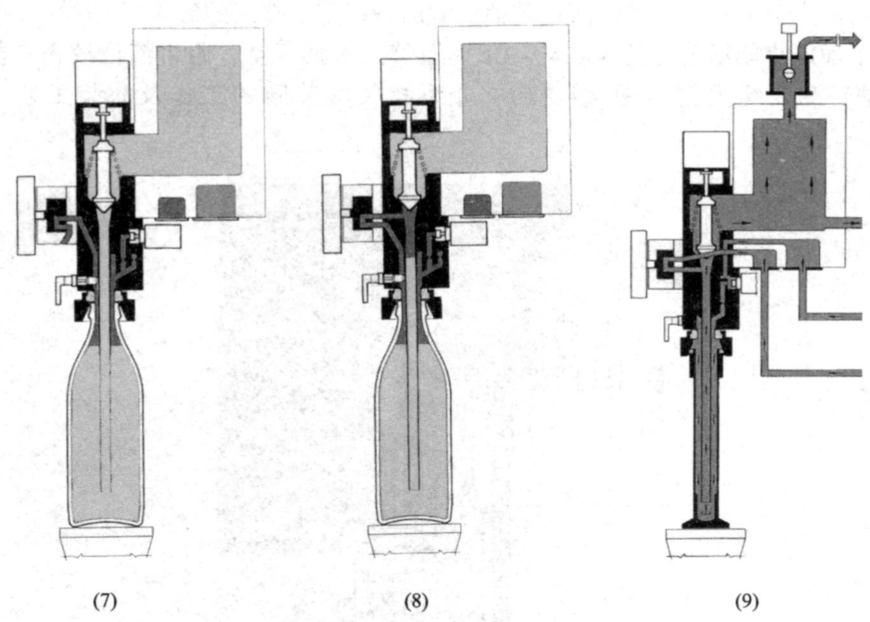

图 7－16　带导酒管（长管）灌装阀的灌装过程

（机型 Innofill DR，KHS 公司，多特蒙德）

蓝色：背压；绿色：回气；黄色：啤酒；粉色：CIP 清洗液

第八阶段［图 7－16（8）］：导酒管排空。通过连通 CO_2通道和导酒管使管内所含啤酒排入瓶内，最终使瓶子的灌装量达到预定值。最后瓶子下降脱离灌装机构并被送至压盖机。至此灌装结束。

CIP 清洗［图 7－16（9）］：进行 CIP 清洗过程中，可装上清洗帽，将所有管道通道与腔室连通，通过通入清洗剂进行循环清洗杀菌。

（2）短管灌装机构　短管，所指的是灌装阀的回气管，与导酒管不同的是，回气管长度只深入到瓶颈处，管中流动的是背压气体，也可称其为导气管。在这种结构的灌装机构作用下，啤酒是沿着导气管外壁，顺着瓶内壁流入瓶中的。这样啤酒与气体的接触面积比长管灌装机构要扩大了很多，吸氧的危险性也就增大了。

在灌入啤酒之前，必须采用抽真空的方法来减少瓶中的空气含量。若对瓶子的预处理采取只抽一次真空，由于抽真空的不彻底，瓶内会残留空气，这样灌装时回气中就会含有氧气，并会随回气直接进入酒槽（单室结构）。酒槽内的惰性气体中氧的含量就会随生产进行而增大。为避免造成对啤酒的危害，就必须不断更新，这样将使 CO_2耗量增大，而啤酒仍有吸氧量大的危险。有的灌装机构可采用多次抽真空的方法，将瓶内空气含量降至更低。方法是当第一次抽真空后，向瓶内补充纯度高的 CO_2气体，随后再次抽真空，最后再背压。这样瓶中的氧气含量得到了控制，氧气对啤酒质量的影响程度也降到了比较低的水平。

带导气管（短管）灌装酒阀具有相对较高的生产效率，这是因为，除导气管所占的小部分截面积外，瓶口其他的截面积都用于啤酒的流入。

下面以克朗斯公司的 VK2V－CF（短管二次抽真空，附带液位校正功能的CO_2槽）灌装阀为例（图 7－17），介绍相关灌装阀的工作及灌装工艺（图 7－18）。

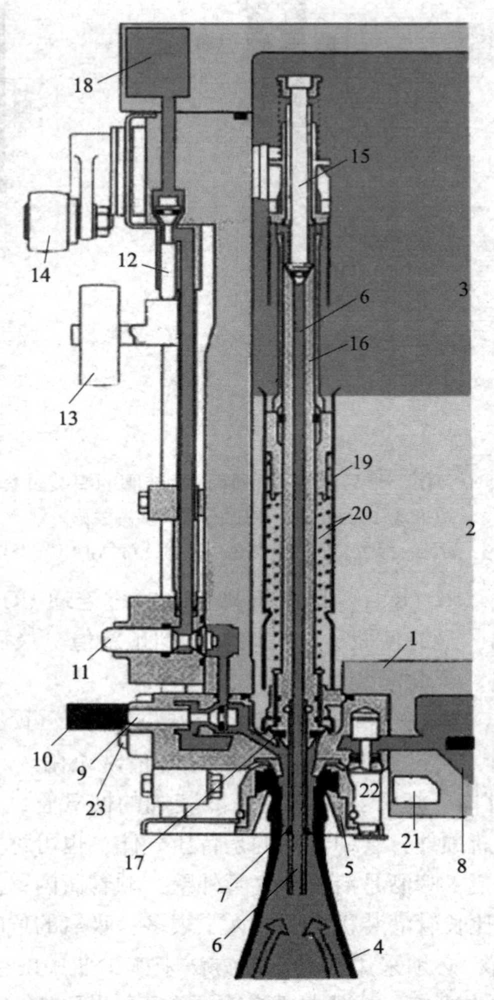

图 7－17 VK2V－CF 短管灌装阀结构图（克朗斯，Krones AG）

1—环形酒槽缸体 2—啤酒 3—酒槽 4—瓶子 5—钟形定中罩 6—导气管 7—伞形罩 8—真空室 9—真空阀（开启） 10—操作真空阀的压条 11—液位校正阀 12—CO_2保护阀（开启） 13—滚轮（操作气阀） 14—阀柄 15—气阀阀芯 16—酒阀阀体主干 17—液阀 18—CO_2附加槽 19—阀体套筒 20—操作液阀的弹簧 21—卸压室 22—真空保护阀（开启） 23—卸压阀

第一步：第一次抽真空［图 7－18（1）］。

瓶子和定中罩 5 一起上升，一起压接到灌装阀上，由定中罩上的密封圈保证对阀体和瓶子的密封。真空阀 9 由压条 10 压下（图 7－17），很短时间内，瓶内的空气被吸入真空室8，达到和真空槽一致的真空压（一般表压为，-0.09MPa，即瓶中空气被抽走90%）。被定中罩顶起的真空保护阀22，用来防止灌装过程中无瓶进入酒阀机构的情况下，真空系统吸入过量的空气引起短暂的真空度降低。

第二步：CO_2冲洗［图7-18（2）］。

通过撞块撞击阀柄14，打开气阀15，随即再次撞击阀柄14，关闭气阀15。CO_2从酒槽3经导气管6进入瓶中。这一过程的时间必须十分短暂，否则灌装阀会因等压而自动打开。充入的CO_2使瓶内压力接近大气压。短暂开启后，气阀15立即关闭。

第三步：第二次抽真空［图7-18（1）］。

重复第一步过程，再次得到90%的真空度，由于这次抽走的是上次抽真空残留的空气和CO_2的混合气体，所以这次瓶内只剩1%的空气。

第四步：CO_2背压［图7-18（2）］。

开启气阀，CO_2进入瓶中，此步骤持续时间较长，直至瓶内压力上升至与酒槽压力相等，达到平衡。

第五步：灌酒［图7-18（5）］。

当酒槽压力和瓶中CO_2压力达到平衡时，第四步自动结束，弹簧20使得液阀17打开。啤酒液经由导气管6外壁流入瓶中，途中啤酒经伞形罩分流至瓶内壁，顺瓶壁成水膜状下流至瓶内。此时，瓶中背压的CO_2通过导气管6回气至酒槽3中。

第六步：灌酒结束［图7-18（6）］。

当液面上升达到短管口时，根据连通器原理，液面会由于惯性继续上升，但是瓶中气体无法排出，封住了下落的液体。下一个步骤须对液位进行校正。精确的灌装高度是衡量瓶装啤酒质量的一项重要指标。

第七步：液位校正［图7-18（7）］。

这一步取决于灌装设备的结构：由一压力高于灌装压力的CO_2附加槽18，向瓶中充入CO_2，将多余的啤酒通过导气管6压回酒槽3。通过滚轮阀柄14关闭液阀17，但是气阀15仍然保持开启状态，然后通过固定安装的压条压开侧向的液位校正阀11，将压力略高于（约高过0.02MPa）灌装压力的CO_2气体，由专门的CO_2通道导入瓶颈，将高于回气管口的液体压回酒槽，从而确保精确的灌装液位。

第八步：卸压。

最后，滚轮阀柄操作控制气阀15关闭，类似于抽真空、液位校正步骤，压条会压开卸压阀23，使瓶子通过一个细小的节流嘴与大气或专门的卸压室相连通。瓶中的压力由于节流排气逐渐降低并趋近于大气压，从而避免了压力突降而导致啤酒大量起泡。

CIP 清洗［图 7－18（8）］。

灌装机都必须具备 CIP（原位清洗）能力。在进行 CIP 时，需将清洗帽安装在酒阀下并借助定中罩将其密封压紧到灌装机构上，这样整个系统可以通过清洗剂的循环，得到充分的清洗。

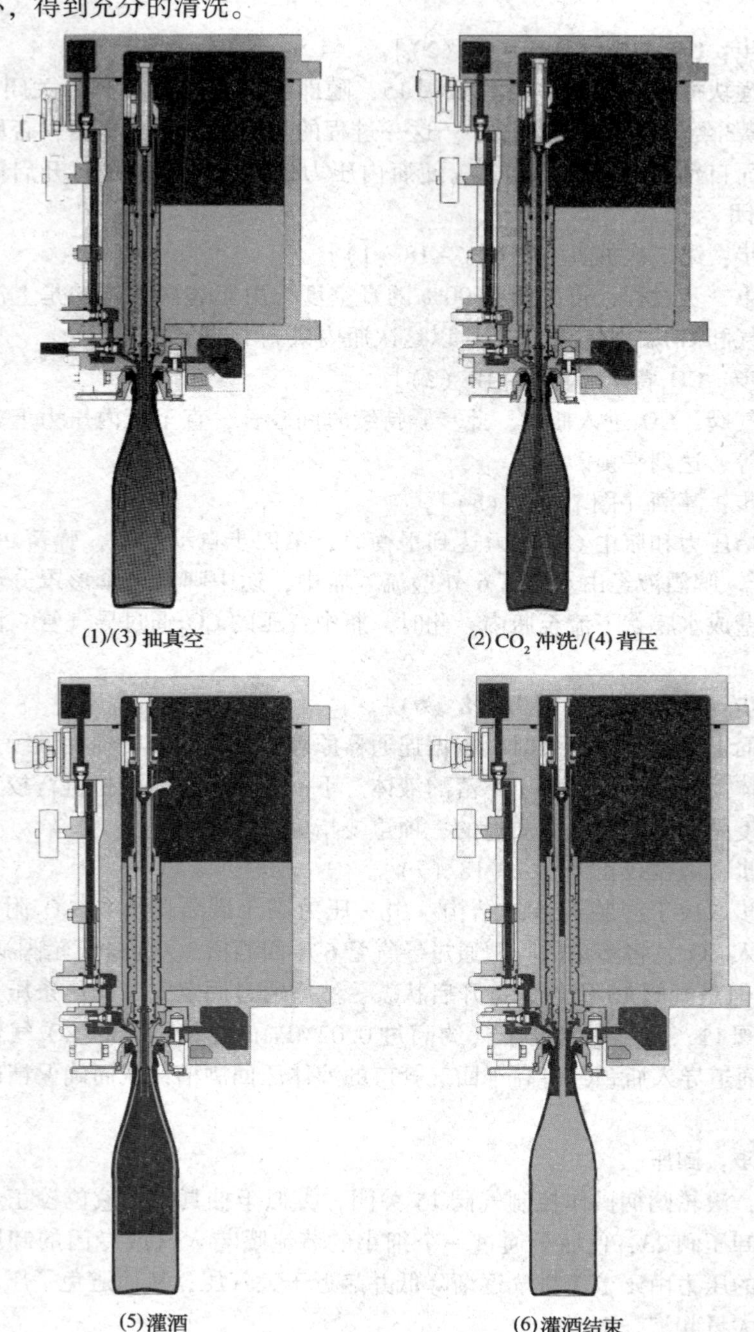

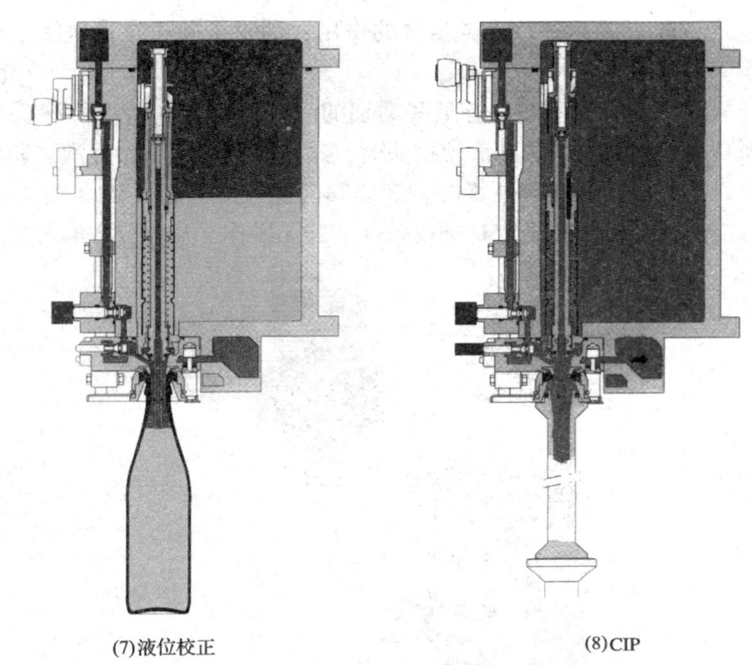
(7)液位校正 (8)CIP

图 7－18 VK2V－CF 短管二次抽真空带液位校正功能的灌装阀
（克朗斯，Krones AG）

（3）气动式灌装机构 采用气动装置代替机械式阀门操作，标志着控制技术在灌装设备方面的发展。这一技术将原来作为操作阀门动作部件的压缩空气直接送至密封膜片，即可实现灌装阀的各项操作。

膜阀和气缸等气动装置的使用，使得灌装机构采用简单的气动元件及其简洁的动作取代了原本复杂的、大量的机械部件及其碰撞和挤压的动作，更提高了灌装机构动作的准确性和稳定性。膜阀的动作见图 7－19。

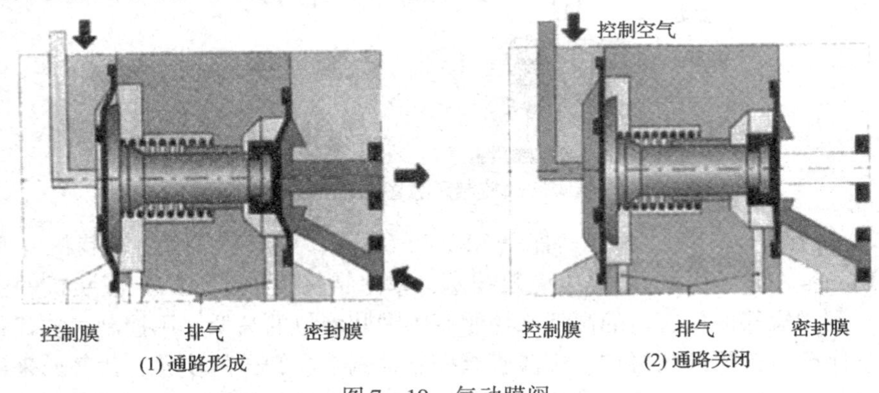

(1) 通路形成 (2) 通路关闭

图 7－19 气动膜阀

控制方式的改变也会使灌装工艺的某些改进便于实施。

有些气动膜阀的灌装机构采用热蒸汽对瓶内的喷吹，即可取代 CO_2 冲洗而去除瓶中的空气，还可以达到杀灭微生物的作用，消除了瓶子在输送线上可能二次污染的影响。

由于开关阀门方式的改变，有某些类别的灌装机构会利用液位探头来检测瓶中灌装液面高度。当酒液快达到液位探头时，通过控制单元由常速灌装阶段转入慢速灌装阶段。当酒液达到探头位置时，液体阀门能够准确地关闭（图 7－20）。控制系统通过控制气动膜阀在设定时刻或条件下开关操作，从而完成灌装过程。

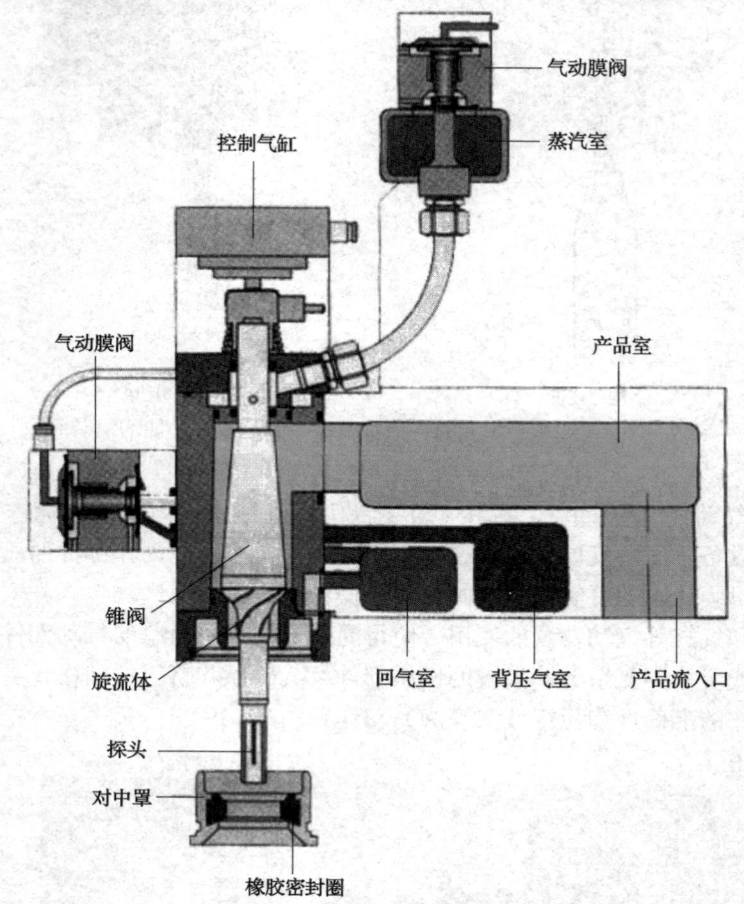

图 7－20　膜阀气动控制示意图（KHS，多特蒙德）

① 短管气动式带抽真空功能（VKPV）酒阀：VKPV 酒阀的灌装机（克朗斯，Krones AG）采用的是等压灌装技术，单室结构类似于 VK2V 灌装机的主体结构，利用短管回气管口的高低来控制瓶中灌装液位的高低。用控制气缸代替了原来的阀柄－拨叉开阀机构；用薄膜阀控制抽真空、卸压的步骤，代替原来的气缸驱动压条－阀杆机构。气动控制的动作部件使设备外部看起来更简洁，也更容易清洗，但对控制系统的要求也非常高（图 7－21）。

② 短管气动式带抽真空功能（VKPV）酒阀的灌装步骤（图 7－22）。

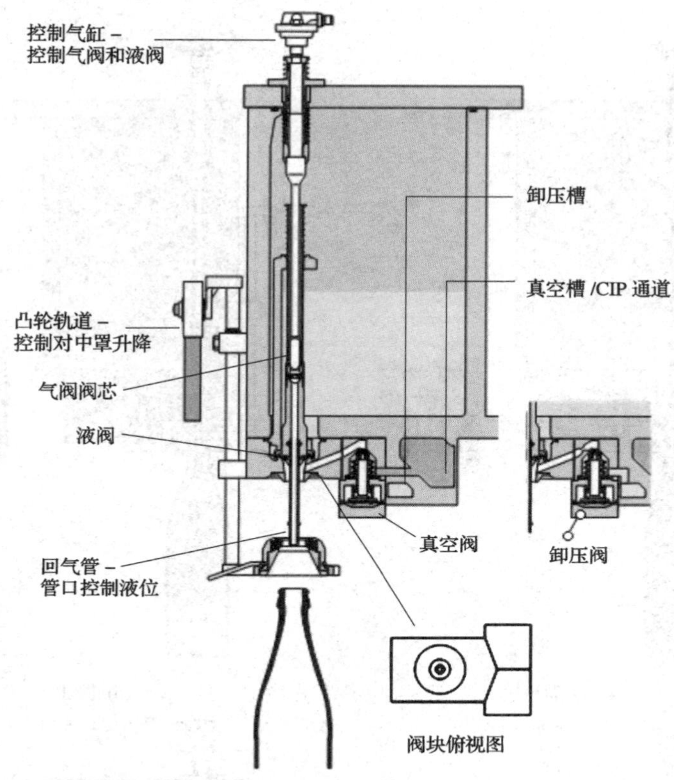

图 7 – 21　VKPV 酒阀的结构原理图（克朗斯，Krones AG）

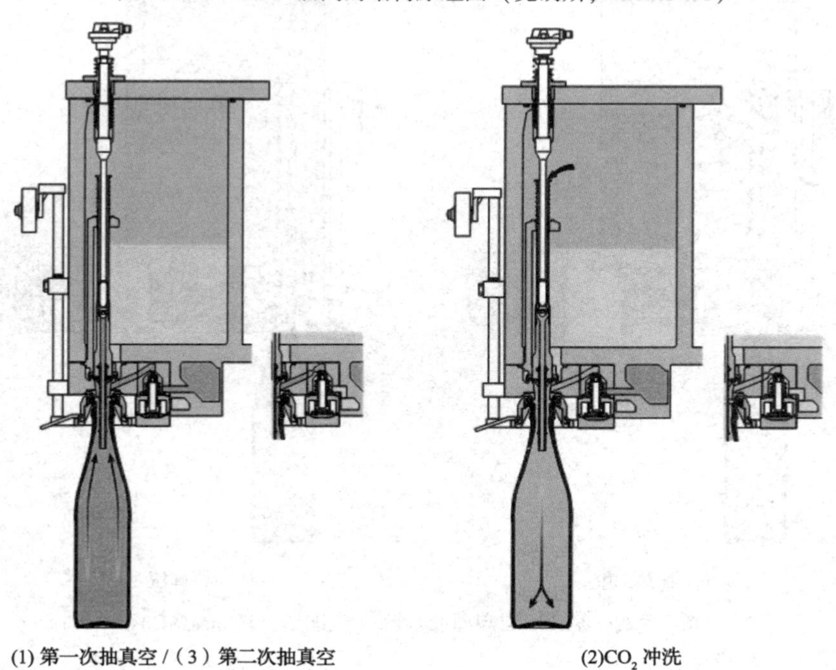

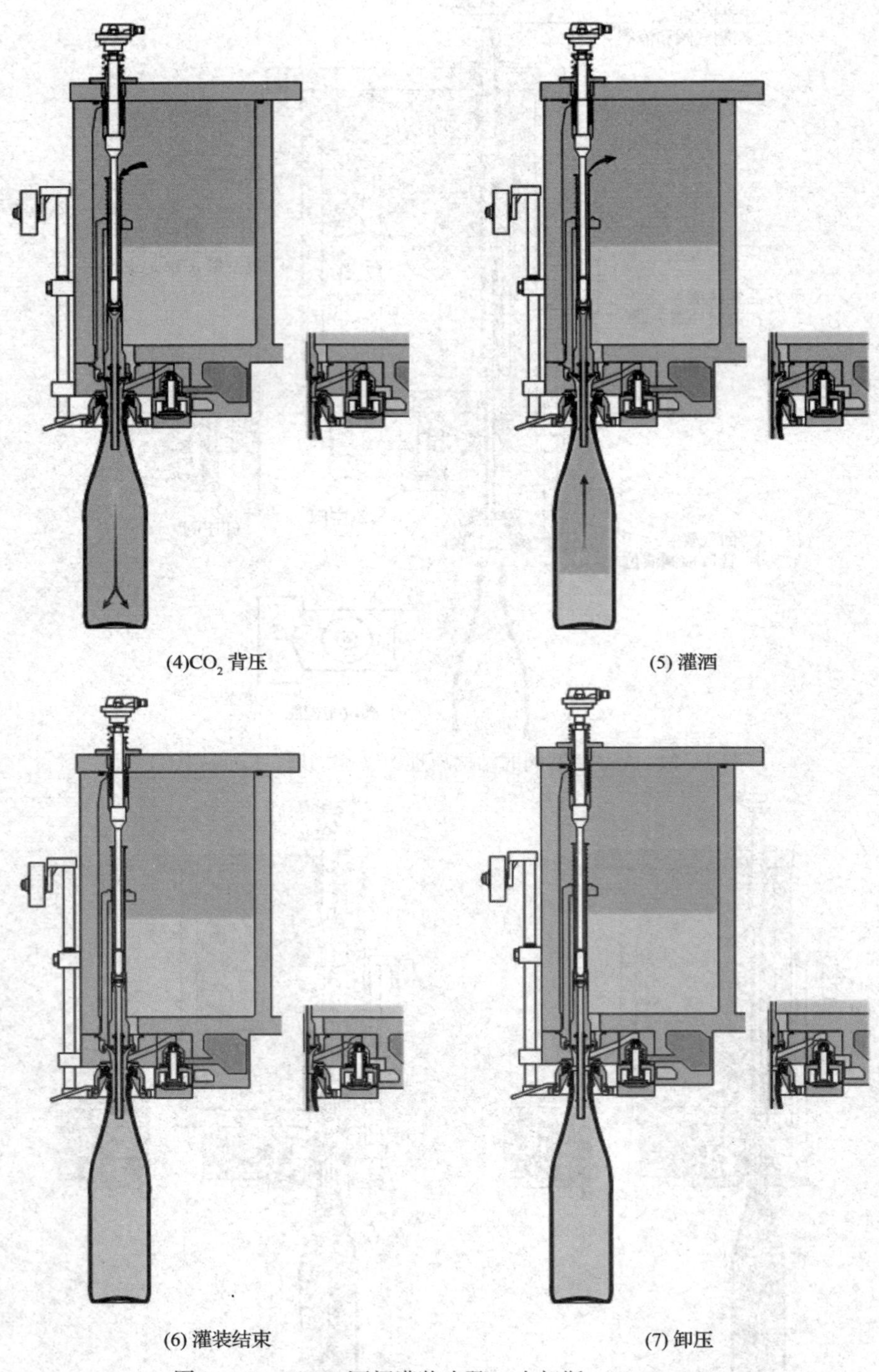

图 7-22　VKPV 酒阀灌装步骤（克朗斯，Krones AG）

从 VKPV 酒阀的灌装步骤可以看出，短管气动式酒阀和机械式酒阀的灌装步骤一模一样，不同的是由气动式部件的动作替代了原来机械式机构的动作。

③ 短管气动薄膜阀式（VPVI）酒阀：VPVI 酒阀的灌装机（克朗斯，Krones AG）自动化程度更高，灌装机构的驱动阀门由薄膜阀单独控制，液位控制则由回气管上的液位探头反馈信号来控制液阀的关闭（图 7－23）。

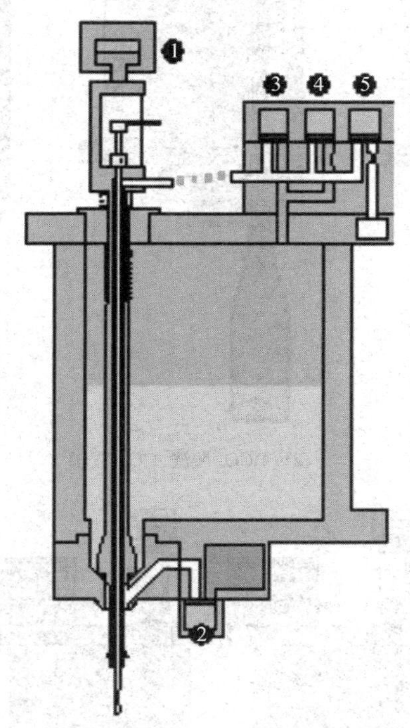

图 7－23　VPVI 酒阀结构图（克朗斯，Krones AG）

1—控制液阀的薄膜阀　2—控制真空阀的薄膜阀　3—控制快速背压/回气的薄膜阀　4—控制慢速背压/回气的薄膜阀　5—控制卸压阀的薄膜阀

④ 短管气动薄膜阀式（VPVI）灌装步骤（图 7－24）

从 VPVI 酒阀的灌装步骤可以看出，由于采用液位探头来控制灌装液位，从而酒液下落至瓶中的过程必须得到控制。酒液快到瓶颈部位的时候，灌装由快速阶段［图 7－24（5）］切换至慢速阶段［图 7－24（6）］，以免酒液下落过快造成定位不准。在快速阶段，酒阀的两个回气通道全部打开，酒液快速落下；在慢速阶段，由薄膜阀 3（图 7－23）控制的回气通道关闭，而薄膜阀 4 控制的慢速回气通道打开，酒液慢速下降到瓶中直到液位探头得到关阀信号。

（4）易拉罐灌装机构　易拉罐的薄壁给啤酒的灌装带来较多问题。如若采用瓶子的灌装机构灌装，则会因为罐体的轴向承载能力极差，瓶托气缸的压力完全可将罐体被压扁。如果罐装啤酒采用瓶装抽真空的工艺步骤，罐体则会被大气压压扁。

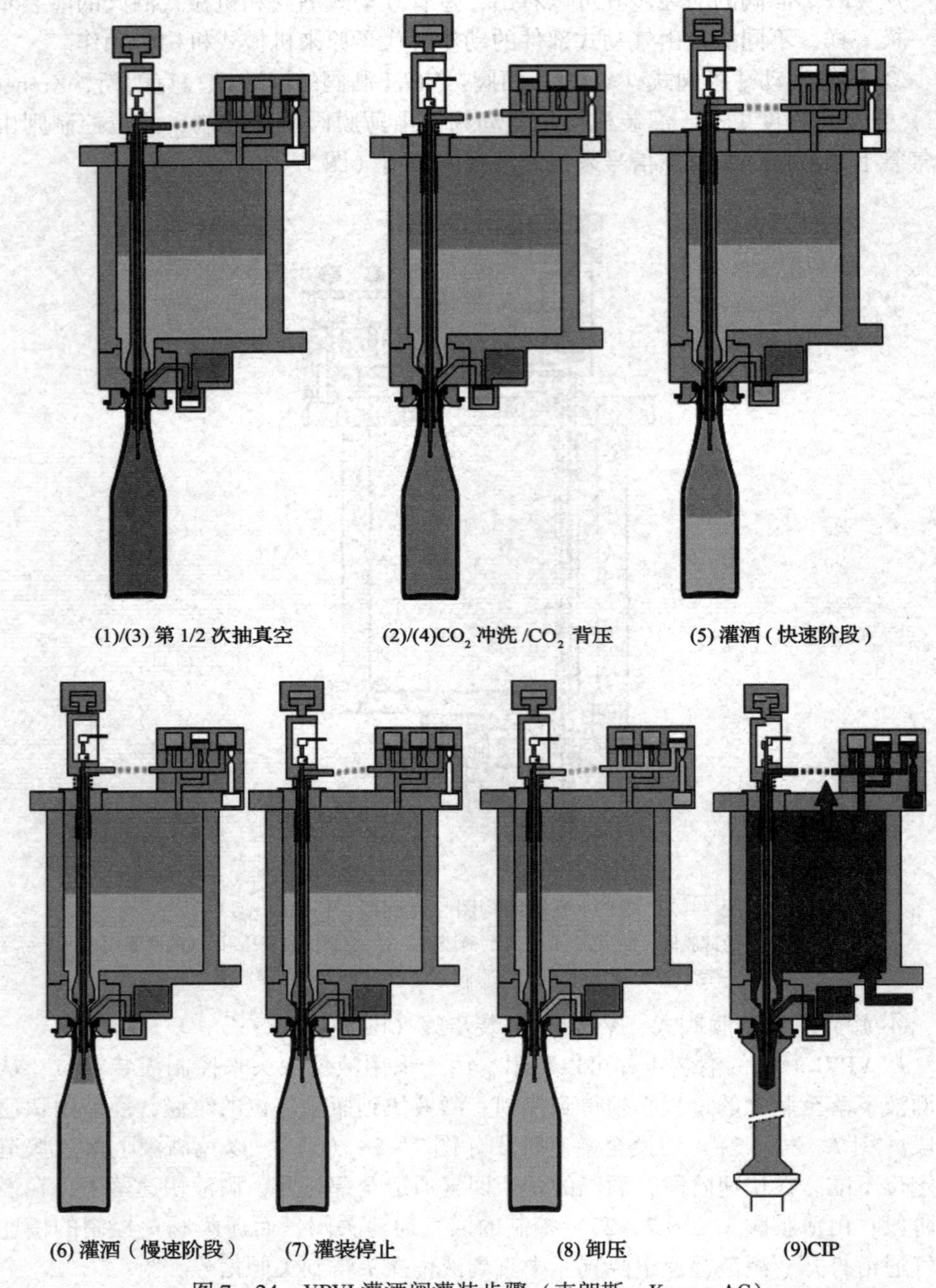

图 7－24　VPVI 灌酒阀灌装步骤（克朗斯，Krones AG）

易拉罐灌装的关键技术——在灌装机构中引入了差压室，借此减轻罐体轴向的负荷（图 7－25）。这个差压平衡室的作用在于：对于易拉罐施加的最大轴向负荷仅在灌装区域内才出现，而灌装时差压室内的压力和灌装压力一致。由于差

压室的直径 D_K 比罐口直径 D_D 差距很小，故罐子在灌装过程中承受很小的轴向负荷（图7－25）。

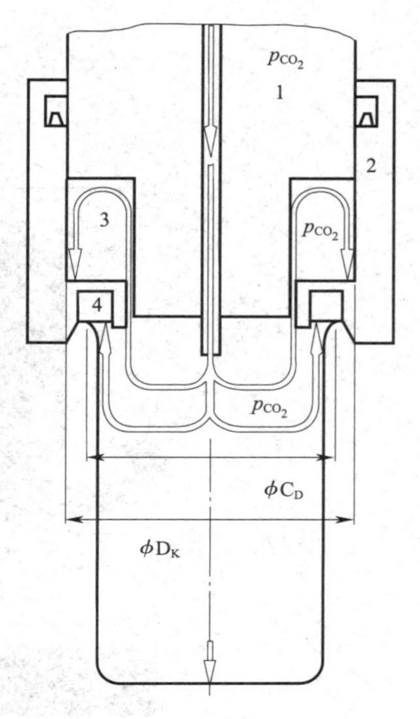

图7－25 差压室

1—灌装机构 2—定中罩 3—差压室 4—密封件

原先灌装机构多采用长管，后来至今很多设备上都采用复式短管灌装阀。

根据灌装机构工作原理的不同，易拉罐灌装机有两种定量方式：由回气管口的高度决定灌装液位的定液位灌装形式；由专门的测量室测量每次灌装量的体积式灌装。

易拉罐灌装和瓶灌装的相同点：CO_2 冲洗和 CO_2 背压；回气管控制回气；常速灌装或快速灌装；慢速灌装和控制灌装液位高度；液体灌装完后缓慢卸压。

易拉罐灌装还具备以下一些特殊性：空罐过轻，传送应更平稳可靠。设备输入星轮旋转速度不宜太高，避免离心力把空罐抛出传送带；空罐灌装时不再是罐子由瓶托抬起，而是由灌装阀向下降至罐口并密封；罐和阀应避免罐壁薄而被灌装阀压扁（参见差压室）。

易拉罐灌装机还可采用多根短管导酒管，啤酒沿多根很细的导酒管向侧下方沿内壁流入罐内（图7－26和图7－27）。

图7－26 复式导酒管的易拉罐灌装酒阀（KHS）

① 易拉罐定液位式灌装机：KHS公司的EM－D型灌装机（图7－28）灌装步骤如下：灌装机构下降到罐口形成气密连接，使罐和外界隔离。通过一个阀柄滚轮打开 CO_2 气阀进行喷吹。在灌装机构内 CO_2 气体通过气阀进入罐内再经过回气通道返回排气室［图7－28（1）］，这样罐内原来的空气就被 CO_2 赶入到排气室。

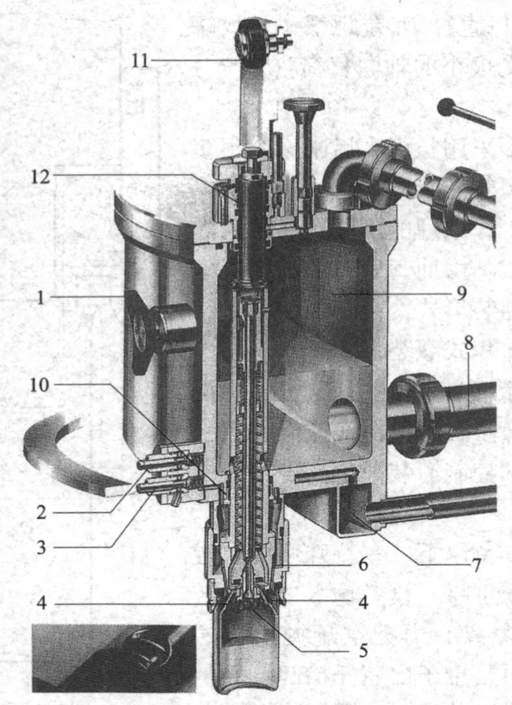

图 7－27　安装在酒槽内的灌装阀

1—阀柄　2—CO_2 和 CIP 阀　3—卸压阀　4—导酒管　5—可调回气管（带卡槽）　6—差压室　7—CO_2 和 CIP 室　8—输酒管　9—环形酒槽　10—CO_2 回气阀　11—灌装机构提升滚轮　12—灌装阀槽内固定位

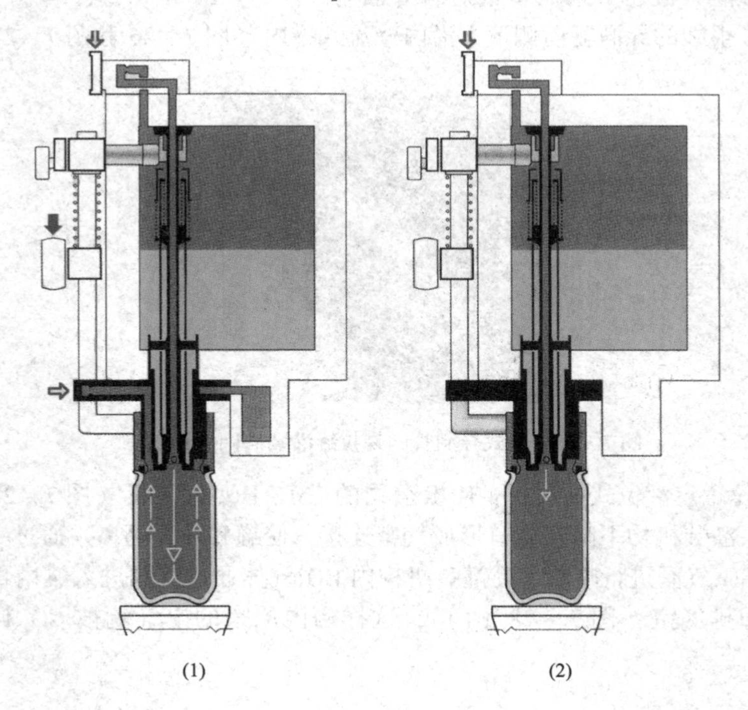

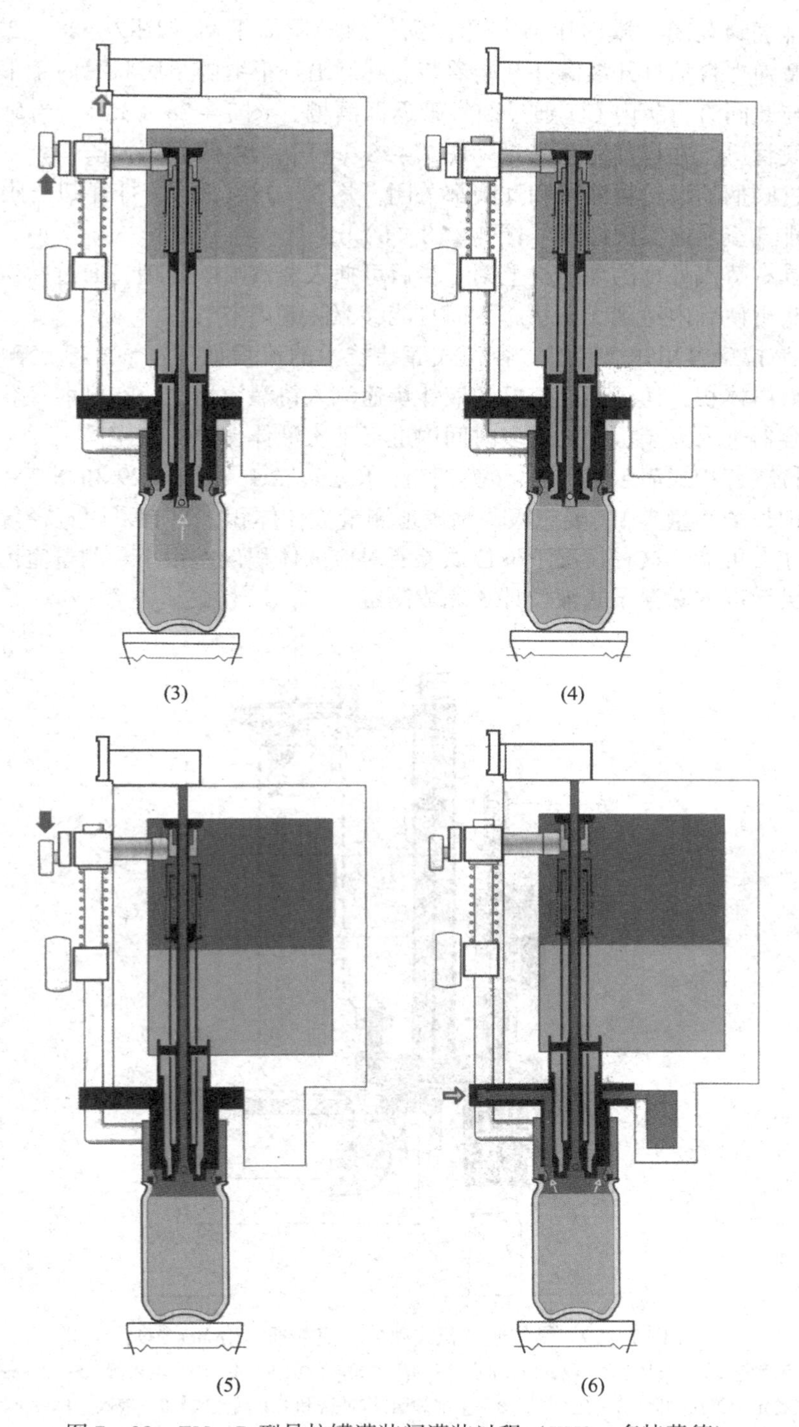

图 7－28　EM－D 型易拉罐灌装阀灌装过程（KHS，多特蒙德）

当排气阀关闭，罐内压力上升直到与酒槽压力平衡［图 7－28（2）］。这时，弹簧弹力自动打开液阀并开始灌装。啤酒沿环形缝隙呈膜状沿内壁平稳流入罐内。与此同时，罐内 CO_2 通过回气管返回酒槽［图 7－28（3）］。当罐内啤酒达到回气管口，并将其完全密封［图 7－28（4）］，灌入过程停止。

通过阀柄的滚轮将液阀和气阀都关闭［图 7－28（5）］，打开卸压阀使罐子上部与排气室连通实现卸压［图 7－28（6）］。

在具有蒸汽处理的灌装机上第一步后可插入蒸汽喷吹处理，通过一定时间的蒸汽喷吹可使罐内达到无菌状态，而且能够驱除罐内空气。

② 易拉罐容积式灌装机：容积式灌装技术的流程如下：预先精确测量好待灌装的液体体积；让已经测定好的液体快速流入待灌容器中；在已灌完容器脱离和后续容器进入灌装机构的这段时间内进行下次液体体积的测定。

易拉罐容积式灌装机 VOC（克朗斯，Krones AG，图 7－29 和图 7－30）采用一个细长的测量室 1。要想极为精确地测量液体体积，只有采用直径较小的测量容器才有可能。这种情况下液位误差所对应的体积误差很小。测量室内的液位由一高灵敏度的磁浮子式液位计 3 完成测定。

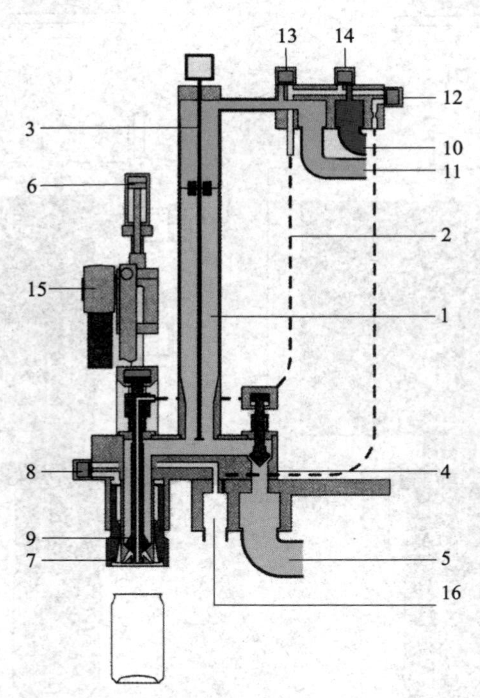

图 7－29　易拉罐容积式灌装（克朗斯，Krones AG）

1—测量室　2—背压、冲罐和卸压通道　3—浮子式液位探头　4—产品流入阀　5—产品进管　6—气动定中罩控制阀　7—定中罩　8—下部卸压阀/冲洗和 CIP 回流阀　9—液阀　10—蒸汽进管　11—吹气－回气室　12—上部卸压阀　13—喷吹控制阀　14—蒸汽控制阀　15—定中罩升降凸轮滚轮　16—喷吹其他收集室/CIP 回流通道

阶段1：产品流入：通过开启产品流入阀4使得啤酒从分配管流入测量室，在灌装前额定灌装量的啤酒在测量室内准备待灌。易拉罐进入设备后，定中罩7下降对准罐子并密封。

阶段2和3：蒸汽灭菌［图7-30（1）］：对中装置向下运动到罐口，被定中罩压紧密封。蒸汽阀门打开，进行1s的蒸汽灭菌，由于金属容器的导热性能很好，所以整个罐体的温度很快就达到约110℃。蒸汽对罐进行喷冲，同时驱除罐中大部分的氧气。阶段3的图未画出，重复蒸汽喷冲，使罐子达到无菌状态。

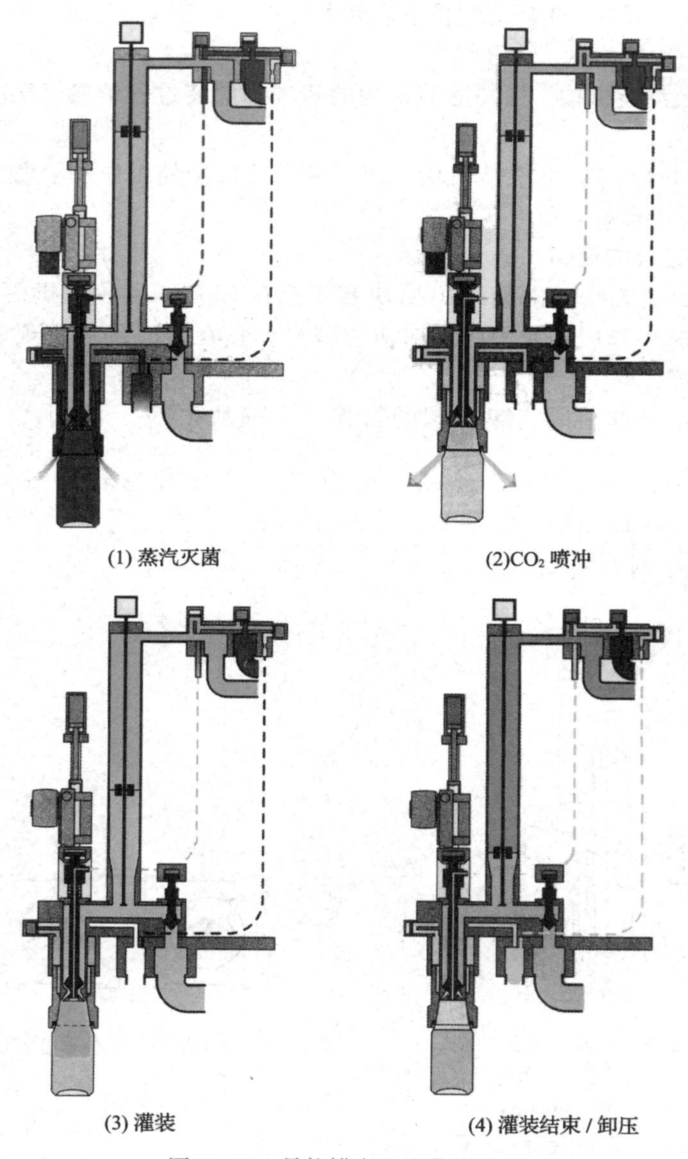

图7-30 易拉罐容积式灌装流程

阶段4：CO_2喷冲背压［图7-30（2）］：通过CO_2的导入，对罐子进行吹洗以驱除空气，随后定中罩又与罐口形成密封状态，罐子开始背压到与酒槽相等。至此时，可以认为罐内空间的氧已被驱除干净。

阶段5：灌装［图7-30（3）］：额定灌装量的啤酒已经在测量室准备好，液阀打开后，测量室的酒液顺着罐壁流入已经背压完毕的罐中。

阶段6：灌装结束/卸压［图7-30（4）］：测量室的液体在灌装过程中并不完全排空，便于下次灌装测量时产品进入的连续性。当灌装完毕后，液阀关闭、卸压阀开启后，罐内CO_2压力缓慢下降到大气压。当液阀关闭时，产品流入阀随即打开，下一次的测量工作开始。

（5）桶装灌装机构　桶装灌装机构的清洗和灌装过程请参见第十章第四节内容。

（6）塑料（PET）瓶灌装机构　PET瓶灌装机构的工作和上游设备配合紧密，请参见第十章第二节内容。

7. 灌装过程的控制

机械式酒阀的开关阀动作由撞块和压条来控制。当灌装机酒槽旋转时，定点安装的撞块或压条对酒阀的对应位置操作，在对应区域实现灌装的对应步骤。

压条对应于真空阀、卸压阀的操作，而撞块对应于液阀、气阀的操作（图7-31）。

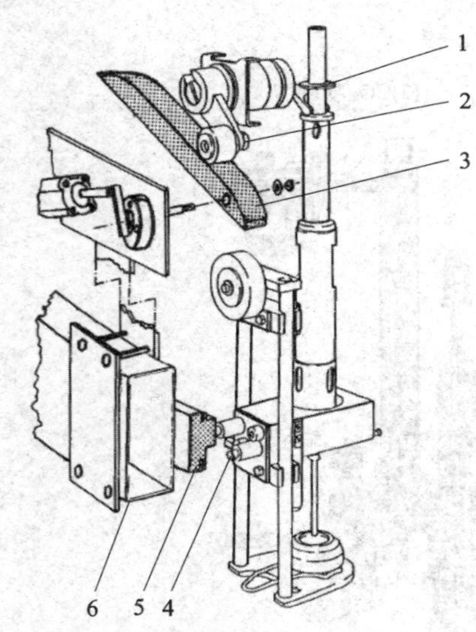

图7-31　机械式酒阀动作机构图

1—拨叉　2—阀柄　3—撞块

4—阀杆（真空阀　卸压阀）

5—压条　6—环形支架

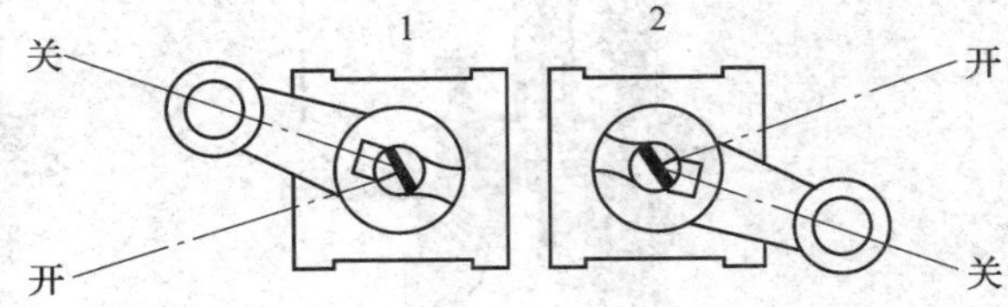

图7-32　阀柄左装和右装的开关位置

机械式酒阀主体部分（包括气阀 - 控制背压和回气、液阀控制酒液流入）安装在酒槽内，都由带滚轮的阀柄 2 带动拨叉 1 开启和关闭。气阀打开后，由于酒槽和瓶中的背压气体等压后，弹簧会自动顶开液阀，所以带滚轮的阀柄的动作直接控制了背压和灌酒，以及 CO_2 冲洗等步骤。当灌装机的酒槽旋转方向不一样时，阀柄的安装位置会有左装（逆时针）和右装（顺时针）之分。而开关气阀的位置会有 180°的差异（图 7 - 32）。

灌酒机构的其他部分（真空阀、真空安全阀、卸压阀、液位校正阀等）安装在酒槽外，除安全阀（真空安全阀、CO_2 安全阀）由定中罩上升（有瓶进入）开启外，其余重要阀门都由压条开启［图 7 - 33（1）］。真空阀、卸压阀都不在同一水平高度，故可由不同的压条开启。酒槽带动酒阀旋转运动经过压条的时间即为某一步骤的处理时间［图 7 - 33（2）］。

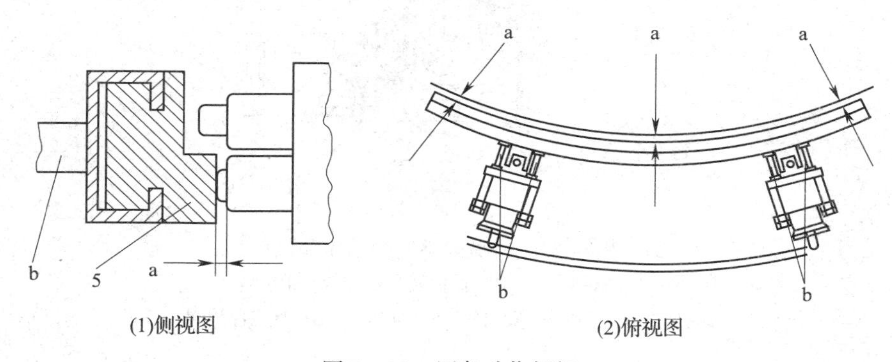

图 7 - 33　压条动作阀门

当更换瓶型（高度改变）时，这些酒阀机构的动作控制部件也需要同酒槽一起升降（图 7 - 34，可参见前面的酒槽高度调节装置内容）。

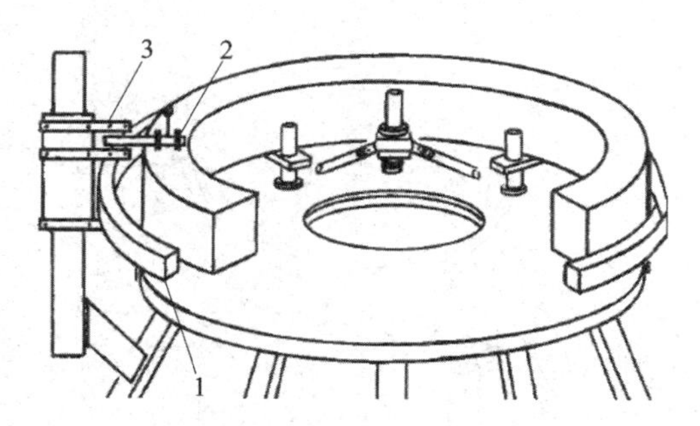

图 7 - 34　控制部件位置的调整

1—环形支架　2—安装在酒槽盖上面的插销　3—环形支架的夹持装置

瓶子在机器上运行一周，经过灌装机的动作点对应于灌装的步骤（图 7 - 35 和图 7 - 36）。从图 7 - 36 上，可以看到动作点设置不光是为了完成酒阀灌装的一系列动作，而且也是为了完成酒槽的 CIP 工作。

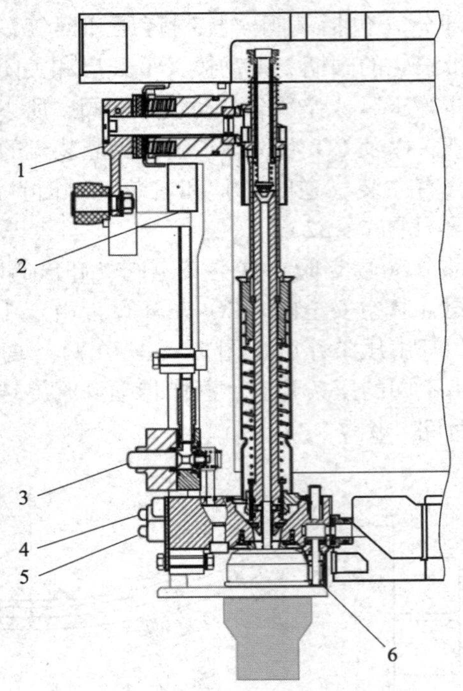

图 7－35　机械式酒阀的动作部位

1—带滚轮的阀柄　2—CO_2保护阀（进瓶后定中装置压开）
3—液位校正阀　4—真空阀　5—卸压阀　6—真空保护阀

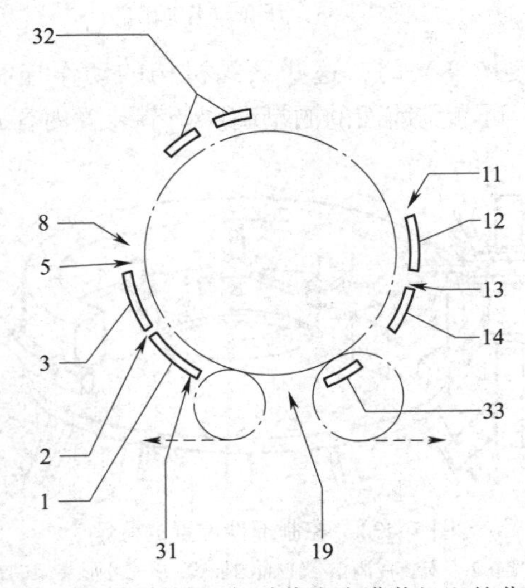

图 7－36　机械式酒阀动作点在灌装机上的分布

1—预抽真空压条　2—CO_2冲洗撞块（开阀和关阀撞块）　3—抽真空压条　5—开阀（全开位置）撞块
8—关阀（回中位）撞块　11—关阀（关液阀的位置）撞块　12—液位校正压条　13—关阀（全关位置）撞块　14—卸压压条　19—CO_2冲洗撞块　31—CIP 清洗撞块　32、33—CIP 清洗压条

采用等压灌装的机械式酒阀，在灌装容器和酒槽压力相等时，酒阀上的弹簧足以支持液阀和气阀，一旦压力失去平衡，压差和阀芯的重力将使阀门自动关闭。

撞块5打开气阀，此时酒槽中的压力高于瓶中压力。经过一段时间后，瓶中压力升高，弹簧弹开液阀，灌装步骤开始。此后，撞块8将阀柄关至中位，此时由弹簧支撑气阀和液阀的开启。若发生爆瓶，压差即刻可以关闭气阀及液阀。运行至撞块11处时，阀柄带动拨叉旋转至液阀关而气阀开的位置，便于附加槽压力略高的CO_2将瓶中多余酒液通过回气通道压回酒槽。阀柄运转到撞块13处时，带动拨叉将气阀完全关闭。在撞块19处迅速完成开阀和关阀两个动作，酒槽中的CO_2冲洗CO_2回气通道，防止液位校正时流过回气管的啤酒阻碍以后的背压。

8. CIP系统及清洗过程

定期对产品有直接或间接接触的机器部件进行清洗杀菌是实现安全灌装的前提条件。

现代化灌装机中的所有与产品接触的部件，包括定中罩和回气管等都可以通过封闭的CIP系统进行循环清洗。为实现这一清洗过程需要在灌装机构上装上特殊的清洗帽，它起到联通作用，能够使各通道都有清洗液流过，从而得到彻底的冲洗。设计精良的灌装–压盖设备、压盖单元都设置有CIP系统。

如图7–36所示，灌装机的CIP过程中酒阀的动作使清洗液进入的对应通道。与灌装步骤一样，CIP过程分步分次序完成的。例如，撞块31开启气阀，清洗液就通过气阀进入回气通道完成CO_2通道的清洗，进入清洗帽后经由压条1开启真空阀后，清洗液进入真空通道，返回CIP回管（图7–37）在压条1和压条3之间，由于真空阀的短暂关闭，这时由于清洗帽中的清洗液无法回流而与酒槽中的清洗液等压，这时液阀也自动打开，从而清洗液从液阀处下落清洗液阀及回气管外壁。

机械式灌装机构的动作分布图如图7–36所示，完成灌装及CIP（图7–37）。气动式灌装机构的动作分布也会与机械式灌装机构动作分布类似，由于动作形式的不同，气动式灌装机构的动作会部分依赖于探头反馈的实际情况来控制，如灌装过程中，液位探头得到液位到达的信号后才会关阀。

9. 配气系统

所用气体一般为工作用压缩空气、无菌压缩空气、CO_2、蒸汽。工作用压缩空气用于瓶托气缸、阀门的动作；无菌压缩空气用于设备中压盖机瓶盖的输送以及CIP清洗液的回压，间接与啤酒接触的环境；CO_2用于啤酒的灌装背压；蒸汽用于配气系统的杀菌。

压缩空气用于工作用途，经过过滤器、减压处理后应添加润滑油为工作部件润滑。与啤酒间接接触的压缩空气除过滤、减压处理外还应经过无菌过滤处理。

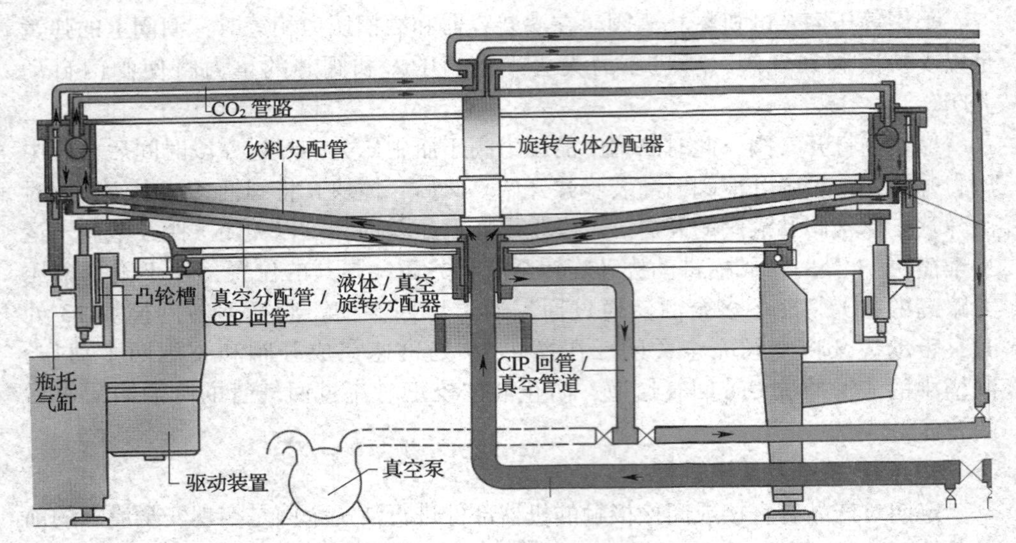

图7-37　CIP回路图

CO_2经减压以及无菌处理，并应经过流量计监测其消耗量。因CIP过程无法对配气进气管进行杀菌，所以必须依靠蒸汽对各进气管道以及过滤装置进行杀菌。其中对于无菌过滤装置的滤芯，可以采用干法杀菌——在灭菌锅内灭菌，也可以采用湿法灭菌——在管道内通入一定时间的蒸汽。

10. 控制维持系统

灌装机配有众多的控制维持系统用以监控重要的工艺参数及设备状态，例如采用信号灯的不同色彩来区别阀门状态——开、关以及自动状态，以及阀门在不正常的工作状态下进行闪烁报警。

（1）灌装压力的控制　灌装设备维持恒定的灌装压力有助于灌装的稳定。灌装中维持啤酒中的CO_2含量，为隔绝啤酒和氧气接触，为灌装等压而进行的背压都需要稳定恒压的CO_2。如图7-38所示，压力传感器将酒槽压力反馈给PID控制器，由控制器控制调节阀门对CO_2的进气和排气进行控制。

（2）酒槽液位的控制　采用等压灌装原理的灌酒机，液体流入容器时，容器和酒槽内的压力相等，液体流入的动力为液位差（即自重），所以保证恒定的液位对于灌装速度的稳定有着重要的作用。如图7-38所示，液位传感器将液位信号传送给液位控制器，由控制器控制调节阀门对进酒管的进酒流量进行控制。

（3）爆瓶的监控　在灌装区域，用金属接近开关对定中罩位置的检测（图7-39），来判断在灌装过程中是否有爆瓶。如有爆瓶，冲洗系统将喷出清水清洗冲走瓶托上的瓶碎片以及机器外壁上残留的酒液，以保证设备的卫生清洁以及下次该阀位的顺利进瓶（有的灌装机控制系统仍会将下次此阀位灌装的瓶酒剔除，以保障产品质量的安全）。

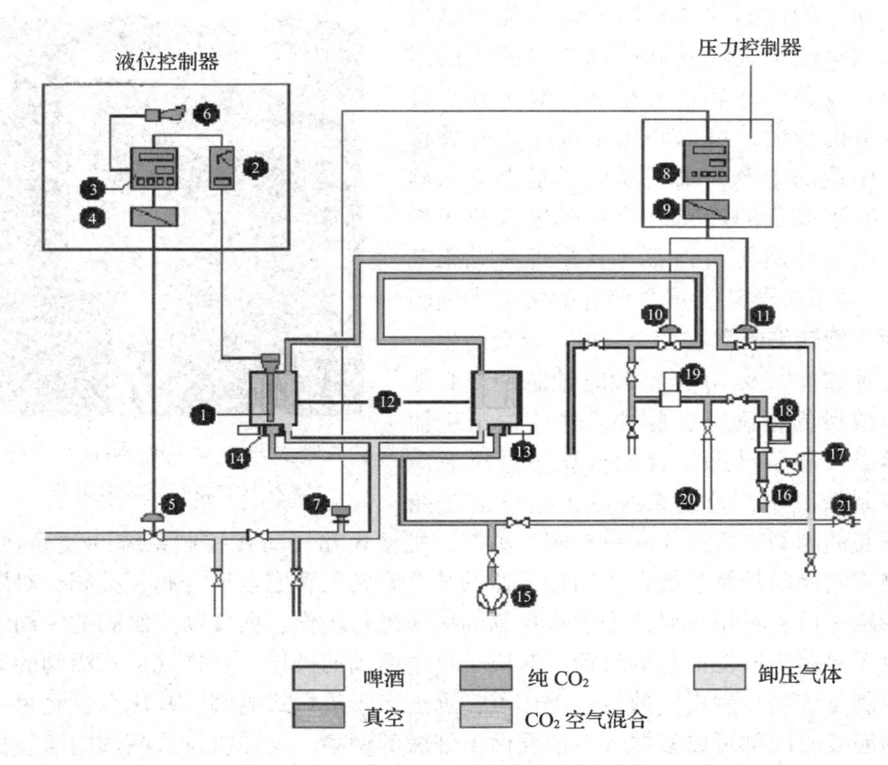

图 7-38 灌装压力、液位的控制系统

1—液位探头 2—变送器 3—控制器 4，9—电流/气压信号转换器 5—气动调节阀门 6—低液位报警器 7—压力传感器 8—压力控制器 10—CO_2进气阀 11—CO_2排气阀 12—环形酒槽 13—酒阀 14—真空槽 15—真空泵 16—CO_2减压阀 17—压力计 18—流量计 19—过滤器 20—蒸汽 21—真空通道 &CIP 回管

图 7-39 定中罩机构位置的检测（用于区别瓶托上有无瓶子）

(4) 酒阀的动作控制系统　无论是机械式酒阀还是气动式酒阀都要对瓶子的运动以及设备的运转进行检测。对于瓶子进入设备的检验，可以利用金属接近开关检测定中罩的上升，来判断瓶子是否进入酒阀。对于设备的旋转以及对已进入瓶子的跟踪则需要旋转编码器（其原理参见第三章），对于机器某个重要部件的每一个旋转螺距，旋转编码器（图7－40）都会产生一个时钟脉冲以及10个精确时钟脉冲或其他整倍数目的精确时钟脉冲。这些关于机器运转以及瓶子动态位置的信息被送至对应的控制系统中，控制系统发出信号对该瓶子灌装的酒阀进行操作——开阀、关阀。机械式和气动式控制系统的差异在于，机械式酒阀的控制系统，采用在机器的某个旋转位置定点地开阀、关阀，对瓶位置的跟踪信息将用于对某个动作控制的撞块进行操作；而气动式酒阀的关阀动作来自于对瓶中液位信息的反馈，对应于每个酒阀的操作。这样气动式酒阀的灌装机控制系统会控制更多数目的动作点，远远多于机械式酒阀。其优点就是每一阀位的灌装时间都可以根据各自情况做出细微的调整。这在机械式酒阀的灌装机中是完全不可能实现的。

图7－40　在分瓶蜗杆驱动装置上安装的旋转编码器

11. 灌装辅助装置

灌装设备一般要采用一些必要的措施与方法来保证啤酒灌装的生产质量，而这些装置和灌装阀的操控本身没有关联。

(1) 真空制备装置　灌装设备多采用水环真空泵来制备真空（图7－41）。空气经由真空室由分配器、管道直接连通到真空泵。水环真空泵（简称水环泵）

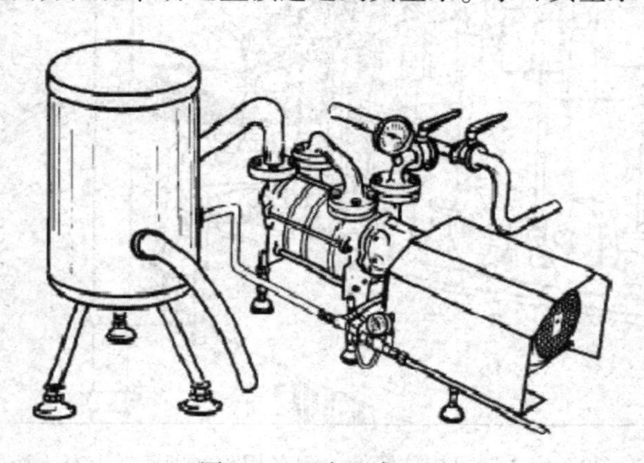

图7－41　水环真空泵

是一种粗真空泵，它所能获得的极限真空为 2000 ~ 4000Pa（绝对压强）。如图 7－42 所示，叶轮偏心地安装在泵体内，它的转动会迫使工作液体沿泵体内壁形成一个等厚的旋转液环。此时，会在两相邻叶片、叶轮轮毂与液环内表面之间形成一个月牙空间的气腔。随着转子的旋转，此气腔在泵的吸入区体积逐渐增大，其内部压力下降，从而将气体吸入泵内；相反，气腔在排气区体积逐渐减小，其内部压力上升，从而将气体排出泵外。

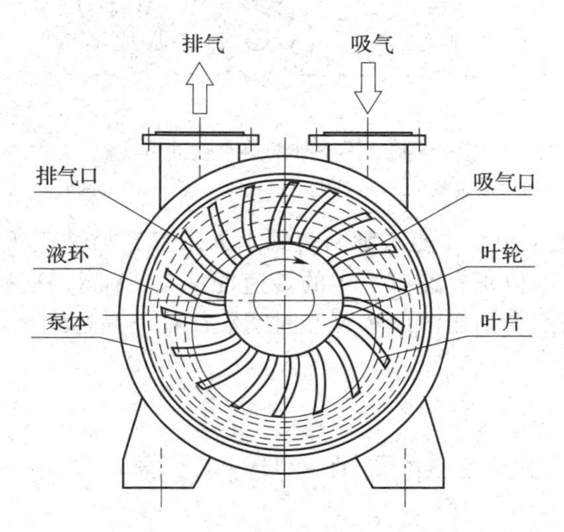

图 7－42　水环真空泵工作原理图

工作液体为凝补水，除了起到形成水环密封的作用外，还能够带走工作中由于气体压缩而产生的热量。运行时，工作液体会和气体一起排出，需要连续向真空泵供水，以降低水温并保持足够的水量维持恒定的水环。

（2）高温高压引泡装置　在灌装设备输出口到压盖机的输送过程中，瓶口暴露在空气中。若不采用适当措施，将会让空气进入瓶中，造成吸氧量上升。在瓶输送过程中，采用向瓶中喷入高压高温的清水，激起啤酒中的 CO_2 逸出使大量泡沫生成，利用泡沫的涌出赶出瓶颈部分的空气。采用这种原理的除氧系统，称为高压引泡装置。

高压引泡采用持续且极细的高压水射流（最高可达 4MPa）从瓶口上方射入，每个经过此装置的瓶酒都会被 80℃ 的射流击中起泡，由此去除瓶颈中的空气。射入水量仅百分之几毫升。在使用该装置时，仍需注意：高压喷射水需脱氧，否则也会带入氧。起泡不应过猛，否则导致酒损增大。

（3）设备外部冲洗系统　在生产的时候，可以借助清洗设备定期对设备外部进行热水喷冲清洗。这样可以防止细菌粘附污染。对于灌装设备，下列污染的高危险部分（图 7－43）应当尤其注意。① 灌装机灌装机构、瓶托气缸和定中罩 1。② 压盖机压盖头处 2。③ 输入、输出等星轮之间及之上，包括传送带。

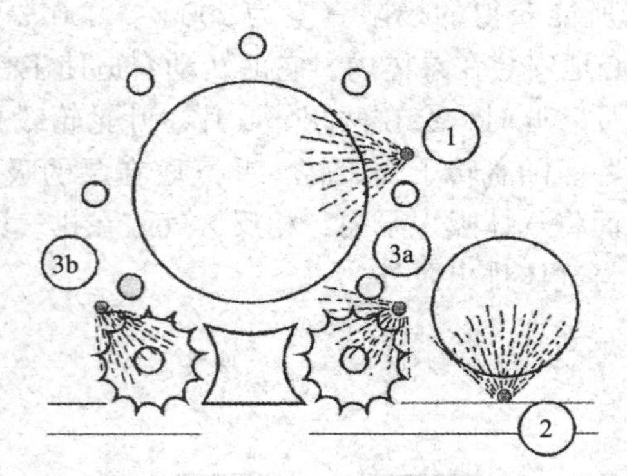

图 7－43　设备外部热水喷冲清洗点

1—灌装机　2—压盖机　3—过渡星轮（a，b 两处）

高温水应达 80～90℃才能对细菌起到杀灭效果，喷冲应每 2h 进行一次，尽可能利用生产间歇，以正常速度一半的转速冲洗 2～3 圈。这种方法较杀菌剂的方法好。使用杀菌剂会由于浓度稀释和时间短往往不易达到预期效果，而且还存在化学残留问题。

第三节　压　　盖

一、压盖设备的基本任务

为避免产品的污染和氧化，对灌装好的啤酒必须进行压盖密封。在压盖过程中尽可能保证啤酒质量不发生变化。

包装容器的不同，盖子也会有着不同的形式，对应的压盖设备的工作原理也不相同。

1. 皇冠盖

皇冠盖（图 7－44）是最普通的瓶盖。它是用涂漆的标准金属薄板制成，内含一个密封垫。皇冠盖的内径（d_1）为 26.75mm，有 21 个尖齿。它的标志面直径有 26mm，外径（d_2）为 32.1mm ±0.2mm，高（h）为 6.00mm ±0.15mm。多用于啤酒和饮料行业使用的玻璃瓶或塑料瓶口的密封。

适于香槟及类似饮料瓶的皇冠盖内径为 29mm，高（6.80 ±0.15）mm。

用于制作皇冠盖的薄板材料有：镀锌板（马口铁），2.8g/m^2；镀铬薄板，每面镀铬 60mg/m^2；不锈钢薄板。

皇冠盖内外两面都需涂漆处理。盖内面采用不同的粘附漆涂层来粘贴密封垫。出于促销目的有时也用活动内垫的皇冠盖。这种密封垫上可以印上小广告，需用特殊的粘贴材料。

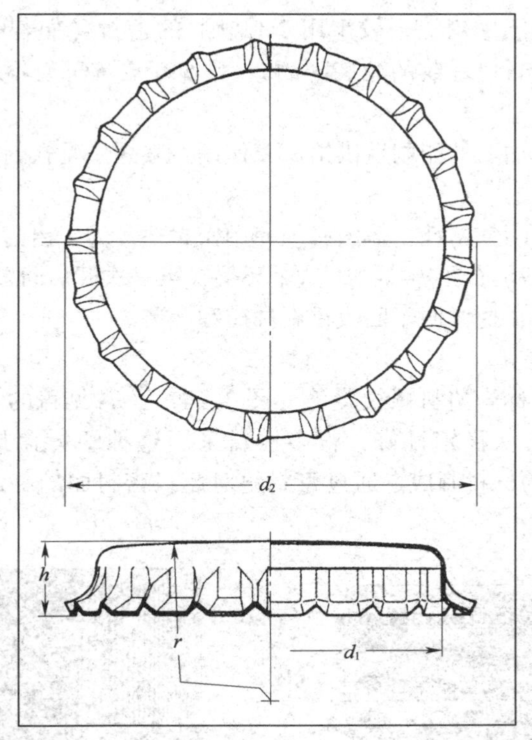

图7－44　皇冠盖

用于密封的内垫有下面几种：PVC 喷涂内垫；冷压内垫（不含 PVC）；压入式塞盖密封片（铝制）。

大多数密封垫由 PVC 复合物喷涂或热压而成。它对口味呈中性，也能很好地适应热灌装、巴氏杀菌和化学灭菌。因密封性能好而成为首选，但 PVC 对环境有害。

不含 PVC 的材料也可制成适合不同瓶口的各种密封垫。它们同样口味中性且适合热灌装和巴氏杀菌。

压入式塞盖密封片也称作前盖，通常供铝制旋盖使用，能部分去除铝旋盖带入的空气，从而降低氧含量。

2. Maxi－皇冠盖［图7－45］

这是一种类似于易拉罐盖的皇冠盖，不同的是盖边缘不再是尖齿，盖边缘同时加上了一个拉环，开启时只需撕拉拉环破坏部分盖子边缘即可完全打开。这种瓶盖不需用开盖器即可方便打开。

图7－45　Maxi－皇冠盖

3. 铝质螺旋盖（图7－46）

铝质螺旋盖又称作铝质滚压螺纹盖，多用于带封口螺纹的玻璃瓶或塑料瓶。较少用于啤酒瓶的密封（如若配合合适类型的内垫片，则可用于带封口螺纹的瓶装啤酒），常见于含 CO_2或不含 CO_2的饮料、矿泉水等。

这种盖经成型加工、印刷后供给厂家使用。其螺纹是在封盖时候通过在瓶口螺纹上滚压而形成的。

为保证内容物的气密性，盖内必须使用密封垫。为了启封的安全性，在盖的下面设有一个保险环（图7－46），这个环会在第一次开启时断开。正常情况下，保险环留在瓶盖上，这样便于回收重新洗瓶和灌装。

4. 塑料螺旋盖

塑料螺旋盖又称为塑料螺纹旋盖（图7－47），常见盖的材料是聚丙烯，这种材料高温下的形状稳定性好，很多饮料采用这种塑料盖封装。内垫采用含 PVC 或不含 PVC 的材料制成。通过密封垫对瓶口密封面的上面和侧面压贴形成密封。

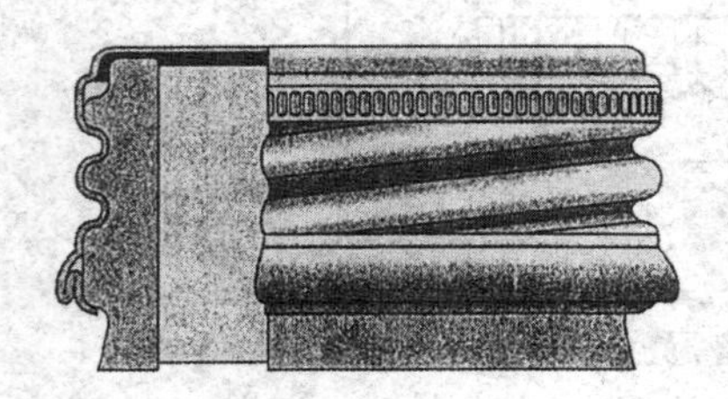

图7－46　铝质滚压螺纹盖

图7－47　塑料螺旋盖

为了在开启时快速消除瓶内过压，螺纹中留有垂直间隙。为便于开盖，盖子外面一般制有纹路。和铝制螺旋盖一样，塑料螺旋盖也设置有保险环，一旦开启，保险环便断开留在瓶颈上或留在盖上。

5. 易拉罐盖

撕拉开启式的罐盖由铝制薄板制成。易拉罐常见的有两种罐盖：一种拉环和片状开启口在打开后仍留在罐上，称为 SOT 盖，即英文 Stay On Tab 的简写；还有一种开启后拉环和片状开启口与罐体分开，国内早期多采用这种罐盖。出于环保和安全的考虑，SOT 盖现在已大量使用。

对应着上述盖型，常见的压盖机机型有旋盖机和压盖机两种。

二、压盖过程

1. 玻璃瓶压盖

当瓶子从灌装机传送到压盖机瓶托上后，压盖头中已经从送盖滑道装入了一个瓶盖。压盖头在凸轮导轨的作用下，朝瓶托上的瓶口方向下降。压盖头里的瓶盖受顶杆的磁力作用，保持合适的对中位置，压盖头与瓶子准确对中，一起向下运动直到瓶盖刚好搁置于瓶口上（图7-48），然后顶杆的弹簧将瓶盖顶紧，随着压盖环下降将皇冠盖边缘的齿尖朝下压弯。当下降到确定深度时，压盖头的下降即停止，然后即向上运动。瓶子会由顶杆顶出压盖环。因盖弯曲，使得盖内的密封垫边缘将扩展至瓶口上缘形成密封（图7-49）。

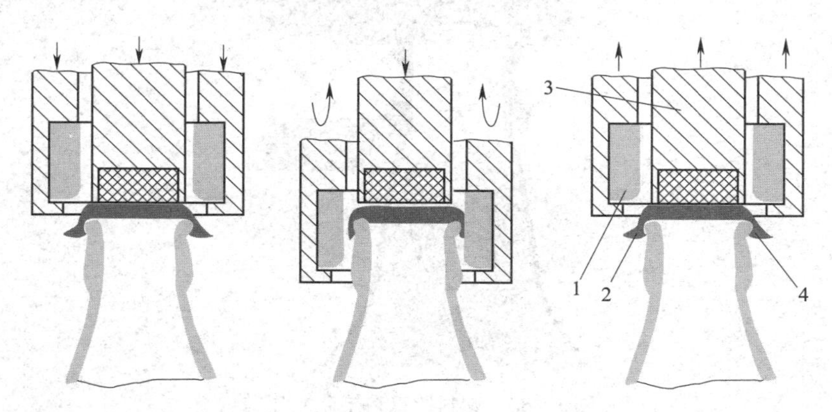

图7-48 压盖过程

1—压盖环 2—盖 3—顶杆 4—磁铁

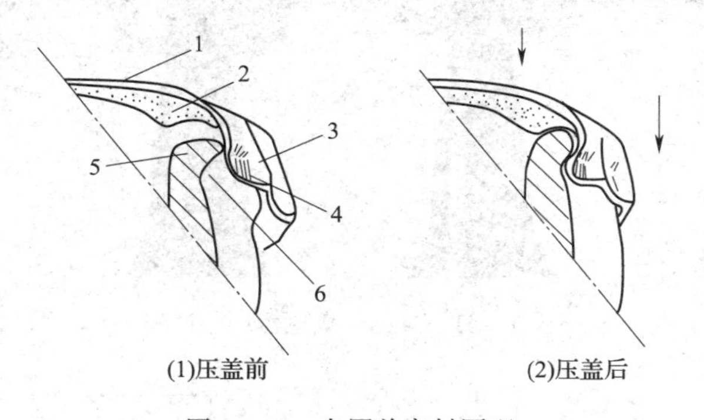

图7-49 皇冠盖密封原理

1—皇冠盖 2—内垫 3—齿 4—齿间区 5—瓶口 6—瓶口凸缘

2. 塑料瓶压盖

塑料瓶如果采用皇冠盖压盖，压盖过程和压盖原理都会和玻璃瓶压盖相似，但也有不同。玻璃瓶输送进压盖设备后，瓶托和瓶子承受轴向压力；而塑料瓶则依靠瓶托气缸夹持瓶颈上的支持环来承受压盖头向下的轴向压力（图7-50）。而压盖过程和玻璃瓶压盖过程一样（图7-51）。

3. 铝质滚压螺纹盖封盖过程（图7-52）

铝制盖封盖之前是没有螺纹的，其螺纹就是在封盖过程中通过2个或3个螺纹辊压刻出来的，通过另一个辊则形成保险环。

图 7－50　塑料瓶（PET 瓶）压盖

图 7－51　Maxi－皇冠盖压盖过程

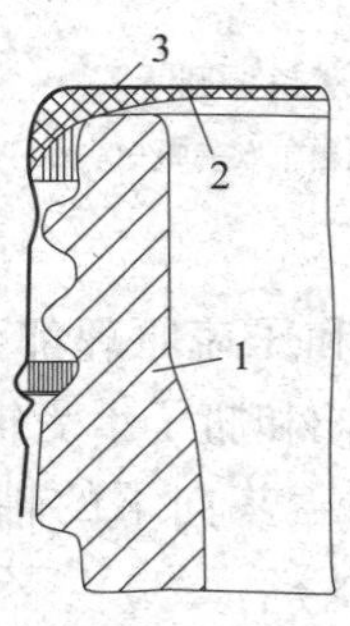

(1)旋盖放置于瓶口

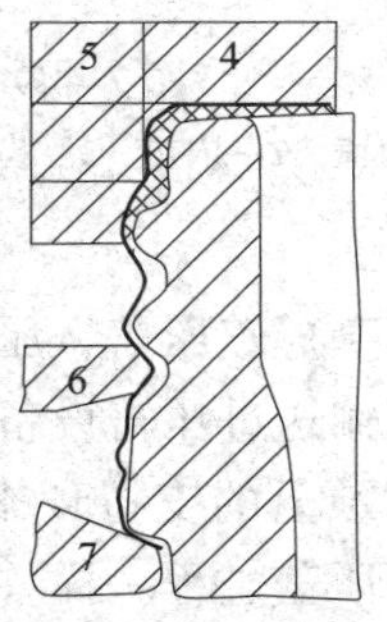

(2)旋盖封口过程

图 7－52　铝质螺旋盖的封盖过程

1—带有螺纹的瓶口部　2—密封垫　3—瓶盖　4—顶盖器　5—插棒　6—螺纹辊　7—卷边辊

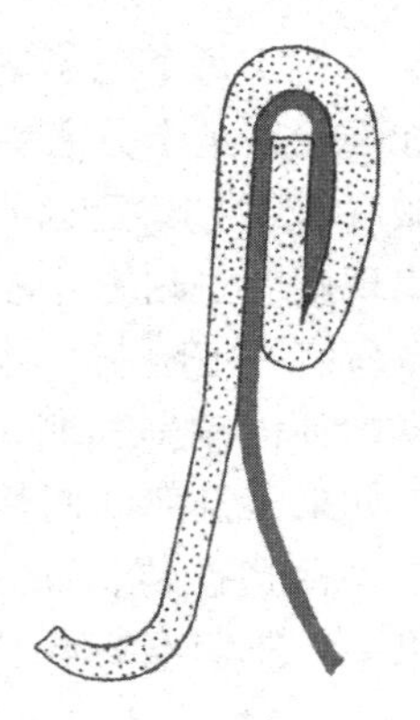
图 7－53　正常滚压封口后的罐盖

塑料螺旋封盖过程中，塑料盖利用倾斜的滑道传送到一个转盘上，由该转盘使瓶盖统一开口向下，然后放置到瓶子上，旋盖头再对其旋封。

旋封盖都有一个特点不适用于啤酒封盖，那就是封盖过程中会因盖体过大而带入大量的空气（大约 10.5mL），而使用前盖垫的铝旋盖可以减少至 3.15mL，但还是远远大于皇冠盖。

4. 易拉罐封盖

封盖过程：罐的封口分两步进行，将放置在罐口的罐盖沿其边缘卷边压紧形成气密封闭。圆形连接部分不能有褶皱和重叠，以保证罐体与盖之间可靠连接（图 7－53）。

封盖之前酒盖在灌装机中安放到罐体上（图 7－54）。罐体通过一个弹簧定位的尖顶套筒盘推起并与放下来的盖子一起对着压盖头顶压住。

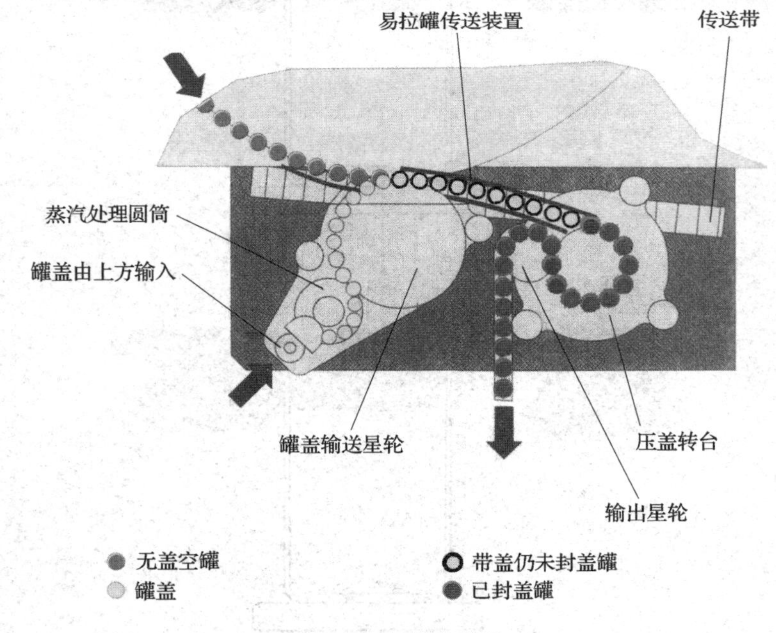

图 7－54　罐盖输送

每个压盖站都由一个压盖头和两个封口辊组成。封盖过程由先后进行的两步操作实现。

工序 1：与罐一同旋转的压盖头（图 7－55）1 抓持罐盖。一个与压盖头转向相反的封口预压辊 1（图 7－56）压向压盖头，使盖的外缘向下弯曲并包住罐的口部边缘。这样保证了罐盖的精确定位，罐的开口和罐盖到边缘都不变形。

工序 2：通过封口辊 2（图 7－56）碾压，最终使罐盖与罐体间形成紧密气封。不正常的折叠压缝都必然会导致罐内的压力损失从而影响啤酒质量。

对于每个压盖站是否产生褶皱和重叠现象而加强检查是十分必要的。出现在盖的拐角上的褶皱（皱纹）肯定说明第 2 步工序操作太松。一旦出现就应立刻中止灌装进行调整。但第二步操作也应有一定限制。易拉罐的压盖机可以在一定限度内补偿罐盖材料的厚度变化，使其不被压烂。但如果压盖部件调整得太紧将失去补偿作用，结果是褶边凸缘处碾压过度，可能导致不利的结果——压盖不够牢固，巴氏杀菌时候可能破裂。

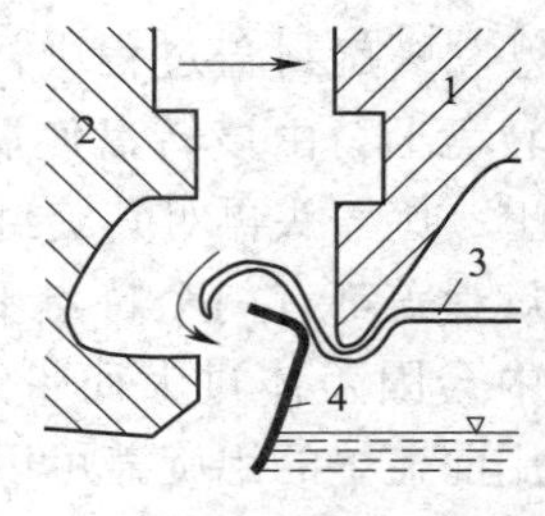

图 7－55　压封之前的罐盖和罐体

1—压盖头　2—封口辊

3—罐盖　4—罐体

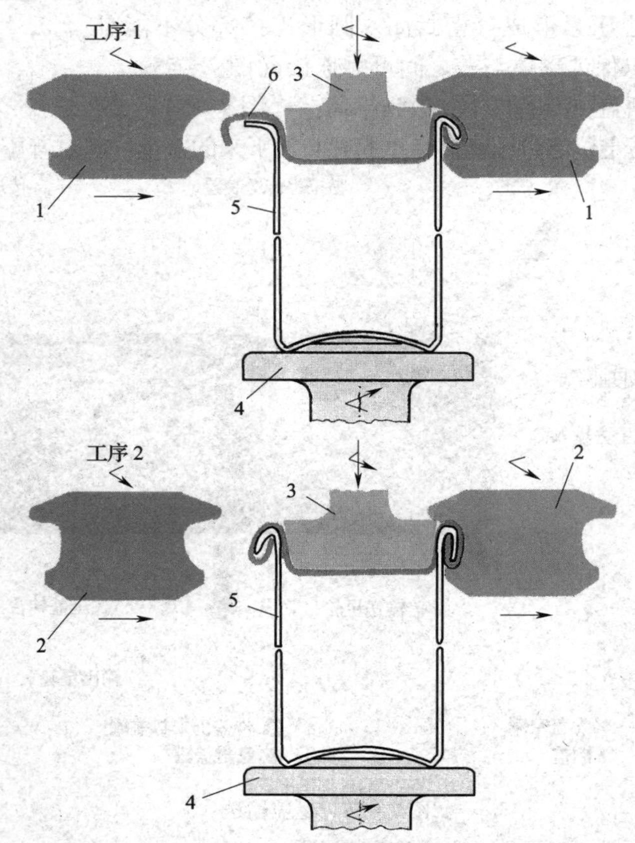

图 7－56　两步式易拉罐旋转封盖

1—预压辊　2—封口辊　3—压盖头　4—托盘　5—罐体　6—罐盖

三、压盖机的基本结构和运行

通过瓶装压盖机来说明设备结构和运行情况。

压盖机主体结构如图 7－57 所示，皇冠盖储存在料斗 5 中，料斗中的皇冠盖分散落入至分拣装置5中，分拣装置中的瓶盖从滑道中落下，经翻转管(图7－58)翻转成盖口朝外的方向，继续经由滑道落下，经瓶盖送入装置（图7－59）送入导向板（图7－60），当压盖头旋转到此位置时，瓶盖经导向板作用进入压盖环中对中。然后在转台旋转中由压盖装置（图7－62）完成压盖过程（详见“玻璃瓶压盖”所述）。

由于压盖过程中，压盖头对盖齿施压弯曲时会造成瓶盖外保护涂层的破损，再加上灌装过程的饮料残留和压盖后喷嘴对盖进行冲洗的水都会在一定时间后形成瓶盖的锈迹。为避免生锈，应在瓶盖冲洗后用空气吹干；还应改善酒库通风条件避免瓶子表面出现冷凝水。

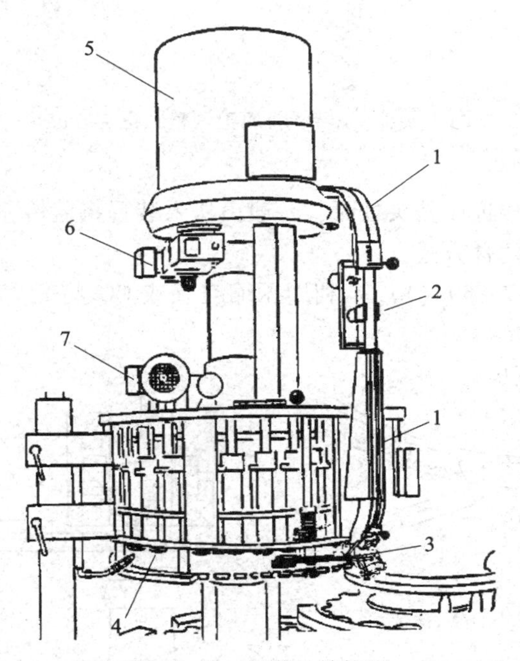

图7－57 压盖机结构图

1—皇冠盖滑道 2—翻转管 3—盖送入装置 4—压盖头 5—料斗及瓶盖分拣装置
6—分拣装置驱动 7—高度调整装置

1. 翻转管

瓶盖的方向调整是经由分拣装置5（图7－57）和翻转管2共同完成的。在此利用了皇冠盖带齿的侧面直径远远大于另一侧的特点。

瓶盖开口对外（图7－58右边）进入翻转管时，它将被翻转管中的旋转导槽转过1/4周即90°（左向旋转）。当它由管内出来时，其敞口面变成朝右。

同理，当瓶盖开口朝内进入翻转管后，会按相反方向旋转，使其敞口面变成同一方向。

接下来，瓶盖被盖送入装置送入导向板。

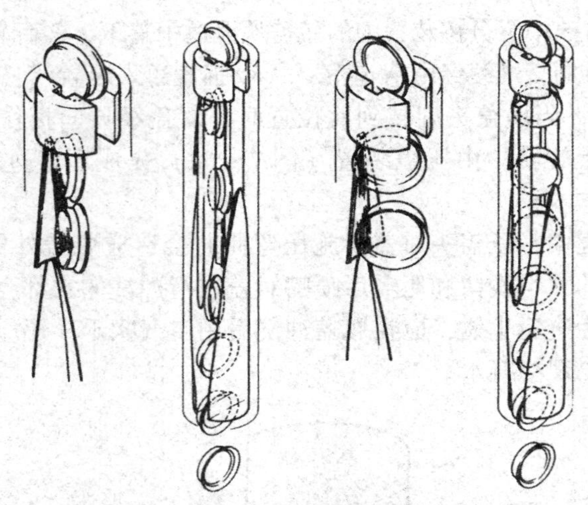

图 7－58　翻转管将瓶盖调整到正确方位

2. 送入装置

当瓶盖下落至接近压盖头处时，一般由送入装置将盖传递到压盖装置内。传递一般会采用以下两种方式：

气动方式［图 7－59（1）］：利用压缩空气或 CO_2 将瓶盖吹入导向板中的导向槽。

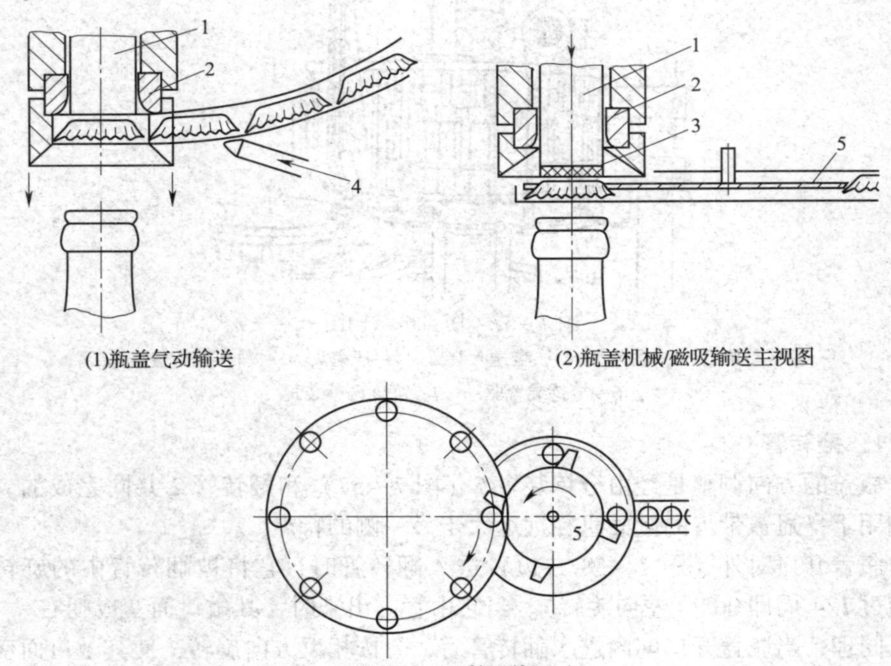

图 7－59　瓶盖送入装置

1—顶杆　2—压盖环　3—磁铁　4—喷气嘴　5—输送星轮

机械/磁吸方式［图 7－59（2）］：盖通过一输送星轮 5 过渡到压盖顶杆下，由顶杆中的磁铁吸住瓶盖。

3．导向板

压盖机构沿着一环形轨道做回转运动，并可上下升降。进入导向槽的瓶盖会与压盖头相遇，并由顶杆中的磁铁吸住，随后由压盖装置完成压盖（图 7－60，图 7－61）。

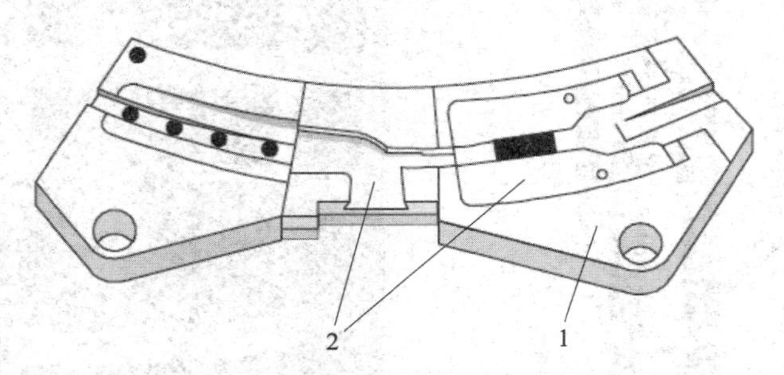

图 7－60　皇冠盖导向板

1—导向板　2—导向槽

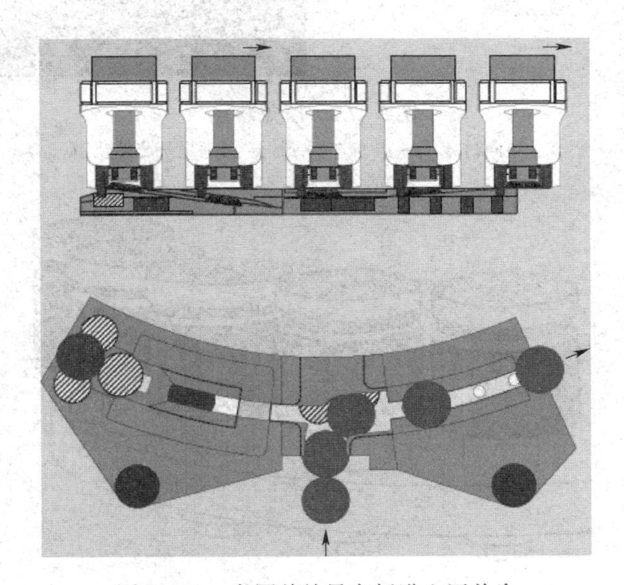

图 7－61　皇冠盖从导向板进入压盖头

4．压盖装置

压盖装置是用来使瓶口与瓶盖密封压紧的装置。由凸轮轨道控制压盖头的上方的辊子上下运动，由此带动压盖头上下升降（图 7－62）。

5．瓶托部件

用来支撑瓶子的托板及压盖机的回转运动部分（图 7－63）。

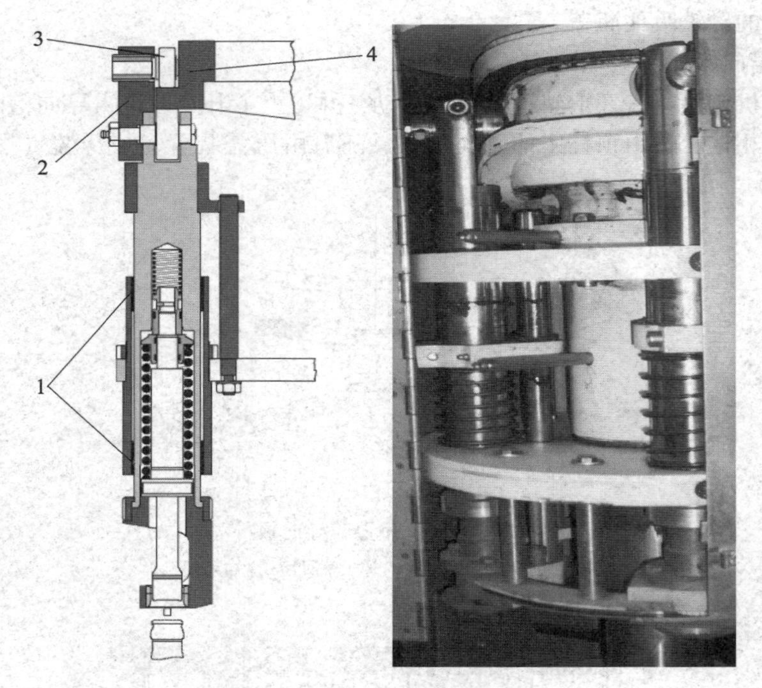

图 7－62　压盖装置

1—导向衬套　2—导轨　3—辊子　4—提升凸轮轨道

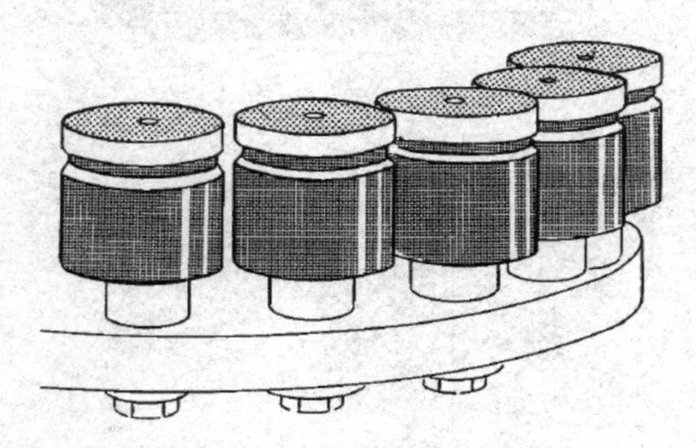

图 7－63　压盖机瓶托及回转运动部分

6．压盖机传动装置

进瓶台上面安装着输送瓶子的进、出瓶星轮等装置部件。在进瓶台的下面安装着实现上述部件运动的传动装置，包括传动齿轮箱、刹车装置、皮带轮及张紧装置等，一般和灌装机共用同一驱动装置。随着控制技术的发展，也有设备采用多电机传动控制灌酒机、压盖机的多个回转部分。

7. 料斗及分选装置

料斗及分选装置（图 7－64）是分体安装的。瓶盖是从料斗进入分选装置中的。分选装置的回转运动是由一个副电机（图 7－57 中的元件 6）来完成的。

图 7－64　料斗及分选装置

8. 辅助系统

其他辅助系统有：瓶盖辅助输送装置，吹送盖装置，缺盖检测报警装置，异向盖剔除装置，瓶盖的杀菌系统，自动清洗装置及其控制系统。

瓶盖辅助输送系统：利用磁性轨道将瓶盖从系统的缓存箱输送至压盖机的料斗中（图 7－65）。

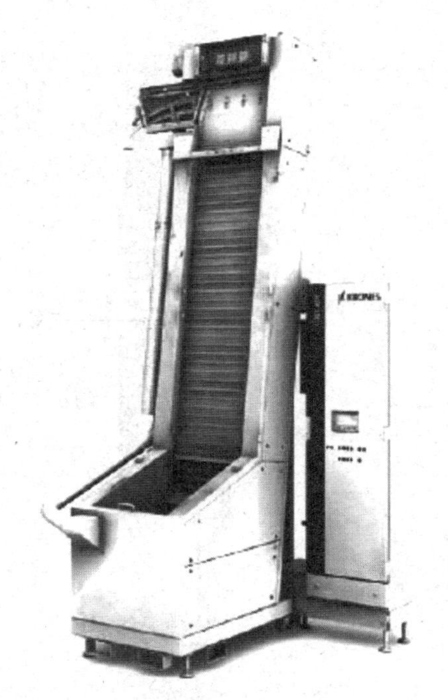

图 7－65　瓶盖辅助输送装置

吹送盖系统（图 7－66）：在送盖滑道中以及分拣装置中通入一定压力的无菌压缩空气，以减小盖子与滑道摩擦力，并将盖吹送至压盖头（图 7－59）。

缺盖检测报警装置：在滑道中利用金属接近开关检测瓶盖的有无，一旦缺盖设备将停机。

瓶盖的杀菌系统：在瓶盖的输送过程中对瓶盖采用紫外灯照射杀菌，避免因盖而造成啤酒的染菌。

设计优良的压盖机还配备有自动清洗装置（图 7－67）。压盖装置都可以通过安装清洗帽 5 使洗涤液到达所有关键部位。用热水定期冲淋压盖装置也不难实现（见前灌装设备的外部热水喷冲清洗）。

图 7－66　吹送盖系统

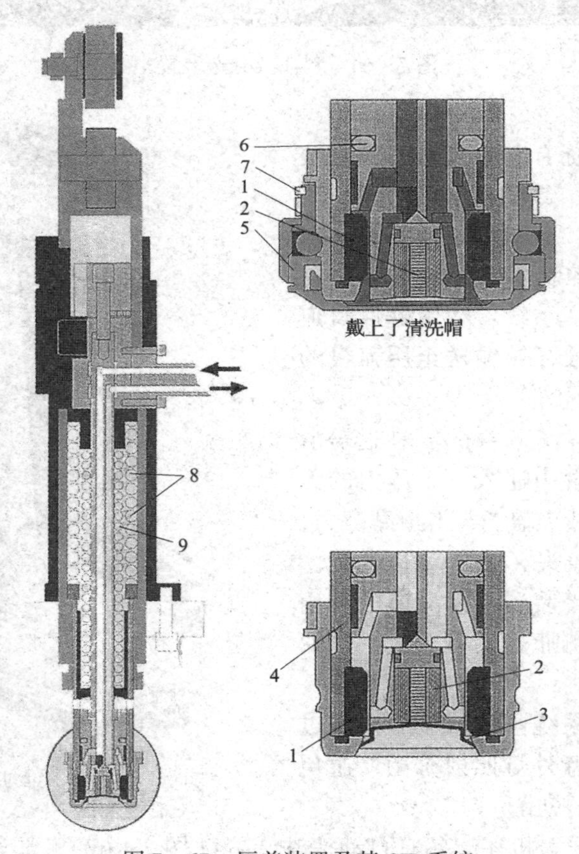

图 7－67　压盖装置及其 CIP 系统

1—压盖环　2—磁铁　3—皇冠盖　4—压盖头　5—清洗帽　6—CIP 介质流入口

7—CIP 介质导出管　8—补偿弹簧　9—顶压弹簧

四、灌装－压盖机的操作规程

操作人员必须按时上岗，穿戴整洁，注意安全卫生。

检查瓶子是否适用，检查集中润滑系统（输送带）中润滑液的液位及其他润滑油脂（设备）的量，如不够须及时添加。

1. CIP 清洗情况

（1）每天开机前以65℃热水对输酒管道、酒槽、真空槽及各气管进行清洗，清洗时间10min以上。

（2）每天引酒前以65℃热水对捕集器进行反冲洗，必要时取出布袋清洗。

（3）每星期或停产一段时间再生产时，必须用3%～5%浓度碱液清洗、浸泡输酒管道、酒槽、真空槽及各气管30min以上，再用65℃热水、清水清洗干净。

2. 灌装机酒槽的准备工作

（1）控制真空压条调到工作位置。

（2）所有清洗压条调出工作位置。

（3）关液阀、气阀的撞块处于工作位置。

（4）CO_2喷冲撞块处于工作位置。

（5）关好酒槽上的清洗阀。

（6）打开真空管路上的主开关蝶阀，同时关闭清洗用蝶阀。

（7）真空泵供循环水。

（8）酒槽灌满无菌水。

3. 气、液、控制柜的准备工作

（1）关闭主清洗阀。

（2）检查控制主开关阀（水和气）是否完全打开。

（3）检查压力表（控制环的压力）的压力，通过减压阀调至0.3MPa。

（4）将瓶托气缸升起，关掉气缸回气阀，打开气缸开关阀，通过压力表检查提升气缸压力，如有需要通过减压阀调整。注意压力值：如酒槽压力为0.2MPa，瓶托气缸为0.25～0.3MPa。

（5）关闭真空指示表的情况阀，打开真空指示表的开关阀。启动真空泵，检查真空表：无瓶时：0.07～0.08MPa。有瓶时：0.07～0.09MPa。

4. 酒槽的充气排出无菌水及进酒

（1）关闭主入口阀、卸压排放阀、取样旋塞及排放阀。

（2）关闭压力控制器的清洗阀。

（3）关闭CO_2附加槽清洗阀，开CO_2辅助开关，调节CO_2压力。

（4）通过CO_2减压阀调节CO_2的入口压力。

（5）打开 CO_2开关阀，压出酒槽内无菌水，补充 CO_2添加量。
（6）以酒液充填酒槽（按下面步骤进行）。
（7）将压力控制器调节至所需值。
（8）通过排放阀排出啤酒的酒头部分，使视镜上的酒液变清为止。
（9）开主进酒阀，使酒液进酒槽。
（10）酒槽排气阀排气，酒液进入缸内，至预设液位停止。

5. 开启输盖机往压盖机料斗输送瓶盖

6. 开启出瓶输送带，并检查接近开关是否完好

7. 在低速状态下，启动主机，并启动瓶盖搅拌和选盖装置进行送盖

8. 检查各部分运转自如，无异常现象后，在有足够瓶子时，打开挡瓶开关进瓶灌装

9. 灌装时检查瓶颈泡沫，视情况调节高压喷射装置及喷嘴位置

10. 运行过程中要时时检查是否有瓶盖，必要时用人工加盖

11. 如遇破瓶须用气体喷枪及时将碎片吹掉

12. 工作完毕后停机，将缸内啤酒排空

（1）关主进酒阀。
（2）通过排放阀，排放缸内残留液体。
（3）关 CO_2开关阀。
（4）降下托瓶气缸，关掉各个水、气主入口阀门。

13. 重复步骤 1 进行 CIP 清洗，为下一班生产做准备

14. 清洗机器、地面，用压缩空气喷枪吹干机器，使机器无黄斑，干净整洁

15. 操作人员须认真、实事求是地做好操作记录，如发现问题，应及时请有关人员调整解决

五、灌装机的基本维护和保养

1. 每天操作完毕后的维护和保养

（1）将瓶盖料斗内的瓶盖倒空，将瓶盖料斗清洗干净。
（2）彻底清洗过滤器排污阀内的滤网。
（3）清理进瓶工作台和回转台上的玻璃碎片，清洗进瓶工作台和回转台。
（4）检查回气管的状况。
（5）检查定中罩密封圈。
（6）检查分瓶蜗杆。
（7）检查托瓶台的高度。
（8）检查压盖机的托瓶板。
（9）检查回气管上的伞形分流帽。

（10）检查进出瓶星轮。

（11）给每天应润滑的润滑点加油。

2. 每周的维护和保养

（1）清理并检查瓶托气缸装置。

（2）取出压盖头上的瓶盖定位器，取出锥形压盖帽，彻底清洗零件，清除所有的脏物及残片。

（3）检查酒槽高度调整装置。

（4）检查压盖机的高度调整装置，并使压盖机的酒槽做上下运动，以润滑油脂润滑支柱。

（5）对瓶托气缸装置加油。

（6）给每周应润滑的润滑点加油。

3. 每月的维护和保养

（1）检查齿型皮带的张紧力是否正常，是否被磨损。

（2）检查齿轮箱、蜗轮箱的油位，从底部的排放口排出箱内的冷凝物和沉积物。

（3）给每月应润滑的润滑点加油。

4. 每半年的维护和保养

（1）取出压盖头的下部，清洗。检查磨损情况，涂上润滑油后重新安装好。

（2）有必要时更换皮带。

（3）给每半年应润滑的润滑点加油。

注意：不得使灌装机反向旋转。如果非要进行，必须使所有控制灌装酒阀的控制零件全部脱离控制状态。

思 考 题

1. 啤酒灌装过程中使用CO_2的原因是什么？
2. 灌装机如何做到有瓶抽真空而无瓶不抽真空？
3. 请叙述 VK2V 灌装阀灌装的工艺步骤。
4. 控制灌装液位的方法有哪些？
5. 产品灌入容器的速度受哪些条件的影响？
6. 爆瓶后设备会有哪些处理动作？

第八章 巴氏杀菌

知识目标

1. 了解不同的杀菌方法。
2. 了解几种杀菌机的传动机构。
3. 熟悉几种杀菌机的运行原理。

技能目标

1. 隧道式杀菌机的构造及杀菌工艺。
2. 熟悉高温瞬时杀菌机的结构。

第一节　杀 菌 原 理

一、杀 菌 目 的

啤酒是以大麦芽（包括特种麦芽）为主要原料，加酒花，经酵母发酵酿制而成。由于啤酒中酵母菌和其他细菌的存在，容易因为微生物的破坏作用而直接影响啤酒的质量，并不耐长期保存。

不杀菌的啤酒因其中残余酵母和其他微生物的存在和繁殖，一段时间后就会出现浑浊和变质。为保证啤酒在保质期内的生物稳定，成品啤酒出厂前应尽可能将其中能生长的微生物杀死。

啤酒杀菌的目的是为了保证啤酒的生物稳定性，有利于长期保存。啤酒杀菌的要求是在最低的杀菌温度和最短的杀菌时间内，消灭啤酒内可能存在的生物污染。当然，不必要地提高杀菌温度和延长杀菌时间，对啤酒的质量和口味都是极不利的。

二、杀 菌 方 法

在啤酒包装过程中采用的杀菌方法有如下几种：

（1）物理杀菌方法　紫外线照射灭菌、高压蒸汽灭菌、巴氏杀菌、过滤除菌。

（2）化学灭菌方法　用过氧化氢、次氯酸等化学物质杀菌。

紫外线照射灭菌：在啤酒灌装过程中，对瓶盖进行的灭菌方法。

高压蒸汽灭菌：对灌酒机配气系统的过滤滤芯进行的灭菌方法。

巴氏杀菌：在啤酒生产过程中对啤酒采用加热一定温度的方式进行的杀菌方法。

过滤除菌：在啤酒粗滤和精滤之后，对啤酒进行无菌过滤达到除去啤酒中有害菌的目的，常用于纯生啤酒的生产。

过氧化氢灭菌：在塑料（PET）瓶灌装过程中，对瓶内壁采用喷吹气态过氧化氢的灭菌方法。

次氯酸灭菌：在洗瓶过程中在喷淋水中适当添加杀菌剂的灭菌方法。

三、巴 氏 杀 菌

1. 巴氏杀菌法概述

该方法是将啤酒加热到一定温度后，保温一定时间即可使微生物致死。它是目前国内外最广泛应用的一种方法。这方法是1860年由法国生物学家巴斯德通过实践得出的结论。温度在60℃时维持一段时间（图8－1），可使啤酒中的微生物致死，从而保证啤酒的生物稳定性。后人将这种方法杀菌称为巴氏杀菌法。目前市场上的熟啤酒均采用巴氏杀菌法实现灭菌以消除微生物污染、延长保质期，其保质期比纯生啤酒长，保质期通常达到6～12个月，但失去了纯生啤酒的新鲜口味。

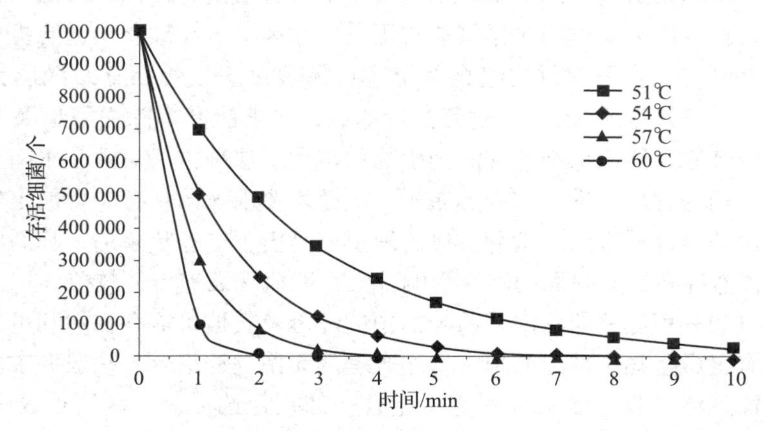

图8－1　不同温度下存活细菌与时间的关系图

2. 巴氏杀菌单位

巴氏杀菌的效果，目前国内外都采用“巴氏杀菌单位 PU”来衡量，用一定杀菌时间下杀菌温度的指数函数来表达。

$$PU = Z \cdot 1.393^{(T-60)}$$

式中　PU——巴氏杀菌单位

Z——杀菌时间，min

T——杀菌温度，℃

该公式为一指数函数，如杀菌温度为60℃，指数 $T-60=0$，时间1min，结果为1PU。

若杀菌温度提高到62℃，时间1min，$PU = 1 \times 1.393^{62-60} = 1.940$。

杀菌单位会随着温度的升高而显著升高。

3. 决定杀菌的因素

对于啤酒的生产，某一种啤酒的杀菌单位值取决于啤酒内部成分的特点，例如，蛋白质含量、酒精含量、酸碱度以及所含微生物的种类。

通常 5～6PU 即可达到啤酒的杀菌效果，但实际生产上，为避免欠杀菌和降低灌装线带来潜在的二次污染，一般会控制在 15～30PU 范围，太大的 PU 值也会给啤酒原有风味带来不良影响。

啤酒巴氏杀菌量一般要求在 14～15PU，如果啤酒污染越严重，其所需的 PU 值也就越大（通常 22～27PU）。

四、啤酒灭菌工艺

实际生产中常用的啤酒灭菌方法有如下两种：

1. 冷无菌过滤法

首先强调的是这种方法不是以杀灭啤酒中的有害菌为目标，而是以去除有害菌为最终目标。冷无菌过滤法是目前常用的冷除菌法。经硅藻土过滤机和精滤机过滤后的啤酒，进入无菌过滤组合系统进行无菌过滤（包括复式深层无菌过滤系统和膜式无菌过滤系统）。经过无菌过滤后，要求能基本除去酵母及其他所有微生物营养细胞才能确保纯生啤酒的生物稳定性。这种方法对灌装车间卫生条件要求很高，输送管道、灌装过程的瓶子、瓶盖均要求无菌状态。目前市场上的纯生啤酒采用的是这种方法。这种方法的缺点就是由于未经热杀菌，啤酒中蛋白酶A 的活性仍然存在，对啤酒的泡沫影响较大，造成啤酒泡持性较差。

这种方法采用过滤器将灌装前啤酒中的酵母及其他可能存在的和可能导致啤酒腐败的有害微生物全部过滤掉。选用合理的无菌过滤组合，一般要求应按深层过滤－表面过滤－膜过滤的顺序进行组合，其孔径选择为：深层过滤 1～3μm、表面过滤 0.8～1μm、膜过滤 0.45～0.65μm。啤酒除菌过滤通常采用经独特设计的天然亲水性的膜过滤滤材，该膜过滤滤材精度高，可通过配套的清洗系统实现清洗再生，可测试性强，对啤酒风味无任何影响。系统具备完整性测试系统，完整性测试系统保障性高，从而进一步提高对微生物控制的安全性。

在实际生产中，无菌膜过滤系统的可靠性需建立在对上游发酵过滤后的清酒罐及供应到膜过滤系统的管道系统的微生物的管理。

图 8 -2 所示为啤酒冷无菌过滤流程。

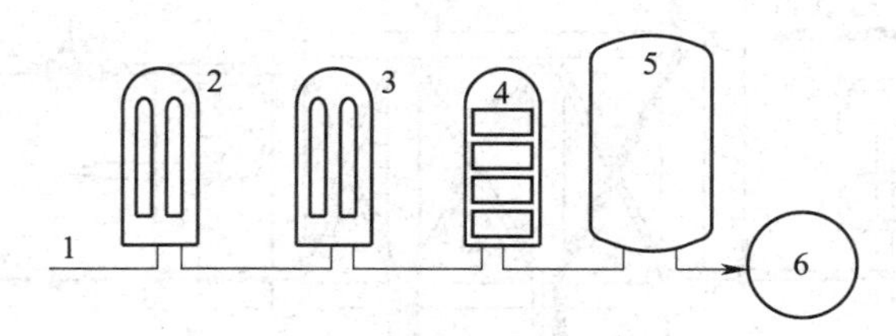

图 8 -2　啤酒冷无菌过滤流程

1—硅藻土过滤后的啤酒　2—澄清过滤机（孔径约为 5μm）　3—精滤机（孔径约为 1μm）
4—无菌过滤机（孔径约为 0.5μm）　5—缓冲罐　6—灌装机

2. 巴氏杀菌

按巴氏杀菌在包装生产工序中位置的不同可分为灌装前杀菌和灌装后杀菌。在灌装前进行巴氏杀菌的方法有高温瞬时杀菌和热灌装两种方式。

（1）灌装前杀菌——高温瞬时杀菌　通常情况下，啤酒的加热和冷却借助板式热交换器来完成。啤酒在短时间内被加热至 68 ~ 72℃，保温大约 50s，紧接着冷却至原来温度，再送入灌装机灌装。

高温瞬时杀菌机（图 8 -3）中，冷啤酒进入第一个区域——预加热/预降温区 2 因热交换而被预加热；然后进入第二个区域——加热区 1，被一定温度的热水加热到巴氏杀菌温度，然后在保温区 4 保温一定的时间；然后流回到预加热/预降温区 2，为新流入的啤酒加热，而新流入的啤酒则为热啤酒预降温；啤酒最后流入到冷却区 3，被冷却至灌装的温度后送至灌装机灌装。

整个过程持续 2min 左右，几乎不损害啤酒质量。该杀菌方式能量回收效率较高，但只能对灌装前的啤酒进行灭菌处理，而对灌装之后的啤酒就不能保证其生物稳定性了。对于该杀菌形式，啤酒管道输送过程中还必须配备 1.2MPa 以上的高压泵，避免因进酒压力低于设备中啤酒的压力即加热温度下的 CO_2 饱和压力。

早期通常提供的冷媒介质主要是浓度为 33% 的酒精溶液。由于制冷系统中，酒精溶液为介质的冷媒，热交换效率低，制冷机所耗费的电能耗高。近几年国内大型啤酒企业的制冷系统已经逐步采用液氨为介质的制冷机，这种瞬时杀菌方式采用的冷媒如果采用液氨为介质，其冷媒温度（通常是 -7 ~ -6℃）较酒精溶液（通常是 -6 ~ -4℃）低，在实际使用中，通常需要提高使用温度（-2 ~ 0℃），冷耗损失较大，而且液氨容易在实际生产中出现泄露的风险。

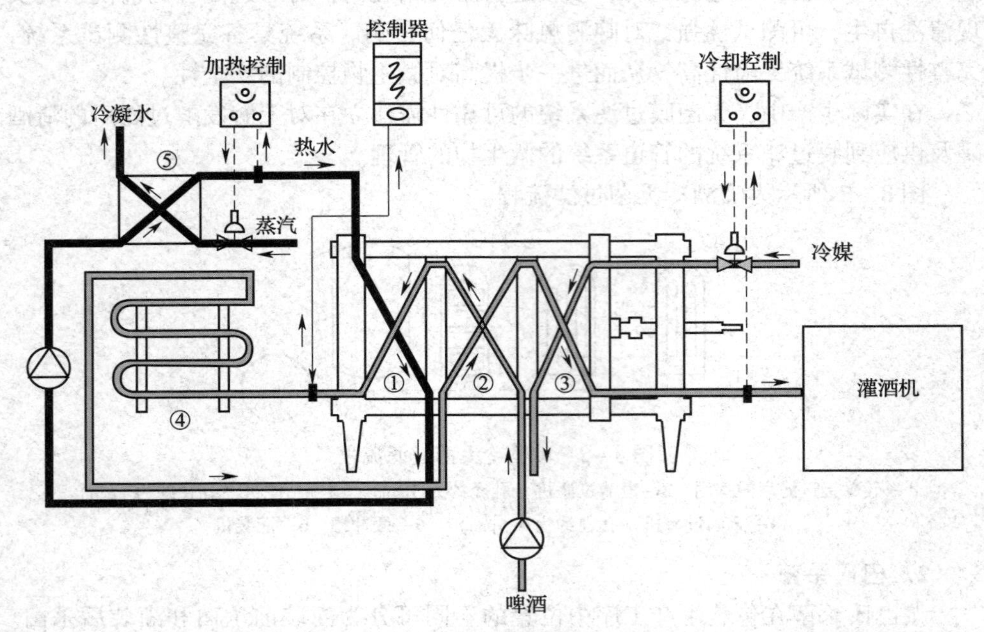

图8-3 瞬时高温杀菌机

1—加热区 2—预加热/预降温区 3—冷却区 4—保温区 5—蒸汽加热器

(2) 热灌装 将啤酒加热到杀菌温度，然后进行热灌装，压盖后让其自然冷却。其优点是可在很大程度上避免啤酒后期再污染。

为防止啤酒中的CO_2大量逸出，热灌装必须处在高压工作状态。灌装压力在0.8~1MPa。啤酒由泵来提高输送压力，在板式加热器里加热到杀菌温度。灌装用的瓶子也应该是热的，所以洗瓶的最后一道喷冲要改为热水喷冲。热灌装的缺点十分明显，啤酒长时间处在较高温度和压力下，从而影响了啤酒的质量，增加了瓶损，而瓶子降温所散失的热能不能得到利用，能耗较大。

因此啤酒灌装很少再使用这种方式。

(3) 隧道式巴氏杀菌 目前灌装后杀菌均采用喷淋隧道式杀菌，它是由若干个箱体组装成隧道型杀菌机，机内设有多个不同温度的喷淋水温区，灌装后的啤酒进入机器内，经过预热、升温、保温和降温四个阶段处理，达到杀菌的目的。

保证巴氏杀菌效果的前提是达到一定杀菌单位，对于容器中最难加热到的地方也是一样。这个容器中最难被加热到的地方称为冷核（图8-4）。当已灌装的啤酒被加热时，容器外围的产品因温度上升而向上流动，而此时中部较冷的产品却向下流动（图8-5），容器底部中央偏下部位始终是最冷的地方（即冷核）。容器中各部分液体混合及温度趋于均衡的过程十分缓慢，如果容器为玻璃瓶时，玻璃的导热性差，这个过程会更缓慢。

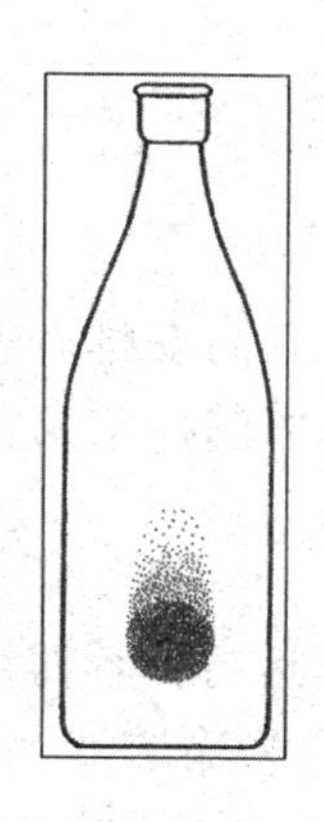

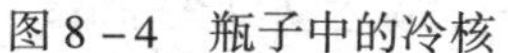

图 8－4 瓶子中的冷核

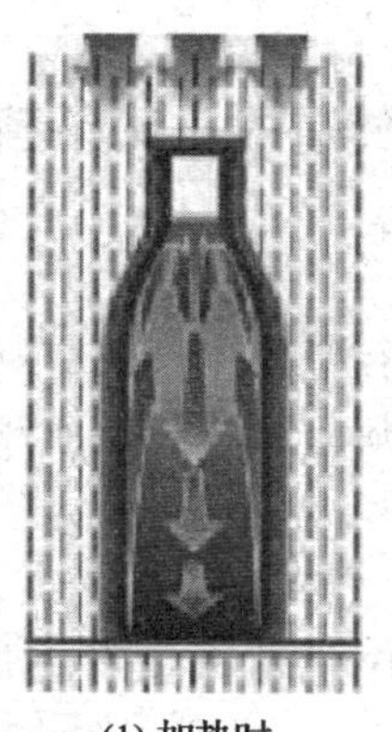

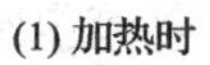

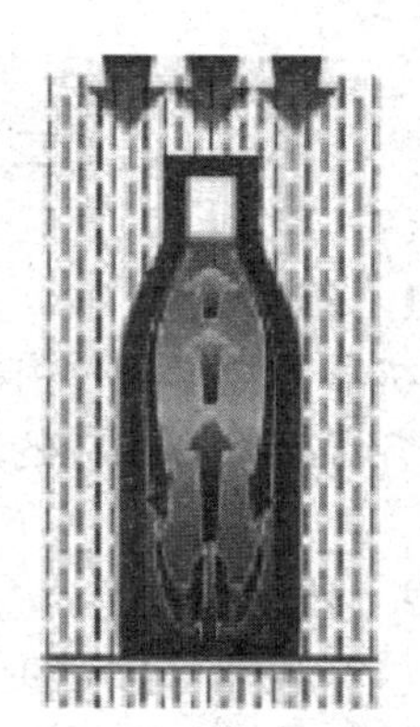

图 8－5 巴氏杀菌过程中的产品内部对流运动

液体和气体都会遇热膨胀，如果膨胀可用的空间有限，气体体积被压缩就会导致压力升高。当压力升高到容器所能承受的限度之外时，瓶子爆瓶、易拉罐变形的几率就会大大增高。

巴氏杀菌过程中容器内必须保留足够的气隙作为气体膨胀用空间，以保证在升温过程中出现高压时能够很好地缓冲。一般啤酒瓶的总容量会超过瓶子额定灌装量的 4%，对于净容量 500mL 的瓶子，其总容量（满口容量）为 520mL 这部分空间可以确保瓶内压力不会超限（啤酒瓶耐压一般为优等品≥1.6MPa，一等品≥1.4MPa，合格品≥1.2MPa）。对于容量为 640mL 的瓶子，其总容量为 670mL。

第二节 隧道式巴氏杀菌机

一、隧道式巴氏杀菌机的分类

喷淋隧道式巴氏杀菌机一般称为隧道式杀菌机或隧道式巴氏杀菌机。由多个箱形体组成，容器在设备里经传送系统传送如同经过一个隧道一样，因此得名。

隧道式杀菌机可按层数分类，也可按传动方式的不同分类。

1. 按层数分类

隧道式喷淋杀菌机按层数可分为单层和双层。单层机体较矮，结构简单但占地面积大；而双层机体较高，结构复杂但占地面积小，处理量大。

2. 按传动方式分类

按传动方式可分为连续式和间歇式，也可按输送系统的结构不同分为步移式和链网式。

二、隧道式巴氏杀菌机的组成部分

1. 箱形机体

机器的箱形机体由多个箱形体模块焊接而成，沿长度方向安排着若干个温区，各温区都有相应的顶棚、边墙和接水槽。可以通过宽大的检测窗监控内部状况。

2. 传动机构

（1）网带式输送带　网带式输送带运行的特点为连续运行，容器由连续运行的输送带输送穿过各温区。一般采用不锈钢或塑料网带作为输送带（图8－6、图8－7、图8－8）。由于链网式的输送带随容器从设备一端运动到另一端，会随着啤酒一起升温降温，不管采用何种材料的链带都会存在着热量的损失。

（2）步移式输送系统　而步移式则可避免这种热量的损失。瓶子在设备中放置在固定平行的栅条上。通过液压装置的驱动，瓶子由活动栅条间歇地抬起，

图8－6　输送啤酒瓶的平顶带

图8－7　输送易拉罐啤酒的塑料网带

图8-8 输送其他饮料瓶的不锈钢网带

并做朝拜式的小幅前移。固定栅条起到支承容器的作用，而活动栅条可以在液压油缸的驱动下进行上升下降和前进后退的运动。这两个方向的运动是由两组不同的液压油缸分别实现的。当装满啤酒的瓶子密密麻麻地进入了杀菌机内以后，活动栅条在其中一组油缸（升降油缸）的带动下上升，提升酒瓶；接着在另外一组油缸（进退油缸）的带动下向前运动；当运动到行程的终点后，活动栅条在升降油缸的带动下下降，使瓶酒落在固定栅条上；最后活动栅条由进退油缸带动向后运动，接着又重复着上升、前进、下降、后退四个过程。就这样，瓶酒就一步一步地移动着前进，从而通过了升温、保温及冷却的过程来达到杀菌的目的(图8-9)。

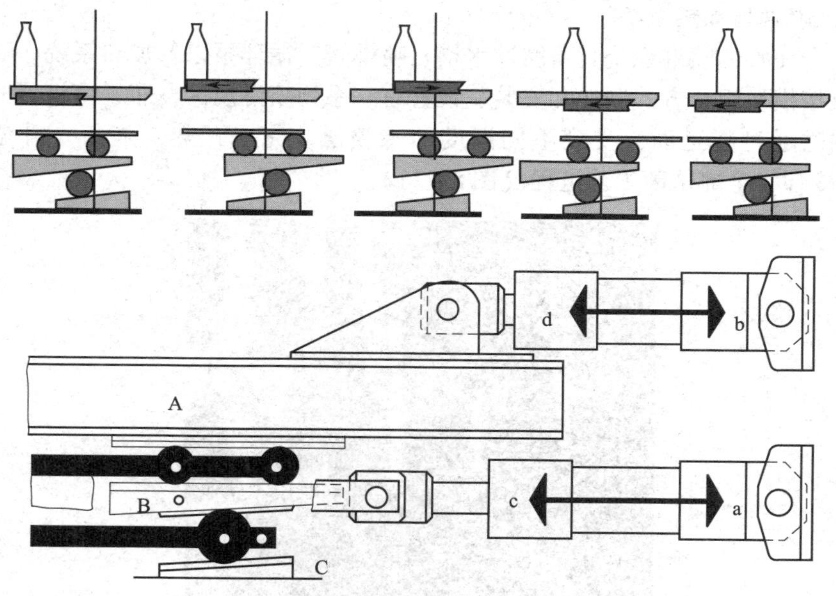

图8-9 液压驱动步移式传送机构

A—活动机架 B—拉杆 C—楔形块 a—向上 b—向前 c—向下 d—向后

这种方法由于活动栅条步移距离少，各温区内无论是固定或活动栅条及其支承件，温度变化不大，因此耗能较低，热量损失小，但结构复杂，液压系统由于液压元件较多，故障点多，维护麻烦。

连续运行的不锈钢网带吸收热量过大；而耐热的塑料带又易被玻璃瓶碎片卡死或拉断，不能用于回收瓶；步移式输送系统又过于复杂庞大，液压系统难以维护。各种输送方式都有着各自的缺陷和不足。

现今一种新型的链条——马拉松链带（Marathon Belt，克朗斯公司，图8-10），解决了液压装置驱动的复杂，同时能够用短途输送实现较少的热量损失。

图8-10 新型的马拉松链带（克朗斯，Krones AG）

3. 喷淋与加热系统

一个完整的喷淋系统具备缓冲水槽、喷淋管、循环泵以及加热系统。隧道式杀菌机按模块组合方式制造和安装，设置有一系列喷淋温区，瓶子由机器的输瓶系统输送通过隧道时，受到不同温度的水喷淋，完成预热、杀菌（升温，保温），冷却，全部杀菌工艺过程（图8-11）。

图8-11 传统加热系统

目前，隧道式喷淋杀菌机在结构上主要区别于喷淋水循环系统和加热系统。传统式机型的喷淋水通过泵在各自的温区内循环，相应温度的喷淋区联通，用以回收热能、降低能耗。例如，预热区和冷却区的喷淋水联通使用。大部分温区都配置有单独的加热装置（图 8 – 11），各温区的温度由可编程控制器（PLC）根据各温区温度传感器的反馈信号做出处理后，通过改变蒸汽加热器的作用效果来进行调节。

20 世纪 80 年代末期，由丹麦 Sander Hansen 公司（现为德国克朗斯公司子公司）开发出新一代的隧道式喷淋巴氏杀菌机在喷淋和加热系统上有着显著的差别。而新型的杀菌机在节能节水、快速控温等方面有着显著的优点。

（1）喷淋系统　隧道式的各个温区由多个喷淋管向下喷淋不同温度的热水来实现温区的不同温度。喷淋水的均匀决定了温区温度的均匀分布，是一个比较重要的方面。

传统的隧道式杀菌机一般采用喷淋管，管上开有多个喷淋孔，喷淋水呈圆锥形水柱向下喷出（图 8 – 12 至图 8 – 14）。

(1) 圆管喷淋管　　(2) 喷淋水柱

图 8 – 12　圆管喷淋管和喷淋水柱

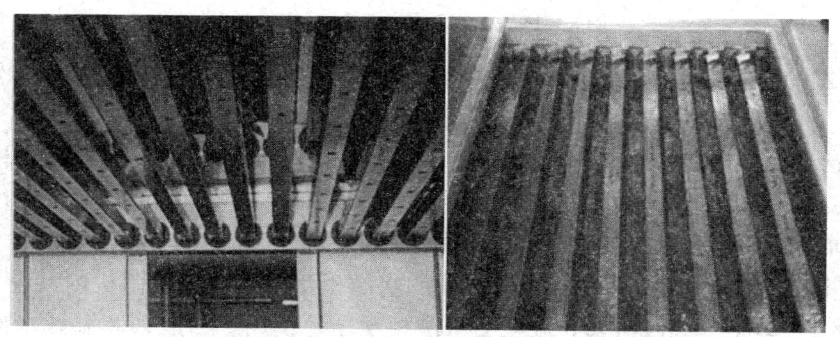

(1) 方管喷淋管　　(2) 喷淋水柱

图 8 – 13　方管喷淋管和喷淋水柱

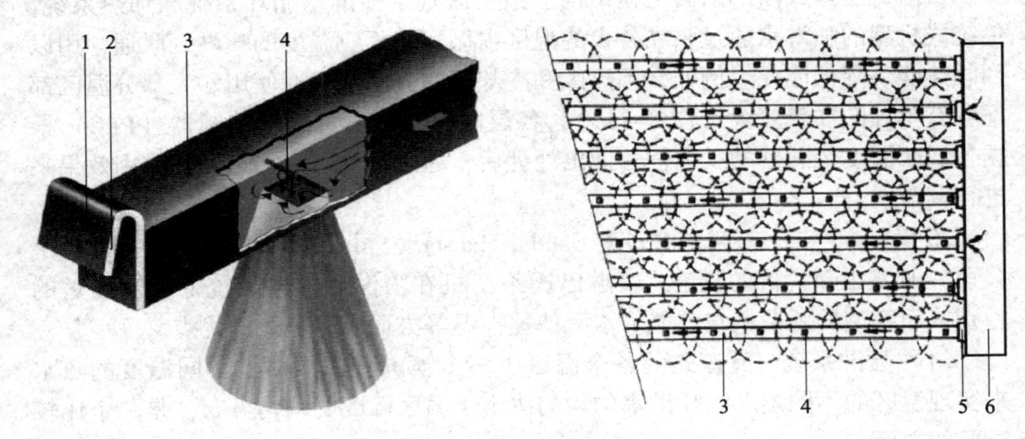

图 8-14　方管喷淋管喷淋示意图

1、2—支架　3—喷管　4—喷嘴　5—密封圈　6—分配管

新技术喷淋系统，采用凸台平板式喷淋（图 8-15），平板上带有一定密度的喷淋孔。喷淋水泵到喷淋板上后，依靠液位差从板孔中流下，不同于传统喷淋管式喷淋，平板喷淋的密度会很高，温区的效果很好。而且喷嘴在平板的凸台上，这样水中的杂质沉积到板上不会堵塞喷嘴，还非常利于清洗。

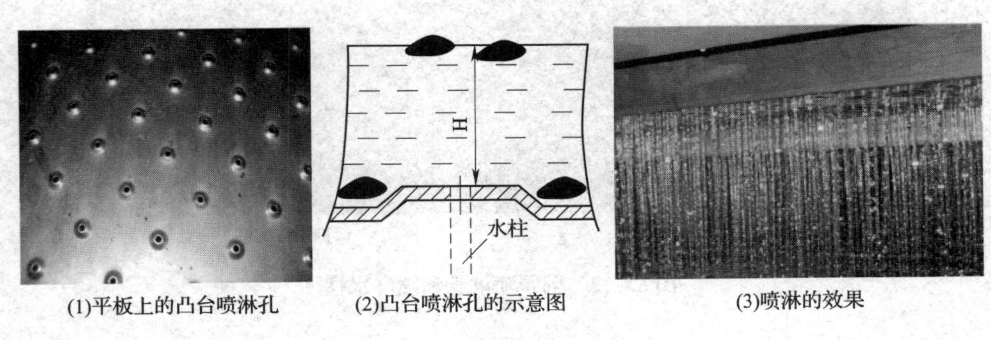

(1)平板上的凸台喷淋孔　(2)凸台喷淋孔的示意图　(3)喷淋的效果

图 8-15　依靠液体自重的板式喷淋

(2) 水槽和加热系统　水槽用于缓冲储存喷淋用水，便于加热后再次用于喷淋。

传统的喷淋水槽对应于喷淋温区，一般每一个喷淋温区有一个喷淋水槽，而高温区或保温区的水槽可以多于 2 个。喷淋水根据能量平衡的原理循环使用，槽间按对应温区有管道连接喷淋水，可循环使用。

如图 8-16 所示，预热区和冷却区的水槽相互连通（该杀菌机内共设置有 8 个温区），即第 1 温区与第 8 温区的水槽相互循环使用。一般第 8 温区水槽中的水经蒸汽加热到所需温度（第 1 温区温度），由水泵打到第 1 温区将容器预热，第 1 温区喷淋下来的水由水泵打到第 8 温区喷淋将容器冷却。若第 1 温区喷淋下来的水温过高，该区的气动薄膜调节阀会自动打开，通入冷水。第 2 温区与第 7 温区的喷淋水互相连通循环使用；第 3 温区与第 6 温区的喷淋水互相连通循环使用；第 4 温区（升温区）一般单配加热器加热，水独自循环；第 5 温区（保温区）也独自配加热器，水独自循环。

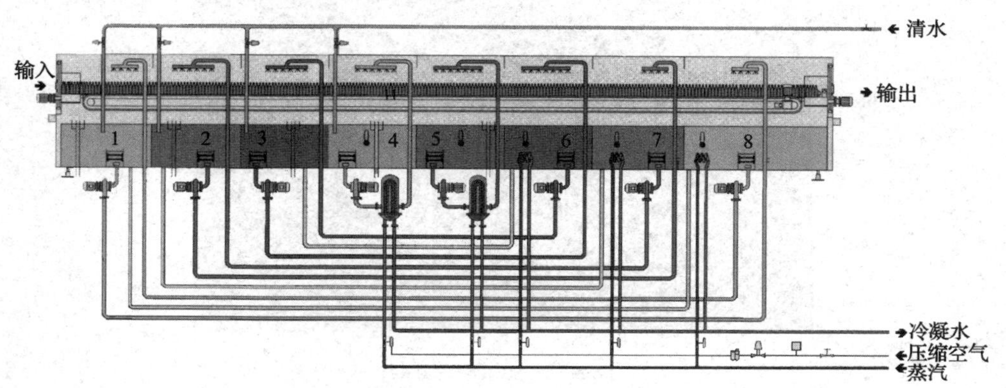

图 8－16 8 温区隧道式巴氏杀菌机的温区分布图

新式巴氏杀菌机的水槽采用了节能的底槽式设计，底槽由两个平行部分构成：缓冲槽和温区水槽。温区水槽对应于各自的温区，收集落下的喷淋水。喷淋水从温区水槽溢流至缓冲槽中。缓冲槽则由三个部分构成，中间的热水缓冲槽，左右两个相邻缓冲槽为冷水缓冲槽和预缓存槽。缓冲槽中的水经集中加热器加热后供给各温区喷淋使用。缓冲槽的设计采用了热力学和流体静力学原理，整个系统不用借助调节阀即可实现自动调节。溢流水自动流向与其温度接近的缓冲槽即热水溢流返回至热水缓冲槽，冷水溢流返回至冷水缓冲槽。

冷水缓冲槽和预缓冲槽通过一条平衡管连通，热水缓冲槽与预缓冲槽由通道连通，三者可以互相补水。热水缓冲槽中的水通过一个板式加热器集中加热。1 ~ 10 温区水槽中的水通过阀门混合，调节至合适的温度供喷淋使用（图 8－17）。

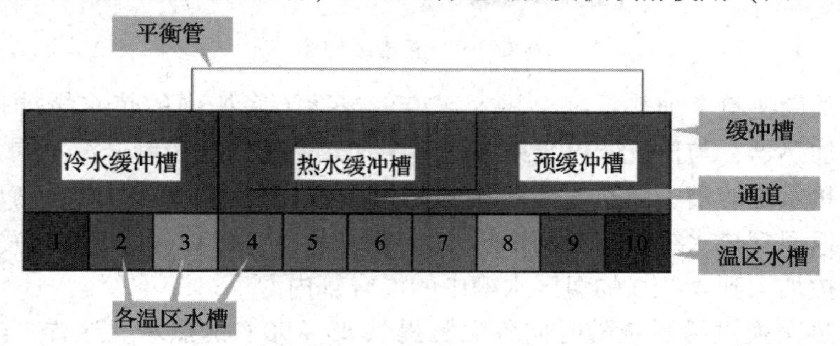

图 8－17 底槽分布示意图

底槽结构见图 8－18 和图 8－19，底槽有缓冲槽和温区水槽。温区水槽中的隔板将底槽中的温区水槽按实际的温度区域划分成一格格，对应于每一个喷淋温区段。整个的用水容量只有传统杀菌机的 20% 。

图 8-18　底槽实物照片

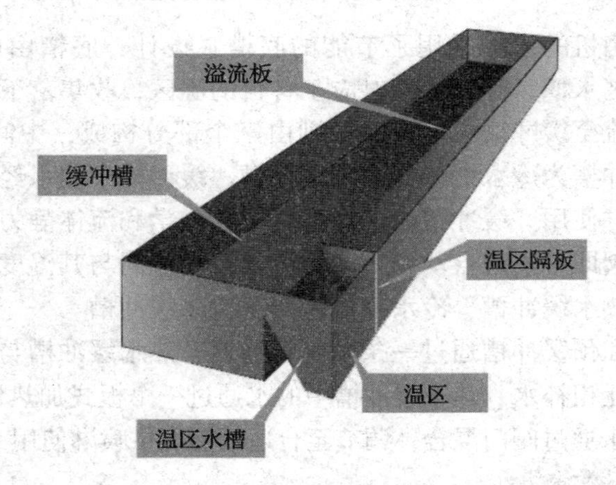

图 8-19　底槽结构图

新式杀菌机整个加热系统（图 8-20）包括了底槽中的热水缓冲槽、热供泵、集中加热器，与传统的巴氏杀菌机多个加热系统独立控制升温不同，采用集中加热。热水缓冲槽中的热水在集中加热器中被加热到 85～90℃。热水可以通过旁通管返回到热水缓冲槽，槽中热水始终保持 75～85℃（图 8-21）。而热水能够立即被加入到 4～10 的温区水槽中的混合管内。

集中热交换供给系统随时向各温区提供 85～90℃的热水。这样，热供系统所具有的整台杀菌机的加热能力就能够大大改善整台机器的热力性能。处理温度能够被瞬时调整，加热或冷却时可以节能 40%，启动非常迅速，特别是生产开始和停顿之后的启动。

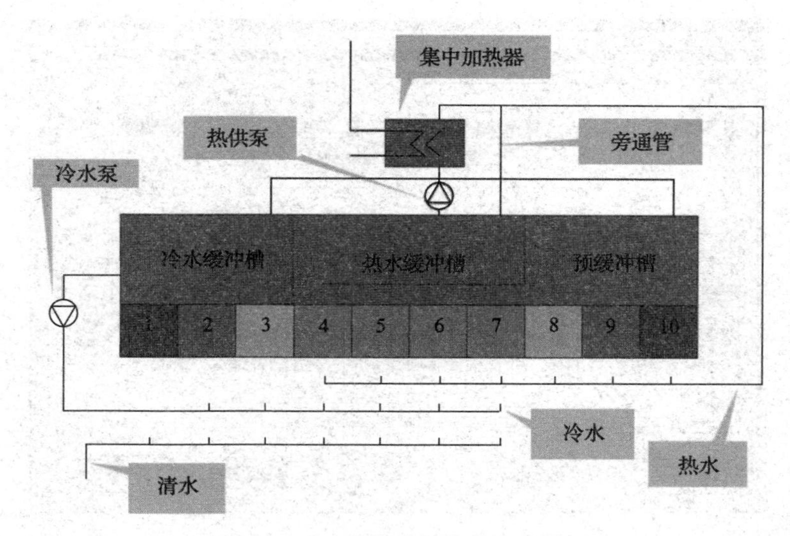

图 8－20　集中热交换供给系统

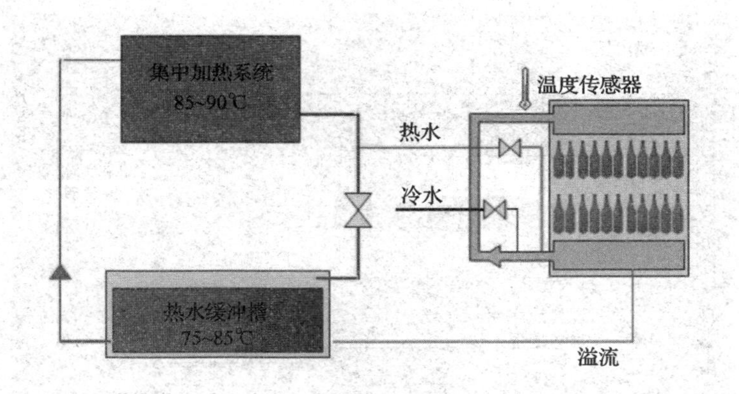

图 8－21　集中热交换供给系统工作示意图

新式巴氏杀菌机仍使用传统杀菌机使用的能量循环再生的方法。如在出口处的温区 10 内的喷淋水经水泵泵到温区 1 上方喷淋，将较低温度的啤酒加热，喷淋下来的热水被温度较低的啤酒冷却后被输送至温区 10 将经过杀菌的热啤酒冷却。温区 10 中的水温随时受到控制系统的监控（图 8－22），一旦温度低于设定值，集中热交换供给系统中的热水从混合管中添加到温区水槽中。

通过每个喷淋供水泵前面的混合管注入热水或冷水来改变温区温度。当水喷淋到某一个温区之后，多余的水将流过溢流板进入到缓冲槽当中（图 8－23）。

4. 隧道式巴氏杀菌机的温度控制

（1）温度控制技术的发展　传统的隧道式巴氏杀菌机配有很多热交换器，在预热和冷却区，每一对应温区配置一个；在升温和保温区，甚至一个温区也会配置多个热交换器。这些传统的杀菌机通常只配置一个简单的温度控制系统，这

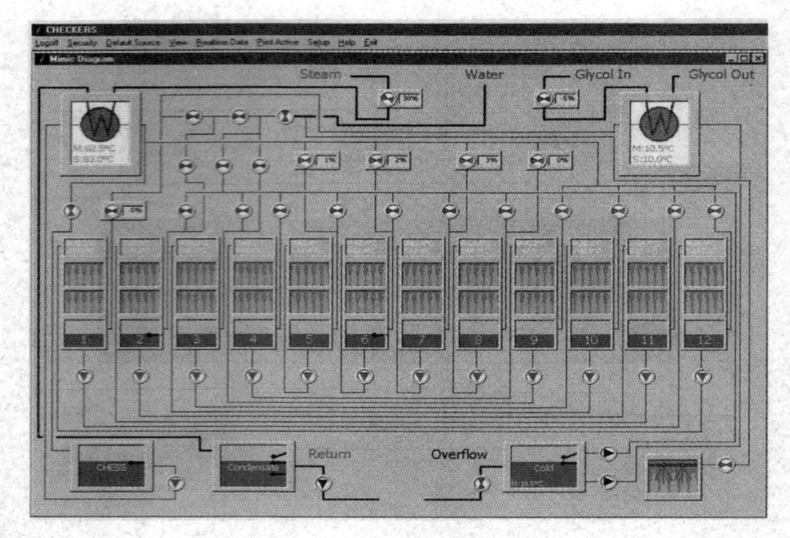

图 8－22　各温区水温控制界面示意图

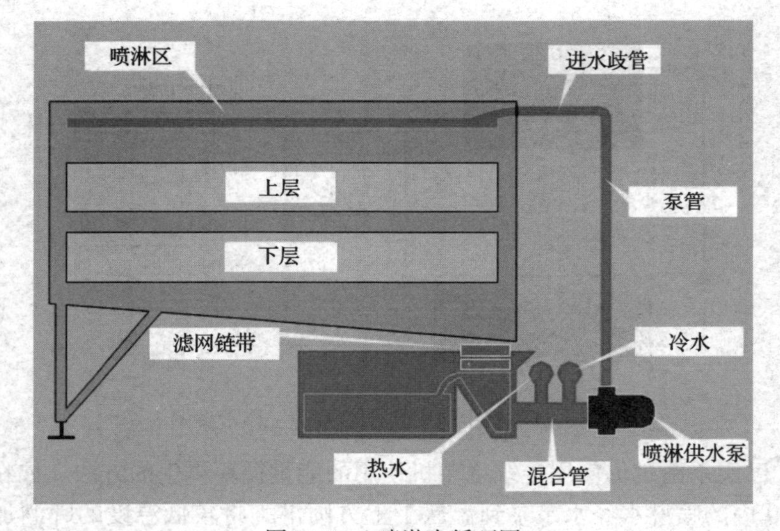

图 8－23　喷淋水循环图

个温度控制系统只能通过改变热交换器的作用效果来调节各个温区的温度。温度控制系统中，热交换有着滞后特性等原因，会造成产品的温度变化比较缓慢。因此，杀菌生产都有较大的安全余量以避免欠杀菌。但是，过大的安全余量和较慢的加热系统将会导致过杀菌。

20 世纪 80 年代后期，随着控制和监测技术的发展，杀菌机制造业提出巴氏单位（PU）实时控制的观点。而实现这一控制观点的关键因素之一就是各温区的加热速度。

1994 年由丹麦 Sander Hansen 公司开发出集中热交换供给系统（CHESS），

使机器的结构大为简化，它用一台大型加热装置来提供所有温区所需热能。由这台加热装置加热和储备一定数量约 90℃ 的热水，通过计算机控制，按各温区设定的温度要求来配比，使温区温度以 10℃/min 的速度迅速上升。它开创了隧道式杀菌机的全新结构。所有温区多余的喷淋水都溢流到一个缓冲槽，并依照流体静力学和热力学的自然规律，按不同的温度自动收集、加热，重新利用。

（2）隧道式巴氏杀菌机温区（以传统巴氏杀菌机 8 温区为例） 从灌装机输出的啤酒温度一般为 5℃，要使酒温达到 62℃ 就要分段逐渐加温。Ⅰ温区啤酒温度较低，采用喷淋水温度为 25.5℃，将啤酒温度预热至 15℃ 需要 5.5min，喷淋水与酒温度相差 10℃。Ⅱ温区喷淋温度为 38℃，将啤酒升温至 26.5℃，此时喷淋水温度与酒温度相差 11.5℃，需要时间为 4.8min。Ⅲ温区可取温度升高速度与Ⅱ温区相同，升温时间也取 4.8min，温度升至 38℃，喷淋水温度可取 49℃。Ⅳ温区（升温区）使啤酒温度升到 62℃，那么它的喷淋水温度就必须比 62℃ 高一些，但不能太高，否则就会影响到杀菌区的温度，直接影响杀菌效果。设定喷淋水的温度为 67℃，啤酒的升温速度为 2.5℃/min，要升温至 62℃ 需要时间为 9.6min。这样啤酒就达到了杀菌所要求的温度。酒瓶就进入Ⅴ温区（保温区）。

自保温区即杀菌区域输出的瓶酒因温度太高就需要逐渐降温。为节省能源，利用预热阶段使用过的喷淋水，用水泵将预热区各温区水槽的水分别泵至冷却区各温区。通常设有三个预热温区即设有三个冷却温区，同样冷却区经喷淋过瓶酒而加热后的喷淋水用水泵分别打至预热区。Ⅵ温区利用Ⅲ温区水箱内的水，温度约为 47℃。自喷淋后喷淋水温度不能降得很低，因为要保证上下层的喷淋温度基本一致（偏差不超过 ±0.5℃），这些可通过加大喷淋的流量来达到要求。Ⅷ温区内的喷淋水由Ⅱ温区水槽水泵泵至Ⅶ温区进行冷却喷淋，喷淋水温度取 37℃。这两个温区的降温速度为 2.2℃/min，时间为 4.6min，可根据隧道的总长度和输瓶速度做调整。这样经Ⅵ、Ⅶ两温区后，瓶酒温度可分别降至 51.5℃、41.5℃ 。再经过Ⅷ温区 24.5℃ 喷淋水的降温，啤酒温度可逐渐降至 35℃ 左右而从杀菌机隧道中输出。以上杀菌过程的温度变化曲线如图 8－24 所示。

（3）PU 控制 与传统的巴氏杀菌温控系统不同，PU 控制系统是一个动态的过程控制，它能够根据产品的处理要求，连续地对巴氏杀菌过程进行优化。它以工艺要求的 PU 值为控制目标，以各温区喷淋水温度和输瓶速度为基本参数，建立杀菌机正常运行和停机状态时的控制模型，并进行控制。系统对运行速度和喷淋水温度进行测量转换，进行 PU 值的累加计算。系统一直保持着对产品位置的跟踪，由喷淋的温度和给定温度下的时间等产品处理条件就能够准确地估算出实时的 PU 值，可以确保 PU 值在允许的范围之内，而不会使温度超出产品的最高温度。保证啤酒离开杀菌机时，PU 值能满足规定要求；当 PU 值高于设定值时，系统降低有关温区的温度，开启冷水阀降温，保证啤酒离开杀菌机时达到正常的 PU 值范围之内。

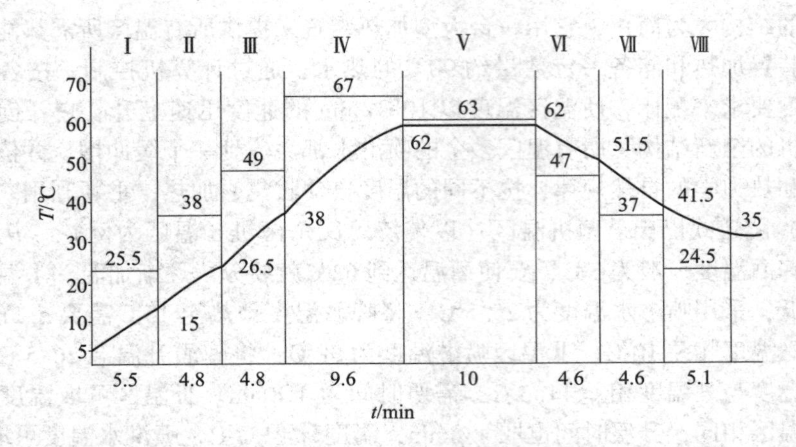

图 8－24　杀菌机喷淋温区的温度设置及啤酒的温度变化曲线

5. 水处理系统

巴氏杀菌机中某些温区的温水环境极容易滋生微生物。这些微生物对密封在容器内的啤酒影响甚微，但是却容易对设备造成极不利的影响。如图 8－25 所示，照片中可以看到大量微生物在机器内滋生，长此以往可造成喷淋系统中喷头的堵塞，喷淋系统工作效率下降，温区内温度分布不均匀，爆瓶率上升。因此，对巴氏杀菌的喷淋水进行化学控制十分必要。

图 8－25　微生物在杀菌机内滋生

为防止机内滋生微生物，往水中加入次氯酸钠和溴化物进行处理。次氯酸钠是一种杀菌消毒剂和生物杀灭剂，添加到水中可以有效杀灭微生物，但是会对易拉罐罐底部、拉环和瓶盖造成腐蚀。所以，在对杀菌水进行处理的同时应该注意如下几点。

（1）分区添加杀菌剂。

（2）定期检查各贮槽中的次氯酸钠浓度。

（3）控制水中余氯水平，循环水中余氯水平1.0~1.5mg/L。

三、机器的维护保养

1. 每班

（1）清除机内碎瓶渣。

（2）更换已污染水箱水。

2. 每周

（1）打开所有遮盖板清洗机器内部。

（2）更换所有贮水箱的水，清洗所有滤网部件。

（3）拆下喷淋管清洗。

（4）铰链和轴承部分加润滑脂一次。

3. 每半年

（1）对机器全面检查调型。

（2）根据实际情况更换备件和液压油。

思 考 题

1. 隧道式巴氏杀菌机有哪几种不同的喷淋系统？各自优缺点是什么？
2. 巴氏杀菌单位的含义是什么？其计算公式如何？
3. 产品的巴氏杀菌单位由哪些因素决定？
4. 隧道式巴氏杀菌机产品输送的方式有哪些？各有何优缺点？
5. 为何要往巴氏杀菌机中添加杀菌剂？

第九章 贴标

知识目标

1. 了解不同的贴标方法。
2. 了解贴标机的贴标步骤。
3. 熟悉贴标机的结构和运行原理。
4. 熟悉标签的特性。
5. 熟悉胶水的特性。

技能目标

1. 熟悉贴标机的开机前检查步骤。
2. 熟悉贴标机组件的拆卸和安装。
3. 了解贴标机的维护、清洁工作。

本章主要介绍啤酒行业采用的冷胶贴标设备，不干胶标签、薄膜标签的贴标设备及过程不在本章介绍范围内。

第一节 概　　述

一、贴标的意义

与所有产品一样，瓶装啤酒投入市场之前必须贴上标签，贴标的意义如下。

(1) 装饰作用（美学效应），可以刺激消费者的购买欲望。

(2) 标签的外形、图案等都可以起到对产品的广告宣传作用（广告效应）。

(3) 标签上面的文字、标识可以起到说明产品（有关法规、标准、储存条件、使用方法的说明）的作用。

（4）某些特殊设计的标签还可以起到安全卫生的作用。例如，某些封口标签可以提醒消费者，产品容器的盖子是否被打开过。而易拉罐啤酒贴封口铝箔标，则可以保证罐口的清洁和卫生，这是现在国外流行的包装趋势。

毫无疑问，完美无缺的贴标装潢本身就是一个最好的推销员。它能够从产品销售直至产品消费的整个过程中起到广告宣传的积极作用。随着人们物质生活水平的不断提高，贴标质量越来越受到重视。因此，对于产品的装潢包装，生产经营者决不应抱任何侥幸心理。

二、瓶装啤酒的基本贴标形式

瓶装啤酒一般都可以贴以下各种标签（图9－1）：身标（或躯干标）；身标和颈标；身标和封口铝箔标；以上各形式再加上背标。

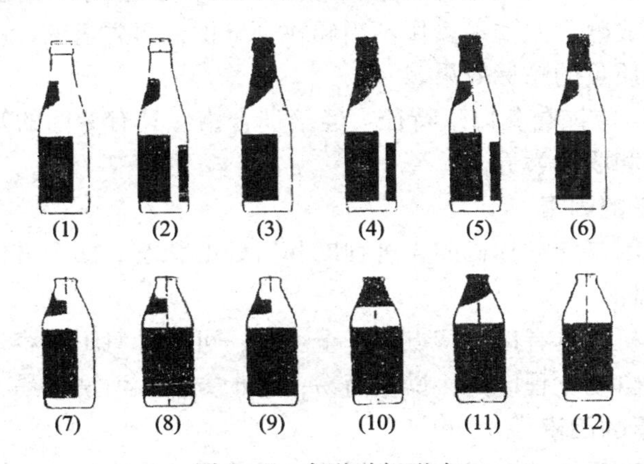

图9－1　各种贴标形式

（1）身标　最基本的贴标形式，应起到主要的广告及说明的作用。需说明的内容必须符合有关的法规，如，啤酒的名称、种类，原料成分及其含量，食品添加剂名称，净容量，生产日期，保质期，储存说明，产品标准，制造者、经销者的名称地址、联系方式，产品认证标识，管理体系认证说明等。身标一般为方形或长方形纸，偶有椭圆形和其他形状。身标应尽可能地醒目，给人以深刻的印象。

（2）颈标　可以起修饰整体效果的作用，也可以用作区分不同品牌的标志。

（3）背标　可以起到辅助性说明的作用（如工艺特色等）并使产品广告视角进一步扩大，也印有某些传统产品品牌的标志或产品的一些典故等。

（4）铝箔封口标　较多地用于封包啤酒瓶的颈部和瓶口，也较多地出现在小容量的啤酒瓶包装上，如500mL、330mL等包装规格的瓶子。使产品具有华丽、高贵的效果，也是国内外高档酒种的常见装饰形式。

三、贴标签的基本要求

贴标要求：外观端正，对标，平整；标签无划伤、磨痕及破损；容器壁上无胶水的痕迹；商标贴得足够牢固，保持时间尽可能长，以及其他一些特殊要求。

四、贴标质量有关的因素

贴标质量不仅仅取决于先进的贴标技术（贴标机），在很大程度上还取决于有关条件是否满足。归纳起来贴标质量主要取决于以下五大因素：人；机器设备；标签质量；粘贴剂（胶水）的质量；瓶子的质量。

1. 人的因素

这里指的“人”意指操作及维护人员。机器的状态与人直接有关。现在贴标技术已经相当成熟，但如果操作不当和缺少维护，再先进的设备也不能发挥其功效，达不到高质量的贴标效果。

因此，“人”应该具备以下特征：经培训合格，具有专门的知识和技能，有着较强的责任心和职业素养。

2. 机器设备的因素

机器设备的因素指贴标机的先进程度和所处的状态，两个方面必须统一才能实现高质量的贴标。

理想的贴标机应具有以下特点：安全可靠；可以针对不同容器贴多种标签组合；高速高效；自动化程度高；操作简易；维护方便，清洗容易。

3. 标签质量的因素

标签不光要有好看的图案，而且标签自身的质量很大程度上影响着贴标的质量，还会影响着回收瓶洗瓶等生产过程。

4. 粘贴剂（胶水）质量的因素

与标签一样，粘贴剂（胶水）质量的好坏也决定着贴标的顺利与否，影响着回收瓶洗瓶的生成过程。

5. 瓶子的质量因素

瓶子的因素也很重要。例如，塑料瓶如果贴纸质标签，标签会因瓶子的热胀冷缩而被纵向撕裂。因此瓶的材料和标签的材质也有很大的关联。

玻璃瓶的质量差则不仅会影响贴标效果，还可能会造成机器损坏。如瓶子中轴不正，会使得瓶子无法精确定位，从而导致标签贴不正；瓶子的外形尺寸偏差过大，则会导致卡死或破损；若瓶子的强度不够，则会因爆瓶造成生产停顿等。

玻璃瓶应满足以下要求。

（1）强度大，无内应力，壁厚均匀，表面光滑。

（2）外表面不带脱模剂等。

（3）外形尺寸一致。

（4）重心低，底平。

（5）热稳定性好。

以上五大因素相辅相成，贴标质量往往不单单取决于某一个因素，具体问题应具体分析。

第二节　贴标机的结构和特点

一、贴标机分类

1．按机器传送带和设备的布置特点分类

按机器传送带和设备的布置特点可以分为：直线双侧式贴标机、直角式贴标机、单侧平行式贴标机、组合式贴标机。

各种布置形式主要考虑的是场地节约以及操作的方便等原因。

2．按容器的运动规律分类

按容器的运动规律可以分为：直线式贴标机（图9－2）、回转式贴标机（图9－3）。

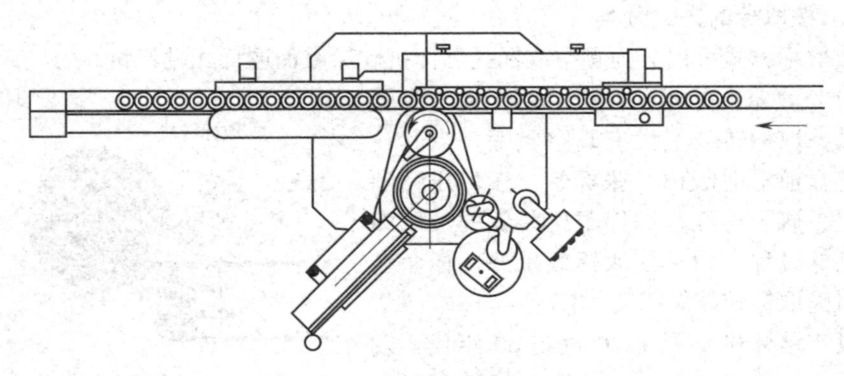

图9－2　直线式贴标机

直线式贴标机一般速度低于40 000瓶/h，较适于加工非圆截面的容器。

回转式贴标机的优点之一是圆形的承瓶主转台具备生产时储备瓶子的作用，当生产区域中的瓶子破裂后对生产的连续性影响不大。另外，回转式贴标机更容易贴多个标签组合，如在贴身标的基础上再加贴背标。

目前，世界上最先进的贴标机速度可达80 000瓶/h甚至更高，我国最快的机型已超过50 000瓶/h。

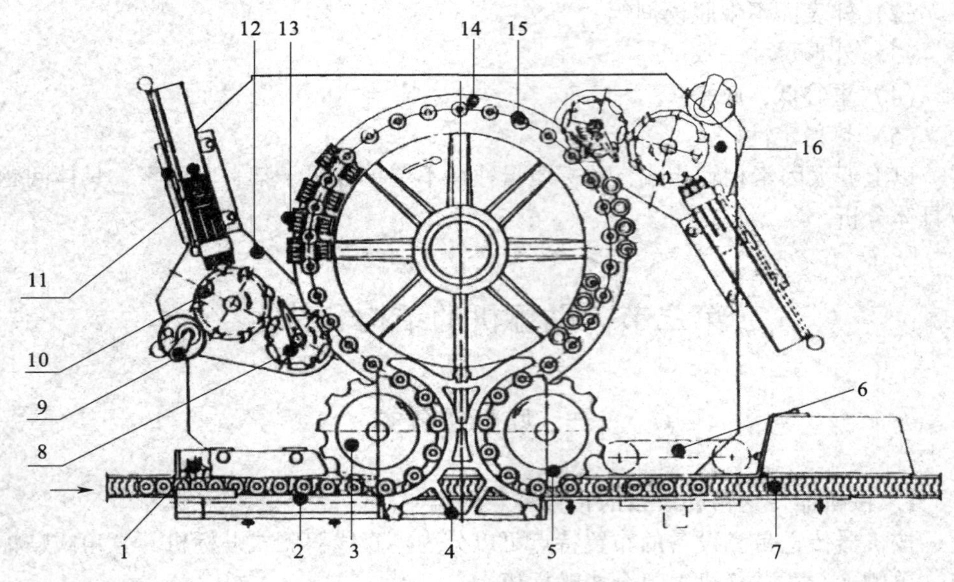

图 9－3　回转式贴标机

1—阻瓶器　2—分瓶蜗杆　3—进瓶星轮　4—弧形导板　5—出瓶星轮　6—滚标站　7—传送带
8—揭标转鼓　9—胶辊和刮胶板（刮刀）　10—取标板（标掌）及其转台　11—标盒及标盒载架
12—贴标单元（身标标站）　13—标刷组　14—承瓶主转台
15—瓶托　16—背标贴标单元（背标标站）

3. 按取标的方式分类

按取标方式可以分为真空取标式贴标机和涂胶面取标式贴标机。

（1）真空取标式贴标机　瓶子通常做直线运动，取标转鼓上设有真空吸嘴。当其转到标签盒前沿时吸出一张标签，然后压贴到瓶壁上，瓶子再经过海绵辊压装置的滚压即完成贴标过程。为了使取标效果好，标盒在取标时随取标转鼓做摆动（图 9－4）。

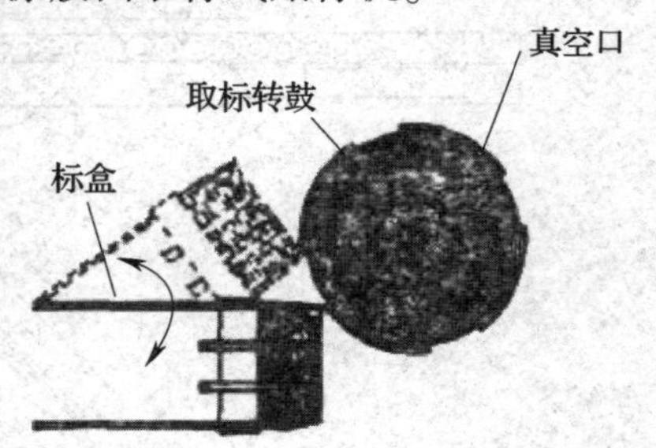

图 9－4　真空取标转鼓

真空贴标机发展于 20 世纪 60 年代，效率较低。为增加车速须增加取标转鼓和标盒的数目。又由于真空系统较复杂且维护不便，加之标签盒须做摆动，速度低，故已基本被淘汰。

（2）涂胶面取标式　涂胶面取标又可分为：涂胶辊取标，标盒须做摆动；涂胶板（也称为取标板或标掌）取标，标盒静止形式。用高速旋转且做有规律自转的弧面形涂胶板实现精确地滚动取标，标盒静止勿需摆动，从而大大提高了取标的速度。目前，世界上一般用途的贴标机均采用后一种结构（图 9－5）。

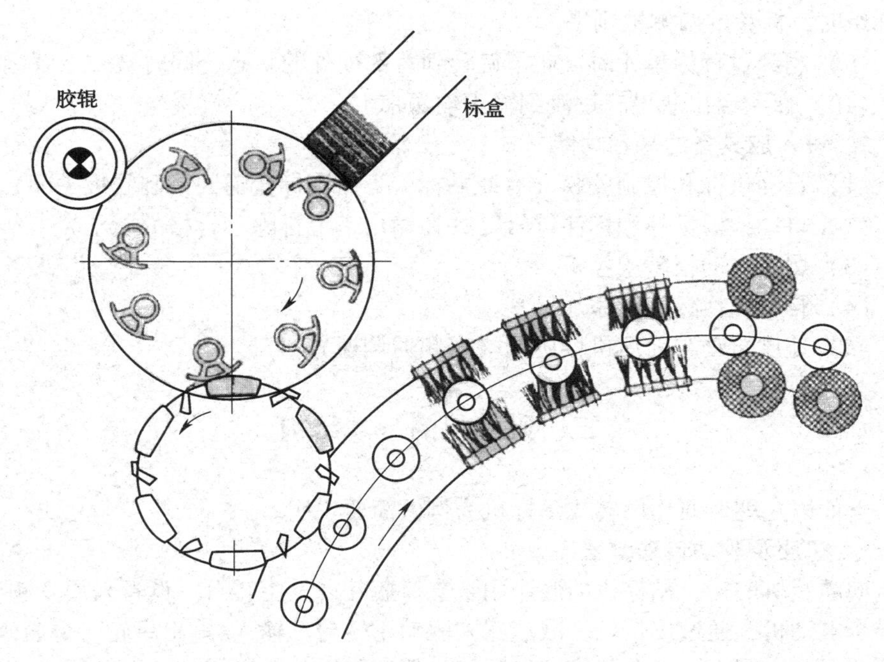

图 9－5　取标板取标－揭标转鼓贴标

另外，还可用涂胶的容器直接取标：车速较低，容器须旋转 360°，一般用于贴环身标。

二、贴标步骤及基本功能

1. 标掌取标式贴标机的贴标步骤

（1）瓶子成串地由输入输送带经阻瓶器进入机器。

（2）然后经分瓶蜗杆拉开一定间距并送到进瓶星轮。

（3）进瓶星轮将瓶子转送到承瓶主转台的托盘上，与此同时压瓶头下行顶住瓶盖使瓶子固定并继续向前运动。

（4）胶辊和刮胶板配合使胶辊上形成一定厚度的胶膜。

（5）当取标板经过胶辊时涂上胶并在转过标盒前端时以滚压形式粘取出一张标签。

（6）带着标签的取标板继续运动，由揭标转鼓的揭标指夹住标签侧缘将标签揭下，此时标签的正面朝里紧靠在一块海绵垫上，继续朝前传送。

（7）当揭标转鼓转到承瓶主转台一侧，标签的涂胶面朝向瓶子时，通过海绵垫自身的形变将标签压贴到瓶身上，同时揭标指松开。铝箔标也可在此时被贴上。

（8）贴了标签的瓶子随承瓶转台前行的同时还会随托瓶盘做 90°旋转，穿过刷标组时，标签的两侧被刷平。

(9) 当经过背标单元时，瓶子旋转到背部朝外的状态，同时被贴上背标。

(10) 瓶子经出瓶星轮过渡到输出输送带上。

2. 设备应具备的基本功能

(1) 自动供标和控制胶膜（有瓶贴标，无瓶则标盒退回，刮胶板关闭）。

(2) 自动检验标签和标注符号（并在输出带上排除不合格的瓶子）。

(3) 爆瓶自动报警或停机。

(4) 自动更换标签匣添加标签。

(5) 速度自动与前后机器协调（变频器调速）。

三、贴标机的基本结构

下面以克朗斯通用回转式贴标机为例做简要说明。

1. 机座及驱动传动装置

同灌装机一样，贴标机的底座用来支撑瓶托以及主转台。设备采用变频调速的异步电动机，通过皮带轮、减速器来驱动主转台、输入/输出星轮、分瓶蜗杆、贴标单元。底座上同时布置了润滑系统，保证驱动装置良好的运行。同样也设置了刹车装置，用以快速停止设备旋转，避免停止过程中因惯性旋转而产生误动作（图9－6）。

图9－6　机器底座下安装的传动装置

2. 机头

机头为贴标机的头部，在主转台的上方，安装有凸轮轨道、压瓶头以及对应于主转台的回转部件，在主转台的中轴上还安装有气缸夹持装置和控制机头的升降装置（图9－7）。

机头中的凸轮轨道控制压瓶头上升和下降。在进瓶星轮输入瓶子处，压瓶头下降将瓶压牢在瓶托盘上；在出瓶星轮处，压瓶头上升瓶子顺利输出。

图9－7 机头

3. 承瓶主转台

主转台上装有瓶托（图9－8），在输入瓶后，压瓶头将瓶子压牢在瓶托盘上。由主转台带动瓶旋转到各个贴标位置，而瓶托则带动瓶身自转配合标刷完成刷标动作。

图9－8 承瓶主转台

4. 阻瓶器

在机器的入口处，即分瓶蜗杆前安装有阻瓶器（图9－9），用以阻拦瓶子，待瓶子数量足够并满足生产条件时，阻瓶器打开后设备即可投入生产状态。

当瓶型改变（瓶身直径改变）时，需更换阻瓶器当中的星轮。阻瓶星轮下有一阻瓶气缸，当阻瓶气缸伸出时，阻瓶器卡死——瓶子被挡在机器进口处。

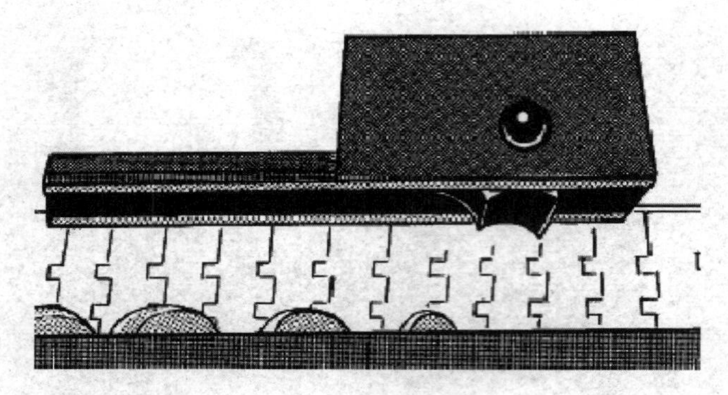

图 9－9　阻瓶器

5. 进瓶/出瓶输送带

图 9－10 中箭头所示即为出瓶输送带，贴标机的进瓶/出瓶输送带可以根据设备的运行速度实现速度联动，使瓶子进入/输出的速度与设备同步。

图 9－10　贴标机输送带

6. 分瓶蜗杆（图 9－11）

分瓶蜗杆为输送瓶子的关键部件，负责将瓶子连续不断地送入进瓶星轮。输送带上瓶子的间距和主转台上瓶子的间距有较大的差别，而分瓶蜗杆利用其自身曲面，在传送瓶子时将瓶与瓶的间距拉开，最终使瓶子之间的间距等于主转台上瓶托的间距。

(1) 安装位置图

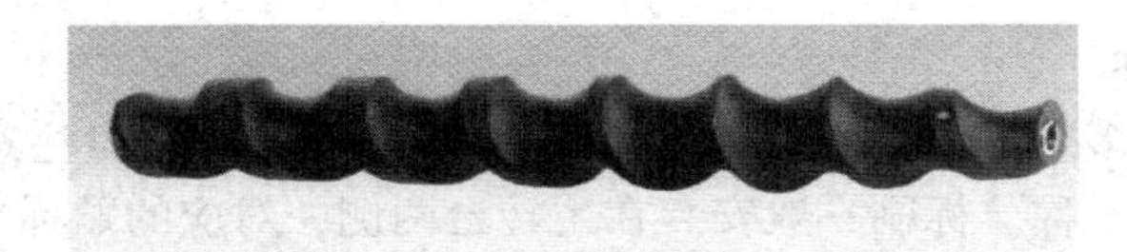

(2) 实物照片

图 9－11　分瓶蜗杆

7. 进瓶/出瓶星轮（图 9－12）

星轮为回转式设备所必需的部件，起到过渡传递瓶子的作用。贴标机的进瓶星轮将瓶子从分瓶蜗杆处传递到主转台瓶托上，出瓶星轮则将瓶子从主转台的瓶托上传递到出瓶输送带上。如该贴标机贴封口标以及在设备出口处有封口标标刷，那么使用的出瓶星轮每个输送位上安装有一对保持瓶子自转的夹持轮。

(1) 输入星轮　　(2) 输出星轮–贴铝箔封口标用

图 9－12　进瓶/出瓶星轮

8. 弧形导板（图 9－13）

安装在进/出瓶星轮之间，与星轮组成瓶子输送的通道。

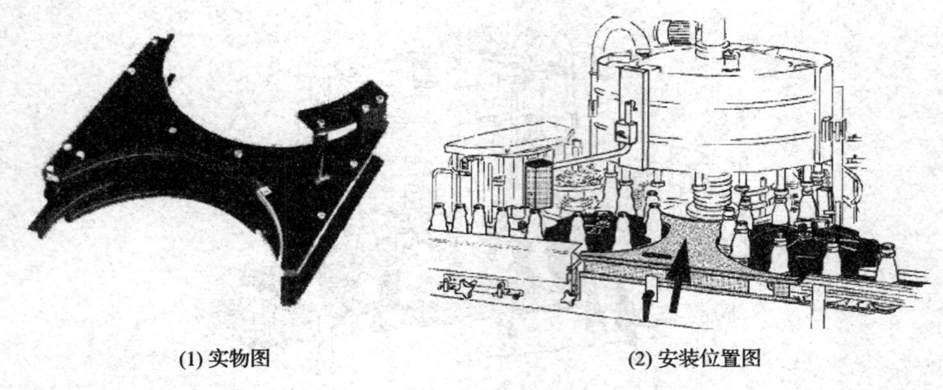

(1) 实物图　　(2) 安装位置图

图 9－13　弧形导板

9. 刷标组件

标刷一般为多组分内侧和外侧安装（图 9－14），安装时注意标刷伸出的长度应与瓶子中轴对称。标刷一般安装在主转台两侧，对应的贴标单元之后。而封口标的标刷安装在出瓶星轮的上面，由顶刷和圆弧状侧面刷专门刷平整瓶颈部的封口标；在设备出瓶口的顶部，由电机驱动其旋转的滚刷刷瓶盖顶部（图 9－15）。

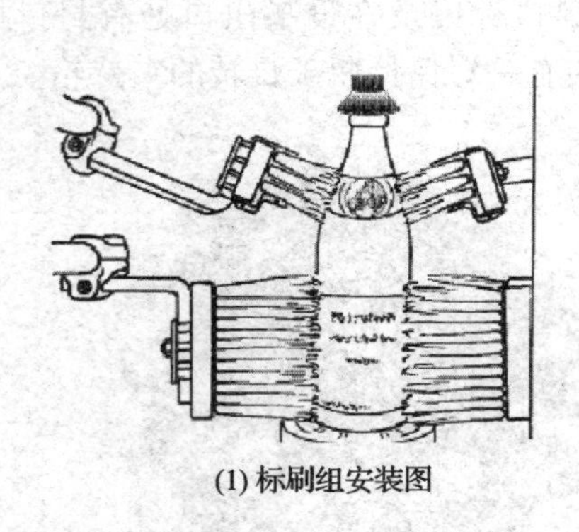

(1) 标刷组安装图　　(2) 实物图

图 9－14　标刷组

10. 贴标单元

贴标单元（图 9－16）是贴标机的核心，主要由以下各部件组成：胶辊和刮胶板（也称刮刀）；取标板（也称标掌）转台及取标板；标盒及其载架；揭标转鼓；日期打印装置（传统设备上有此装置后因打印技术的发展而被淘汰）；清洁刷；胶水泵以及胶水管道等。

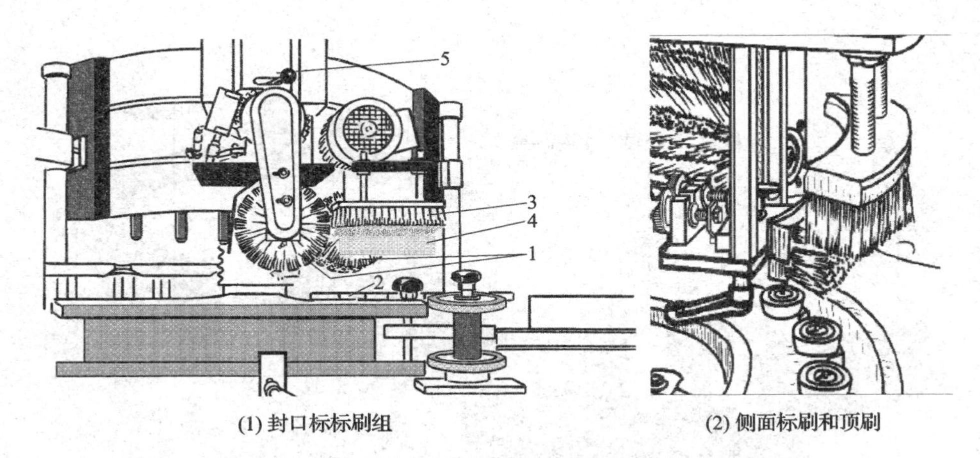

(1) 封口标标刷组　　(2) 侧面标刷和顶刷

图 9－15　出瓶星轮处的封口标标刷组和侧面标刷及顶刷

1—滚刷　2—出瓶星轮　3—顶刷　4—弧形的侧面标刷　5—升降装置的拉杆

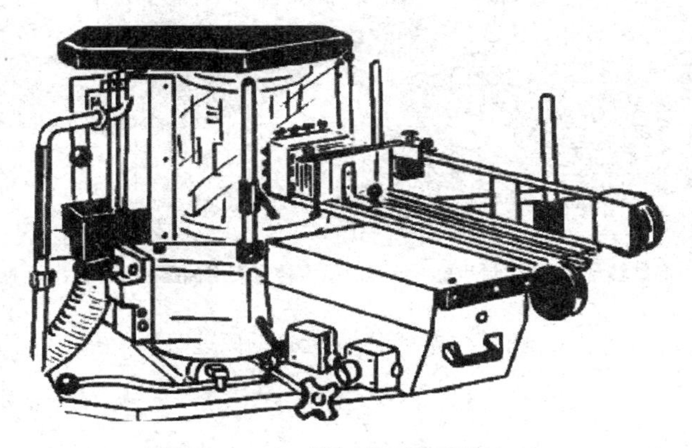

图 9－16　贴标单元（标站）

贴标单元完成胶水涂抹、取标、标签传递、贴标等动作，是实现贴标动作的关键核心部件。在贴标过程中，贴标单元和胶泵、胶碗、胶水管等部件配合工作。贴标单元的动作和贴标机主转台的运动精密同步配合，完成了以瓶、胶水、标签这三种不同工作物料为核心的运动链。胶泵及其管道实现胶水的循环运动；贴标单元实现标签的转移；机器的主体——主转台以及瓶输送部件实现了瓶子的转移输送（图 9－17）

（1）取标板（标掌）转台　图 9－18（1）为标掌转台俯视图中心。标掌在工作时围绕着转台中心旋转，经过胶辊，完成给标掌抹胶的动作；经过标盒，利用标掌上胶水的粘力完成滚压取标的动作；经过揭标转鼓，将标签传递给转鼓，由转鼓的揭标指将标签从标掌上揭下。

标掌转台的内部结构见图 9－18（2）。标掌转台由其下面啮合的齿轮组驱动，齿轮下部标掌轴及驱动标掌轴动作的凸轮轨道及滚子密封在润滑油的油槽

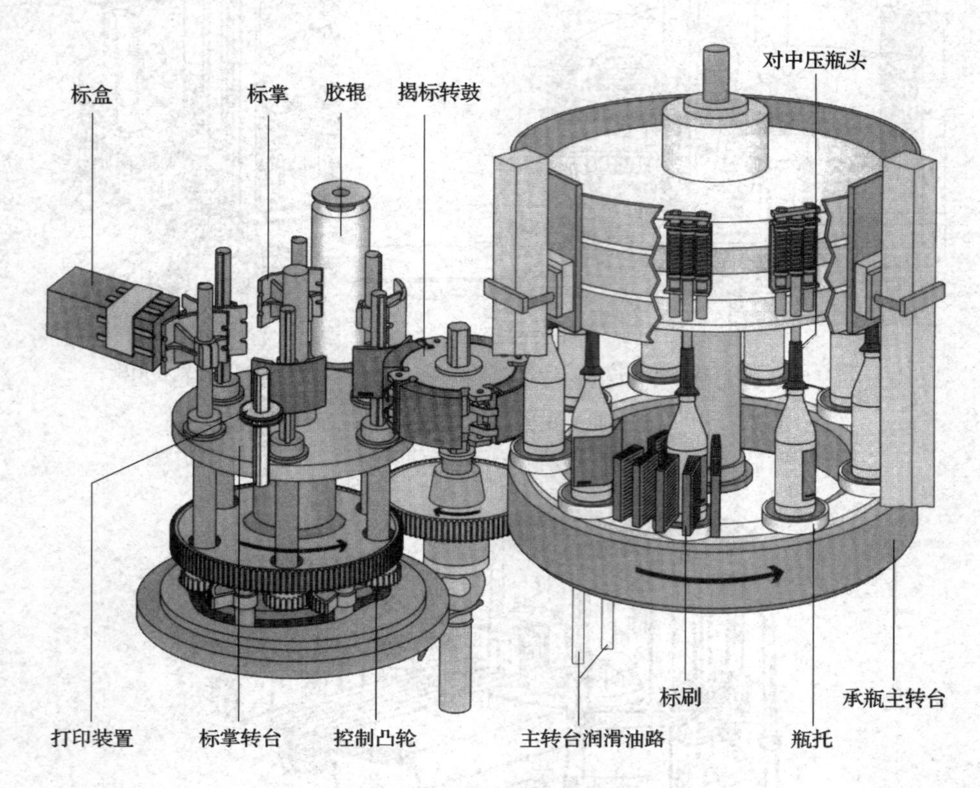

图9－17　贴标单元运动原理图

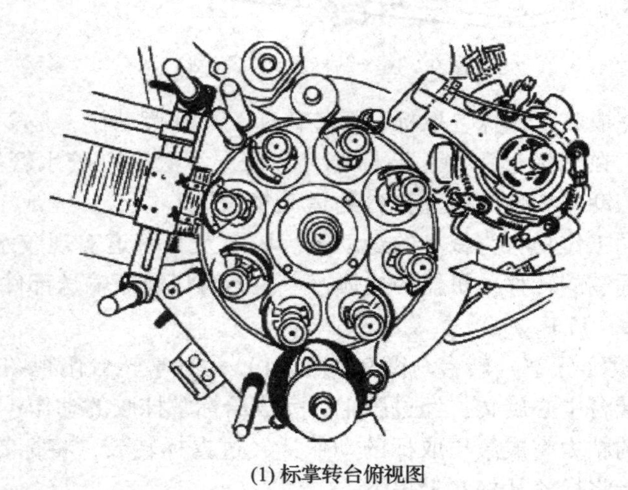

(1) 标掌转台俯视图

(2) 标掌转台的内部结构

图 9－18　标掌转台

内。标掌轴的运动由双凸轮滚子（图 9－19 中黑色部分）在双凸轮轨道中运动控制（一个滚子在外轨道内运动，一个滚子在内轨道内运动）。这个凸轮曲线控制标掌轴在围绕转台中心公转的同时，完成其自转运动，也就是在胶辊处抹胶、标盒处取标、揭标转鼓处揭标这三个复杂的曲线运动。

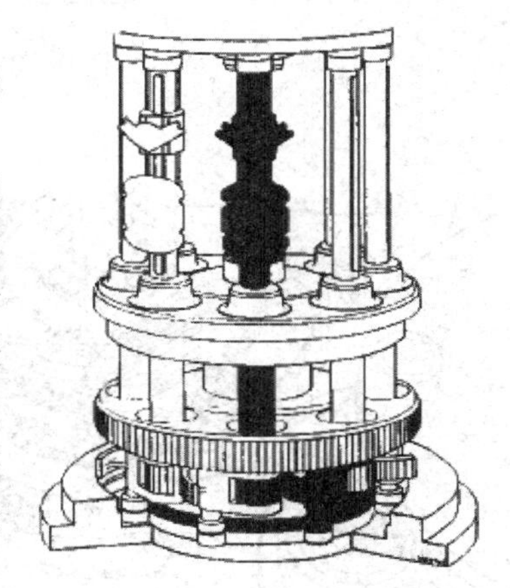

图 9－19　标掌转台及标掌的运动控制

（2）标掌（取标板）　标掌（图 9－20）即标掌轴上带花纹的弧形面，对应于该标掌要贴的标签且略小于标签面积，标掌的周边有若干个对称的凹槽，便于滚压取标以及揭标。身标和颈标的弧形面在标掌轴上的间距和标签在瓶身上的间距相同，这样标签被等高地传送到瓶身上（瓶托和标掌转台的基准高度相同）。一般身标的标掌和颈标或封口标的标掌安装在同一个轴上。

标掌和胶辊做相对运动完成抹胶，胶水涂抹在标掌的花纹缝隙中，在胶辊的胶膜上留下清晰的痕迹。胶膜的形成见后。

标掌在标签盒中的标签上完成滚压的动作（图 9－21），利用胶水的粘力取出一张标签，并传递给揭标转鼓，由揭标转鼓将标签揭下（图 9－22）。

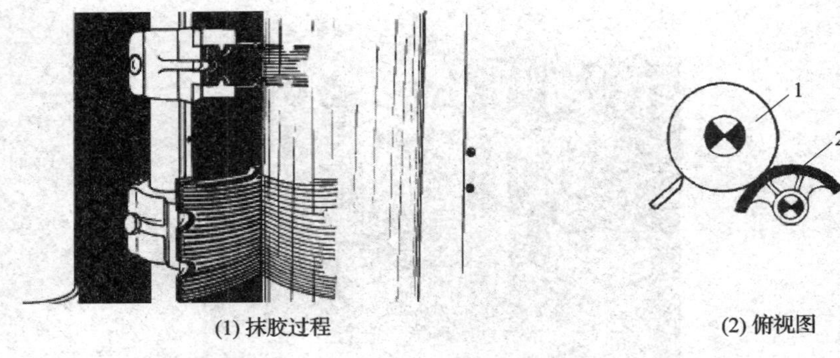

(1) 抹胶过程　　　　(2) 俯视图

图 9－20　标掌和胶辊的抹胶过程及俯视图

1—胶辊　2—标掌

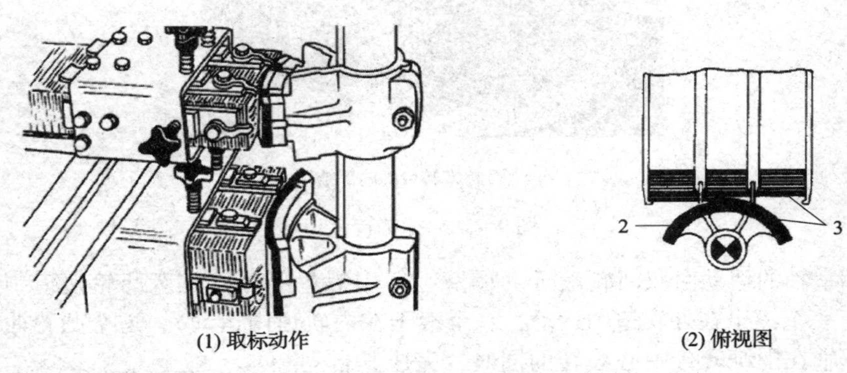

(1) 取标动作　　　　(2) 俯视图

图 9－21　标掌的取标动作及俯视图

2—标掌　3—标签

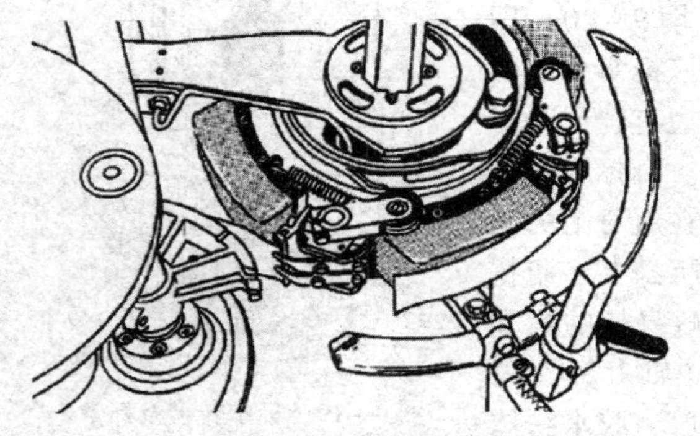

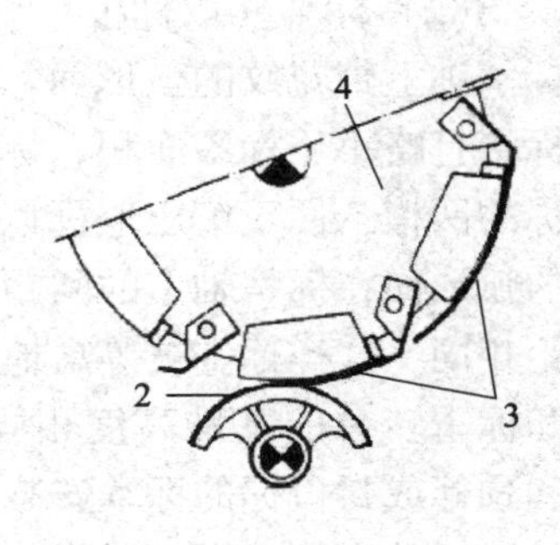

(1) 标掌将标签传递给揭标转鼓　　　　(2) 俯视图

图 9－22　标掌将标签传递给揭标转鼓及俯视图

2—标掌　3—标签　4—揭标转鼓

（3）胶辊及刮胶板（刮刀）　胶辊和刮胶板（也称为刮刀，图 9－23），由胶泵经供胶管，胶水被泵到胶辊上，由于胶辊的旋转以及胶辊和刮刀之间的缝隙，多余的胶经由刮刀刮下，在缝隙中形成胶膜，供标掌抹胶。专门的装置（图9-24）控制刮刀和胶辊的距离从而控制胶膜的厚度。不同标签所需要的胶膜厚度不一样，刮刀有时也会分成两段，分段来控制胶膜厚度（图9-25）。

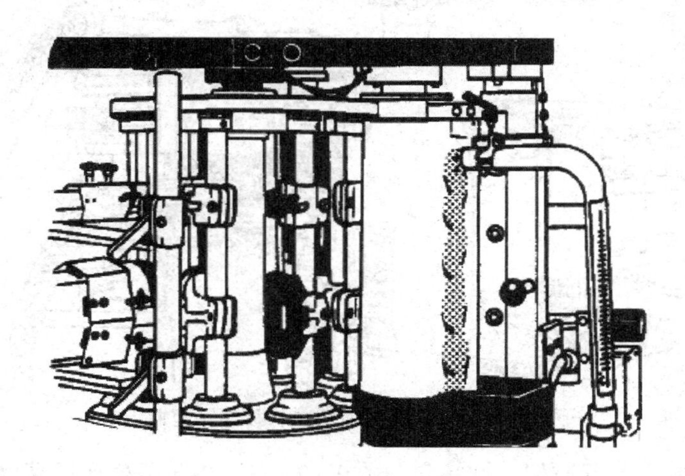

图9-23 胶辊、刮胶板、供胶管

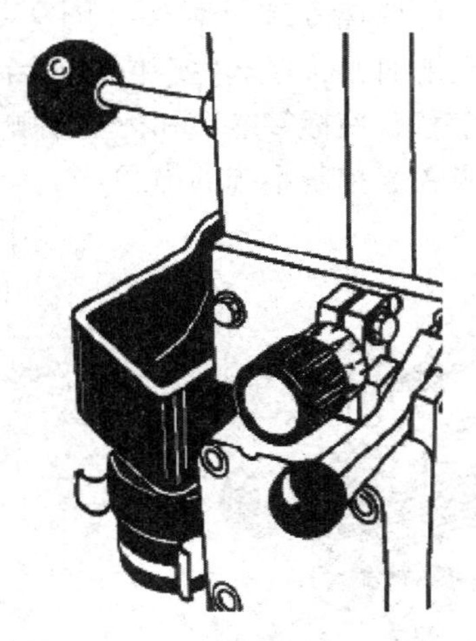

图9-24 胶膜厚度的调控装置（自动/手动）

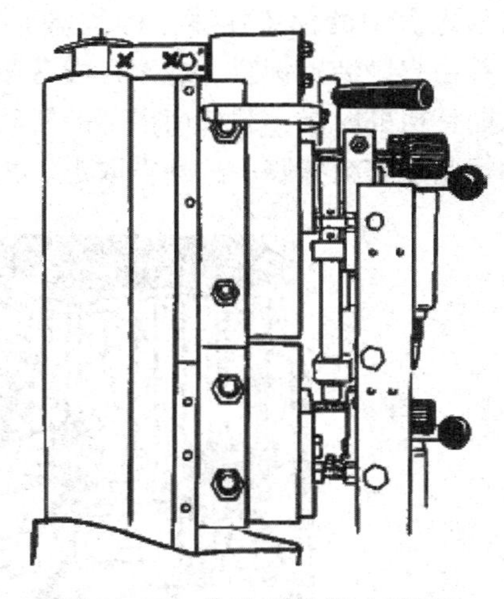

图9-25 分段刮胶板（刮刀）

（4）揭标转鼓 揭标转鼓是贴标单元中的重要部件，它完成将标签从标掌上揭下，并贴到瓶身上的工作。当标掌和揭标转鼓相遇时，揭标转鼓上的揭标指从标掌中的凹槽中压住标签到标签垫上，标掌由转台驱动和转鼓逐渐分离，完成揭标动作揭标指将标签压住后，转鼓朝主转台方向旋转，标签纸在压缩空气导管中喷出的压缩空气作用下，标签印刷面紧靠转鼓的海绵垫（涂胶面朝外）。当海绵垫与瓶相遇时，由于海绵垫的变形，将标签压贴到瓶身上，同时揭标指松开。如果是颈标或封口标，海绵垫将由一前伸运动，将标签贴到瓶颈部（图 9 – 26）。

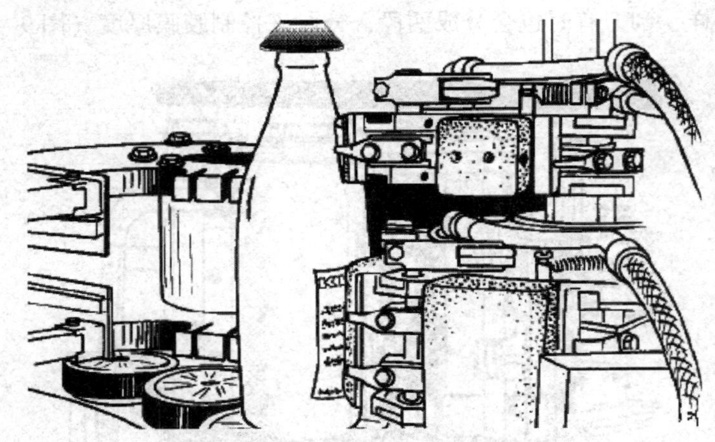

图 9 – 26　揭标转鼓海绵垫将标签贴至瓶上

（5）标签盒及其载架　标签盒（图 9 – 21 左）由设备生产厂家以标签外形为模子而制造的，若标签外形改变，标签盒则需重新设计制造。标签盒由弹簧鼓和拉线将放入盒中的标签压紧。标签盒通过三根立杆可快速安装至载架（图 9 – 27）上，并由自锁装置锁紧。载架在没有瓶进入贴标机的时候，在非生产位置；当有瓶进入贴标机的时候，载架由内部的气动装置驱动前移，使标签能够和标掌接触，从而使标签能够被抹胶后的标掌取走。其工作原理见关于控制系统的描述。

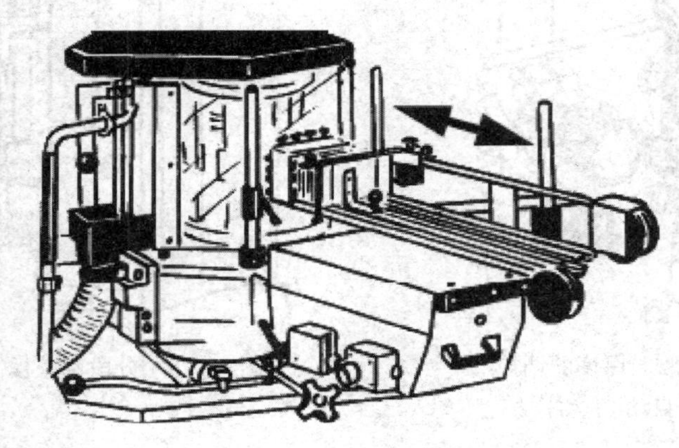

图 9 – 27　标盒及其载架

（6）胶泵及供胶系统　如图 9 – 28 所示胶泵 1 将胶水泵到供胶管 2 提供给胶辊和刮刀处，产生胶膜，多余的胶经由收集碗 4 经回流管 5 流入胶桶中。胶泵为柱塞泵，由一双作用气缸驱动，可以调节节流阀的调节螺丝调节泵胶的速度从而控制胶水流量。胶泵上还带有电加热装置，使用时需外接电源 6、压缩空气 7 才能使用。在供胶管上有温度指示条 3，可显示胶水温度。

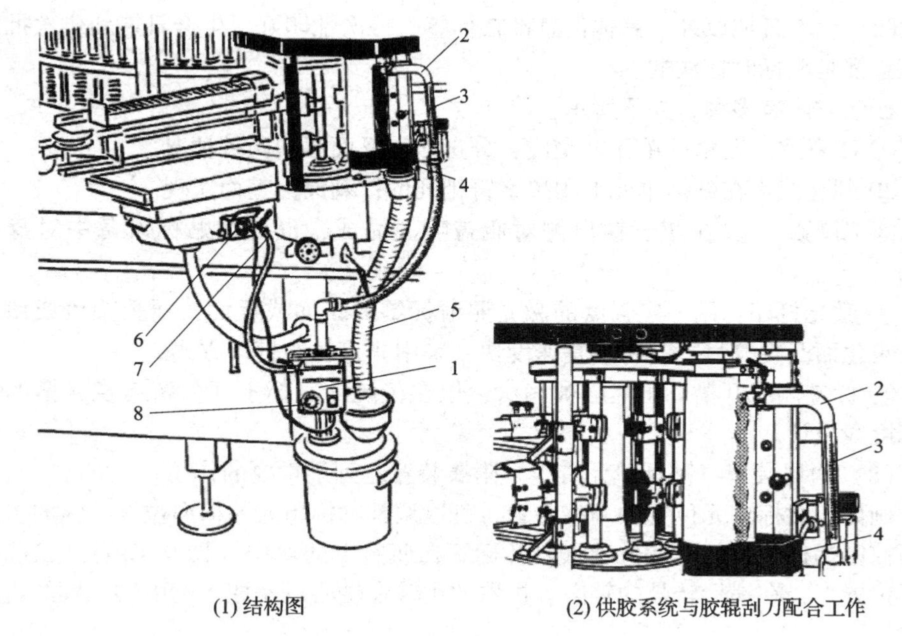

(1) 结构图　　(2) 供胶系统与胶辊刮刀配合工作

图 9－28　胶泵及供胶系统

1—胶泵　2—供胶管　3—温度显示条　4—收集碗　5—回流管　6—电加热电源插座
7—压缩空气气源接口　8—电加热温度调节旋钮

（7）日期打印装置　图 9－29 所示的日期打印装置为传统设备上安装的，采用印章的方法将日期印到取标之后的标掌标签上。由于打印技术的发展，日期的标注普遍采用喷墨打印机或激光打印机打印，打印装置则可以在贴标机主转台上安装，也可以在贴标机之后的输瓶轨道上安装。原始的印章或刺孔法采用接触式的打印方法，使用时对设备有一定的磨损，而喷码或激光打印等非接触式的打印方法速度高而且有利于设备的维护。

图 9－29　老式的标签日期打印方法

除了生产日期以外，其他信息都在标签上一次性印好。生产日期和班次批次等信息都是贴标时标注的。

标注方法有多种，如下所示：

① 印章式：在贴标单元上完成，分正面和反面压印两种情况。

② 刺孔式：在贴标单元上用按字符排列的针刺穿标签而实现。

③ 喷码式：多在瓶子输出侧对瓶盖喷墨完成，也可在贴标设备中对身标喷码。

④ 激光打印：用一定强度的激光照射标签的正面或反面，褪去颜色或使标签纸炭化而凸现符号。其特点是速度快，采用非接触的打印方式。

⑤ 标签侧缘开槽：虽然已被淘汰，但在传统的身标上还保留有供开槽的日期刻度线设计。

（8）附属装置　贴标单元有很多附属装置起到了重要的作用。

例如，贴标单元位置的调整装置，可以调整贴标单元的横向位置、纵向位置从而控制揭标转鼓的贴标位置点以及标签在瓶身上的对中（图 9－30）。正确的贴标位置点，在揭标转鼓的轴心、机器的主转台轴心以及瓶子的中轴三轴的连线位置处。

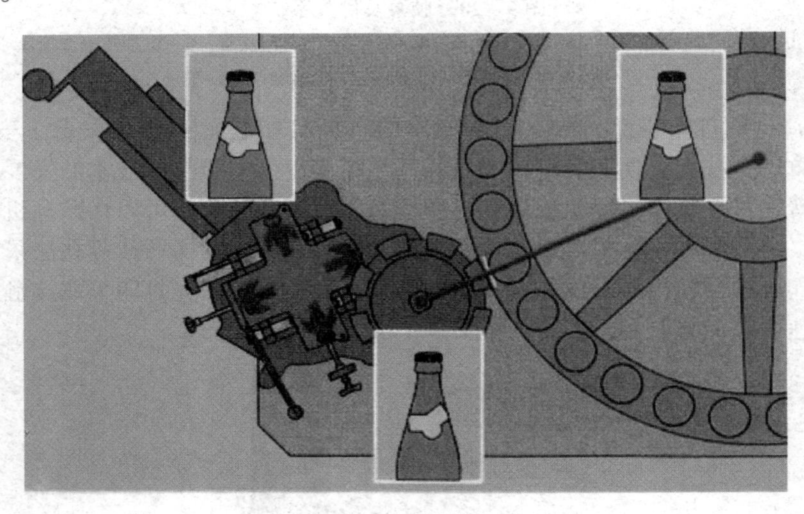

图 9－30　贴标单元位置的调整

背标系统上的杠杆式离合器，当不需要背标时，背标贴标单元可以由离合器置于待工作状态，以减少磨损。

清洁刷（图 9－31），安装在揭标转鼓贴标之后，对揭标转鼓的揭标指进行清扫，保证其下次揭标的顺利进行。

自动化程度高的贴标机还在贴标单元上装有激光测胶膜厚度的装置（图 9－32）。

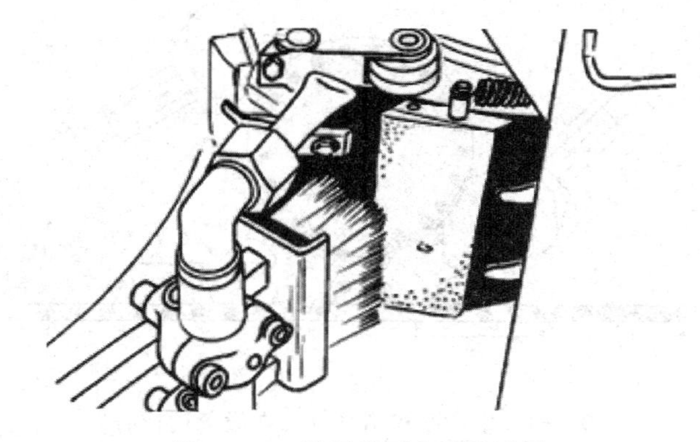

图 9－31　贴标单元上的清洁刷

图 9－32　激光测胶膜厚度

四、贴标机的控制系统

贴标机由多个不同的控制系统组成，其中重要的有生产率控制系统和贴标控制系统。

1. 生产率控制系统

生产率控制系统不光能控制生产速度，同时具有阻瓶和刮胶板控制功能。对于高效无故障的设备操作，一个连续平稳的瓶流是每个时刻所必需的。生产率控制系统能够根据机器进口和出口处的瓶流情况自动调整生产速度。

当选择开关打到自动挡且设备正常启动后，进口处瓶子的检测开关（1 和 2）启动（图 9－33），阻瓶器释放——胶水（刮胶板）和标签供给（标盒载架）装置开启（当条件满足时才会动作），出口处瓶子的检测开关（4 和 5）释放。机器的运行速度逐渐加速到预设值。

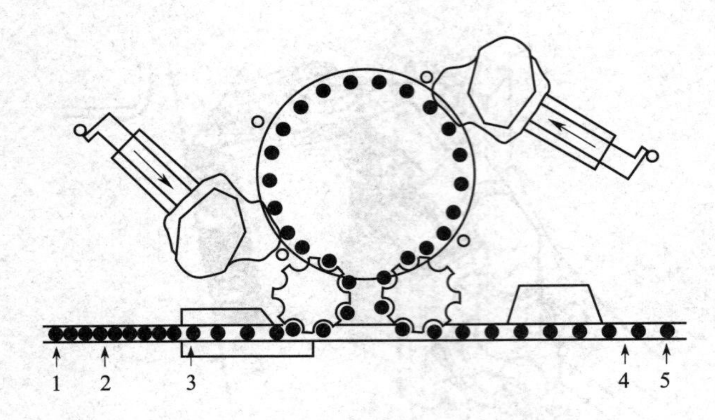

图 9－33　生产率控制系统（在设备运行时）

1，2—入口处的瓶检测开关　3—阻瓶器　4，5—出口处的瓶检测开关

当进瓶口处的瓶子缺少或者当出瓶口处的瓶子堆积时（图 9－34），机器减速至最低生产速度，在几个预设脉冲之后阻瓶器被锁死。当故障的原因被消除后，阻瓶器将被释放（有些机型需要在操作人员人工复位后）。当进瓶处的瓶子充足之后（被 1、2 处检测开关检测到），机器会加速至预设速度。

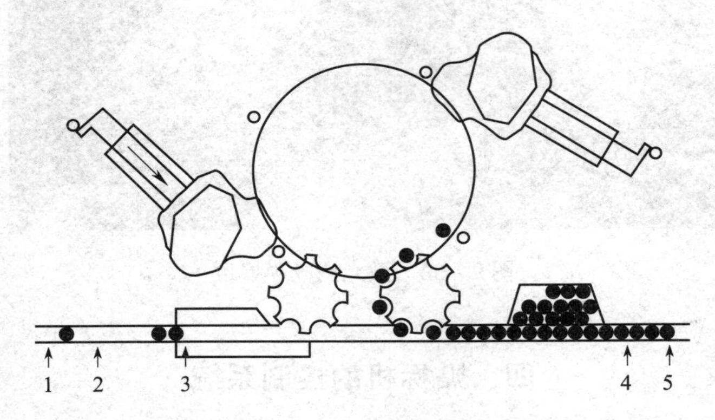

图 9－34　自动控制系统（在设备故障时）

1，2—入口处的瓶检测开关　3—阻瓶器　4，5—出口处的瓶检测开关

2. 贴标控制系统

贴标控制系统确保当瓶子进入贴标机后，标掌能够准确地取下标签并贴到瓶子上，系统由以下 4 个部分构成（图 9－35）。

（1）设备运行的脉冲发生装置（旋转编码器）。

（2）安装在进瓶星轮上方，检测瓶子的接近开关或光电开关（因信号和标盒动作有关，也称为标签开关）。

（3）控制装置　程序控制器。

（4）由气动装置驱动的标盒载架。

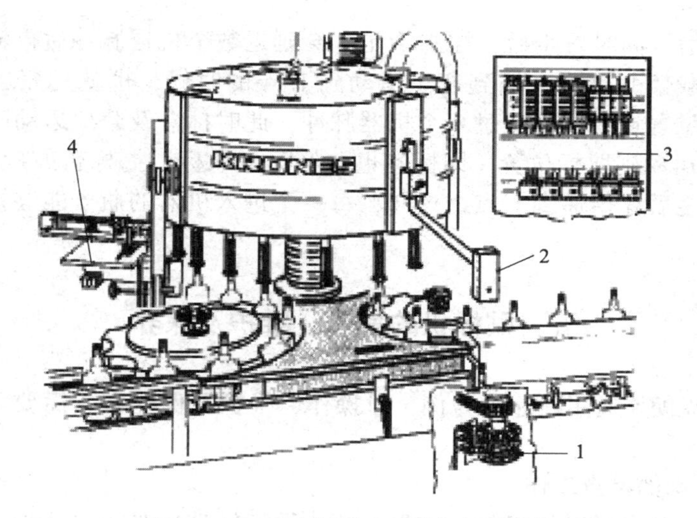

图9-35 （有瓶进入）贴标控制系统

1—设备运行的脉冲发生装置（旋转编码器） 2—安装在进瓶星轮上方，检测瓶子的接近开关或光电开关（因信号和标盒动作有关，也被称为标签开关） 3—控制装置：程序控制器 4—由气动装置驱动的标盒载架

设备工作时（图9-36），设备的某关键部件每旋转一周，脉冲发生装置（编码器）A将传送一个脉冲信号（后称为机器脉冲）到控制单元B（参看第七章第二节灌酒机的控制系统）。当一个瓶子进入设备，被检查开关（标签开关）C检测到，每一个容器都会产生一个脉冲信号传送给控制单元B。

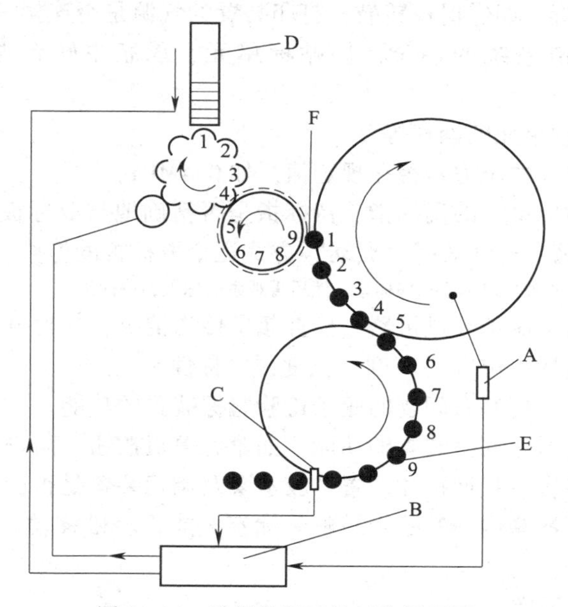

图9-36 贴标控制系统工作原理图

A—编码器 B—控制单元（如PLC） C—标签开关 D—标盒及其载架 E—E点 F—贴标位置点

当两个信号同时发生后，控制单元 B 会延迟数个机器脉冲后再输出信号控制标盒及其载架 D 运动。当到瓶子运动到 E 点的时候，也就是瓶子从此往前运动到贴标位置点 F 要再经过 8 个机器脉冲，此时标盒及载架运动已由控制单元 B 驱动，运动到取标位置，即标签也要经标掌取标、揭标转鼓旋转输送，8 个机器脉冲之后才传递到 F 点。这样，每一个进入机器的瓶子能够被准确地贴上标签。

五、贴标机的操作、维护及保养

这里以克朗斯通用贴标机为例，对操作、维护及保养做一简要介绍，仅供参考。

1. 开机前的检查工作

(1) 装入机器的贴标组件（如取标板，揭标转鼓）是否与待加工的瓶子和贴标形式相符。

注意：同属一套的部件上都带有相同颜色的标志或代号。

(2) 输送带护栏宽度是否按瓶子直径调整好。

(3) 贴标单元的位置是否与待加工的瓶子类型相符，位置是否锁定。

(4) 机头高度是否正确。

(5) 检测元件如空隙检测开关，验标光电开关等的位置是否调整好。

(6) 验标装置是否调试好。

(7) 所有气管，如供揭标转鼓，打印装置的气源是否连接好。

(8) 检查润滑系统的油位，如贴标单元、承瓶主转台循环润滑系统的油槽。

(9) 空气处理单元的油杯等。

(10) 压缩空气的压力是否在规定值，如 0.4MPa。

(11) 检查贴标单元的揭标指、持标指是否精确地与取标板的凹槽对齐。它们之间决不能接触。建议采用“点动”方式逐个取标板的检查。

注意：检查次序是先观察取标板和揭标指，然后再观察取标板和持标指。

(12) 让一两个瓶子经过机器，检查瓶子传送情况，并检查瓶子是否稳定。

(13) 检察刷标组位置（高度，宽度，对称性）。

(14) 放入一个标签有问题的瓶子检验验标装置的功能。

(15) 检查机器上安全装置的功能，如紧急停机按钮，防护罩。

(16) 辅助装置、日期标注装置、胶水泵及调稳装置是否安装调试好。

(17) 检查标签盒内标签是否平整，标签叠能否轻松移动。必要时可拆下标盒检查。

2. 开机准备工作

(1) 胶水泵及加热装置至少提前 10min 启动。

（2）给标盒加标签，注意添加前须翻动标签叠的四边以消除粘连。已折过的标签尽量不用。

（3）通过标盒前的旋钮根据标签的实际情况调整持标指的位置。

（4）开总气源阀和水阀。

（5）抬起控胶手柄使胶辊上产生很薄的胶膜，给取标板预涂一些胶。正式贴标时机器的“自动控胶”生效，手柄回落下而复位。

（6）通过旋转带刻度的胶膜厚度调节钮设定期望的膜厚，在胶辊上应能看到清晰的取标板压痕。

（7）接通驱动标签盒的气源（手阀）。

（8）生产模式开关旋至“自动”。

3. 生产中的注意事项

（1）保持机器必要的速度。

（2）经常检查胶的温度，必要时改变设定值。

（3）检查胶膜厚度，在贴铝箔头标时胶膜适当厚一些（两段式胶膜控制）。

（4）根据标签情况及时调节持标指。

（5）经常性检查输出瓶子的贴标质量。

（6）及时添加标签。

（7）及时准备好胶水，保证使用前胶水温度接近环境温度。建议提前24h将胶放置在车间内。

（8）当生产停顿时做如下处理。

① 15min 以内的停机：关阻瓶器，使机器减至最低速度；胶膜调到最薄，保持机器运行。

② 15min 以上的停机：按下紧急停机按钮，关胶泵及加热装置；清理持标指，清洗刮胶板和胶辊、取标板、揭标指等。

4. 生产后的维护保养

（1）排空机器。

（2）按下紧急停车按钮。

（3）停胶泵。

（4）松开贴标单元并使尽可能离开承瓶主转台。

（5）拆下贴标组件如取标板，胶辊和刮板，标签盒等和输瓶组件如输入/输出星轮、弧形导板、分瓶蜗杆等；拆下供胶管，集胶盘等；拆下刷标组件；凡带胶部件放入温水中浸泡刷洗；清除持标指和揭标指等处的残胶。

注意：防止刮胶板和胶辊与其他金属件碰撞。水温约 40℃。切勿用坚硬物清除残胶。

（6）清除机内废标，用刷子、小扫帚清除机内玻璃渣等。

（7）刷洗贴标单元。

(8) 用气枪吹干贴标单元及贴标组件。在各部件的轴及轴座处涂少许润滑油。包括持标指、揭标指、旋转手柄的罗纹等。

(9) 依具体情况将各组件妥善存放或重新装入机器。

注意：取标板应对号入座，揭标转鼓处的隔距管绝不能放错。

5. 机器的润滑

(1) 润滑工作　机器定期认真润滑保养对保持良好状态至关重要。

润滑工作一般分 5 个时间间隔，见表 9－1。

表 9－1　润滑工作时间间隔

每天（每班）	以 10h 计
每周	50
每半年	1 000
每年	2 000
每两年	5 000

轴承和减速器在最初 300h 内较敏感，因此这段时间内应特别注意润滑。新机器头 50h 内不应开到最高速度。

表 9－2 是克朗斯 723 Universalle 的润滑计划（较难实施的油脂润滑点的加油嘴都集中在机器侧面并编上了号）。

表 9－2　克朗斯 723 Universalle 的润滑计划

润滑点	名称	周期	手段	油号
1	上主轴承	每周	手动油枪	KP2K（EP2）
2	下主轴承	同上	同上	同上
3	星轮传动部	以下均相同	以下均相同	以下均相同
4	星轮传动部			
5	星轮传动部			
6	星轮传动部			
7	齿轮			
8	中间轴承			
9	链条			
10	离合器环			
每天检查：				
11	空气处理单元，必要时及时加油（HLP32/DO32）；排放冷凝水；清洗滤网。			
每天须润滑的部位有：				
12	标板轴、轴座以及端盖上轴承（KP2K）			

续表

润滑点	名称	周期	手段	油号
13	胶辊轴承			
14	揭标转鼓			
15	刷标装置的支架			
16	揭标转鼓上的滚轮推杆（CLP150）和凸轮（KP2K）			
每周须润滑的部位有：				
17	机头升降导轴（KP2K）			
18	贴标单元驱动轴万向结（KP2K）			
每年须润滑的部位有：				
19	蜗轮减速器换油（CLP220）			
注意：换油在机器运行一段时间后进行				
20	分瓶蜗杆传动装置换油（GP－OH）			
21	传送带传动装置换油（同上）			
22	承瓶主转台循环润滑系统换油（CLP150）			

（2）主转台的循环润滑系统　机器的循环润滑系统（图 9－37）为主转台内的瓶托配件、齿轮、扇形齿轮、凸轮从动件、凸轮轨道等部件提供了良好的润滑，见图 9－38。

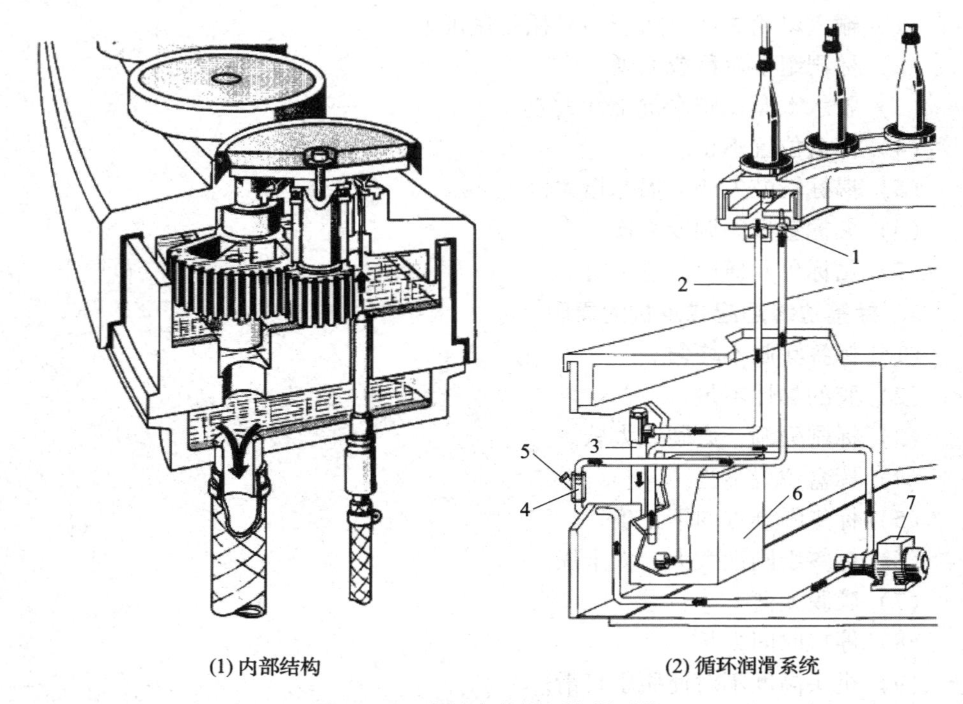

图 9－37　主转台的循环润滑系统

1—过滤器及喷嘴　2—油回流管　3—油位视镜　4—流量指示器　5—过滤器　6—油箱　7—油泵

（3）空气处理单元　见第三章装卸箱机。

六、贴标常见问题及原因

1. 瓶子上无标签的原因

（1）标盒已空。

（2）标签在盒中卡死或标签边缘粘连。

（3）持标指失调。

（4）标签尺寸过大。

（5）无压缩空气或标盒架气源阀未开。

（6）胶桶已空或刮胶板关闭。

（7）废标签卡在胶辊上。

（8）揭标转鼓或揭标指失调。

（9）揭标指变形或弹簧断裂。

（10）揭标垫板失调或被胶污染。

（11）贴标单元定位不对。

2. 标签贴得不正的原因

（1）输入星轮失调，瓶子不在托瓶盘正中。

（2）标刷组不对称或太硬。

（3）胶水太厚，胶水抗湿性太差。

（4）标盒位置不正。

（5）揭标转鼓失调，揭标指太松。

（6）夹标垫板失调或磨损。

（7）贴标单元横向位置不对。

3. 标签边缘翘起或反折的原因

（1）标签涂胶不均匀。

（2）胶的黏性不足。

（3）标刷失调，太硬或太软。

（4）标盒位置不当。

（5）标签纤维方向不正确。

（6）标签纸刚性太大、太干燥。

（7）胶膜太薄。

（8）停机时间太长。

（9）机头高度不对使瓶子打滑。

4. 标签破损的原因

（1）标盒太紧太窄。

（2）持标指失调，揭标指失调。

（3）标刷失调或太硬。

（4）胶的黏性太强，胶的温度不当。

（5）星轮及导板处有玻璃片渣等。

5. 贴标单元受胶污染严重的原因

（1）标板太大。

（2）标签在标板上位置不精确。

（3）胶太黏，胶膜太厚。

（4）胶本身有拉丝现象。

第三节　影响贴标质量的标签和胶水

一、标 签 质 量

标签的质量与贴标质量有着密切的关系。标签的某些指标如未达到便会直接影响贴标质量和效率。实践证明，绝大多数贴标问题是贴标材料——标签和粘贴剂（胶水）所引起的。

现代化高速贴标技术对标签质量提出了很高的要求。具体如下：

（1）抗拉强度　也称拉断强度。标签的抗拉强度，垂直于纤维方向至少为24N/15mm试验纸样宽度，沿纤维方向的抗拉强度与垂直纤维方向的拉断强度之比不得小于2∶1；湿态拉断强度足够大，不小于干态的30%。

贴标原理可知，贴标单元上揭标时标签受拉力作用（图9－38），速度越高力也越大。强度不够（尤其是横向强度）会导致标签断裂或破损。由于灌装间环境潮湿以及粘贴剂（胶水）本身含水分，标签的湿态强度显得更为重要。

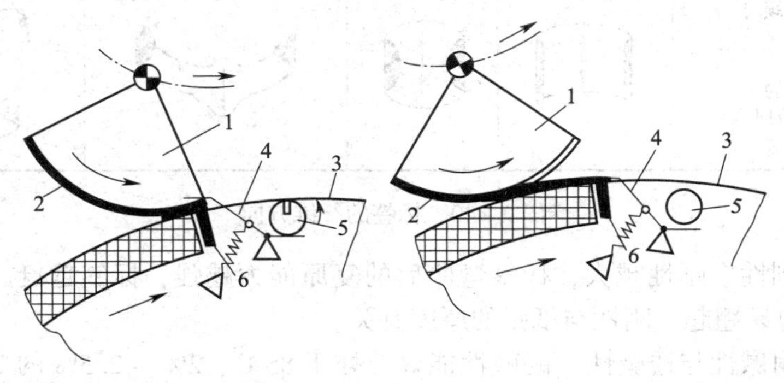

图9－38　标签从标掌上被揭标转鼓取下的过程

1—标掌　2—标签　3—揭标转鼓　4—揭标指　5—控制凸轮　6—标纸垫

（2）纤维方向　纸质的标签其正确的纤维方向应该是横向。只要在标签印刷过程中注意到就很容易满足这项要求。当标签背面吸湿后应该呈现上下边卷曲而不是侧边卷曲（图 9－39 和图 9－40）。当标签由于印刷错误而出现侧边卷曲，则贴标后标签的卷曲力抵抗标签背面胶水的粘力，从而导致标签卷边、贴不平整的现象十分普遍，还会增加胶水的耗量。

图 9－39　纸质标签吸水后卷曲方向

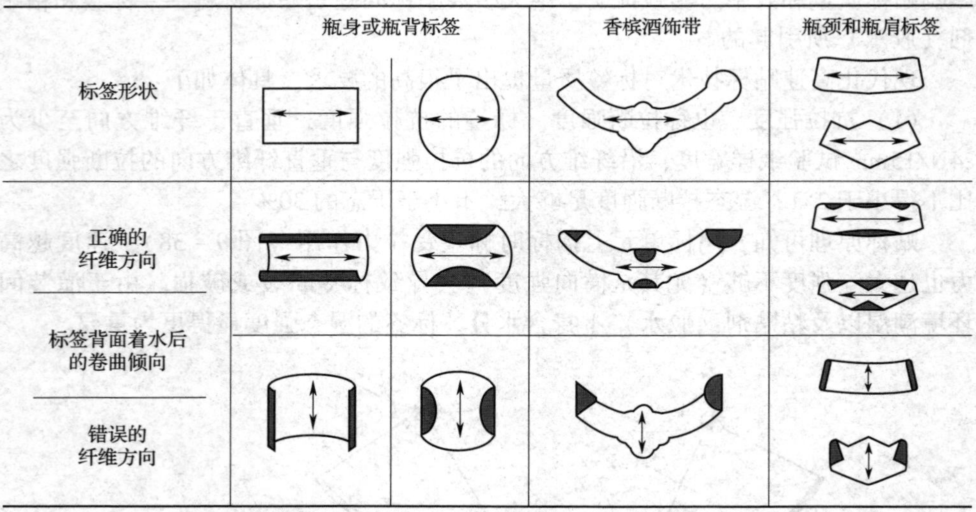

	瓶身或瓶背标签		香槟酒饰带	瓶颈和瓶肩标签
标签形状				
正确的纤维方向				
标签背面着水后的卷曲倾向				
错误的纤维方向				

图 9－40　标签的纤维方向

（3）刚性　刚性越大，标签弯曲后的复原能力越强，标签越挺。刚性太强时标签侧边易翘起。刚性与纸张的厚度有关。

（4）耐碱性与透碱性　耐碱性能好，处于 85℃、2% ～2.5% 的 NaOH 碱液中不易碎烂。对于回收瓶，标签应能迅速完整地在洗瓶机内被洗下，标签如不耐碱尤其是耐热碱，则不利于保证洗瓶的效果和效率。废标与碱的反应产物能造成碱液的污染以及喷头的堵塞。

标签同时应具备透碱性，易于被碱液渗透，有利于洗瓶时浸泡除标。这一点对使用回收瓶的生产线具有较大的意义。

(5) 外形尺寸偏差　标签的外形尺寸偏差过大时可能无法实现机械化贴标，标签不是在标签盒中卡死，就是从标盒前跌落出来。允许误差为 ±0.25mm。

(6) 冲切质量　标签印刷后的冲切质量不好会使得标签边缘重叠粘连，导致取标困难或失败。

(7) 含水量/干燥程度　标签内适当的含水量可使得标签保持适当的强度和平整性。标签太干或者太湿都会使标签卷曲从而影响贴标（图 9－41）。因此，标签储存应注重温度、湿度。一般相对湿度在 60% ～70%；温度在 20～25℃。

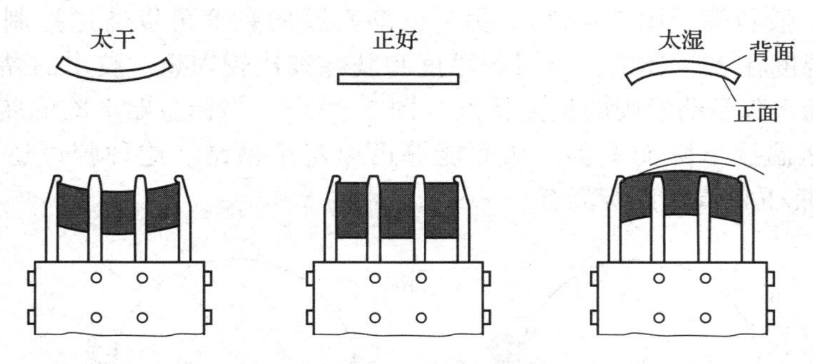

图 9－41　标签干湿程度对贴标的影响（标盒前沿）

(8) 吸湿性（Cobb 值）　标签背面适当的吸湿性有利于缩短固定时间，在贴湿瓶时非常重要。吸湿性一般用标签背面的 Cobb 值来表示，Cobb 值指的是纸张表面在一定温度湿度条件下 1min 内的吸水量。

(9) 与粘贴剂（胶水）的适配性　标签背面应有好的附着性。

(10) 耐磨性　正面也就是印刷面的耐磨可以避免瓶子在输送、装箱的过程中造成划伤或破损。

(11) 油墨耐碱　对于标签油墨的这个要求可以在标签印刷时通过选择合适的环保型油墨实现。油墨耐碱可以避免洗瓶时废标上的油墨进入碱中，从而降低碱液质量和洗瓶效果。

二、粘贴剂（胶水）质量

粘贴剂也称胶水，其作用是将标签牢牢地贴在容器上。容器的材料各异，生产条件也不同，贴标速度有快慢，胶水当然应有所选择。除了上述因素外，还应考虑标签纸的性状、容器表面特点、容器温度、上胶方式以及运输储存等条件。对于啤酒行业而言，在我国绝大多数情况是较温且干的玻璃瓶，当灌装纯生啤酒时则可能遇到瓶壁潮湿的情况。

1. 胶水种类

啤酒厂常见的胶水大致有四种。

（1）糊精胶　糊精胶的特点是粘结力强，粘附较快，冷冻不敏感，适合贴热瓶，但不具备抗湿性，干结太快，不适合贴湿瓶壁。

（2）淀粉胶　淀粉胶适合于50 000瓶/h以下的设备，较适合贴热瓶，有一定的抗湿性，粘结时间较长，但成本较低。缺点是容易变质，容易干结，不易清洗，高速贴标时常会喷胶粒造成污染和浪费。

（3）酪素胶　酪素胶又称蛋白胶，主要原料是奶制半成品即牛奶蛋白在碱性条件下分解而成，虽然成本高，但因优点多而在啤酒行业内被广泛使用。其主要优点有：流动性好，抗湿性好，溶于热水，容易清洗，粘力适中，在高速贴标时不"喷"胶粒等（图9－42）。另外，酪素胶的黏度可以通过控制温度来调节，使用温度在22～28℃，这时的黏度和胶耗都比较理想。胶水的黏度随着温度的升高而下降是酪素胶的重要特点（图9－43）。当标签贴上冷的瓶时，标背面胶水遇瓶温度下降而变黏，从而能够迅速定位粘结。这种胶可适用于最高达80 000瓶/h的高速贴标场合。

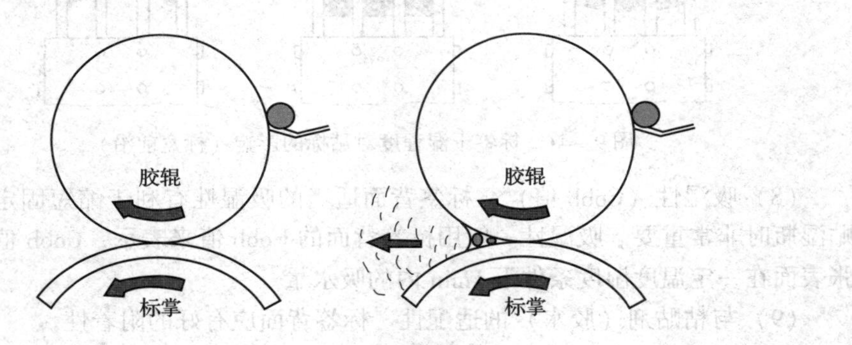

图9－42　生产时的喷胶粒

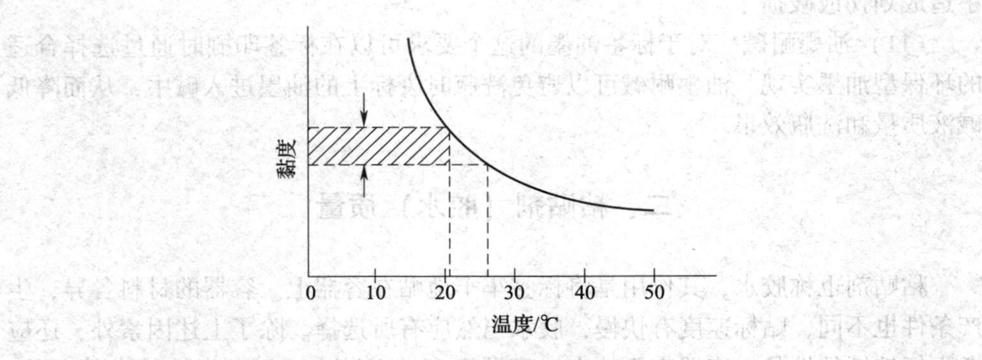

图9－43　酪素胶温度－黏度关系

所以，使用酪素胶必须配备可调节温度的供胶系统（胶泵）。酪素胶的储存应注意，温度不得低于10℃，否则胶会变质。酪素胶能满足目前最快速度的贴标需要。

（4）植物胶　植物胶也具有良好的抗湿性，冷冻敏感，能用于冷或热的瓶子，但粘结时间较长，洗除标签较耗时。

2. 胶水的消耗

生产中胶水耗量主要取决于：容器材料及表面形状；贴标面温度；加工速度；胶水的种类及胶的温度；标纸性质；胶辊的材料；标签的涂胶方式等。

采用部分涂胶方式（即采用有花纹的标掌）既能节胶（图9-44），又能节省洗瓶时间，在贴湿瓶时还能提高标签的初始稳定性。

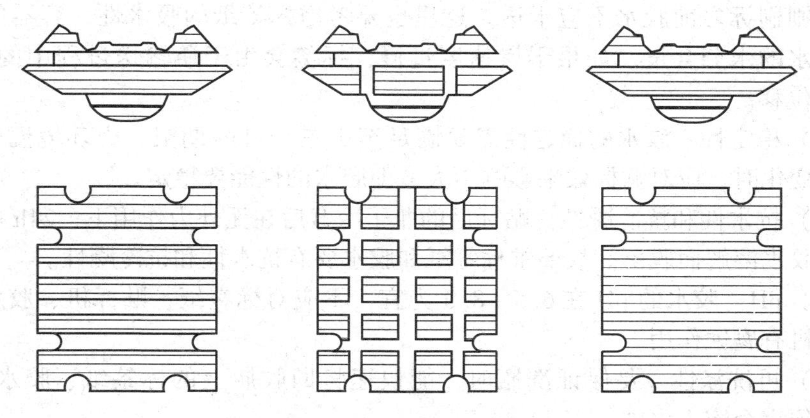

图9-44　各种涂胶方式

理想情况下胶水耗量低于20g/m^2。

实践中应尽量避免涂胶太厚，这样不仅废胶，还容易污染贴标单元上的敏感部位。若污染揭标转鼓上的揭标指和标盒上的持标指，则易引起取标故障；若污染标刷，则易在瓶子外壁留下过多的胶痕；胶膜过厚会使标签固定的时间相应延长，在输送过程中易造成标签损坏；胶膜过厚还会对标签有浸透性，标签干后容易发皱。

涂胶太薄时标掌取标会出现困难。胶干后瓶身上的标签容易脱落，贴标不牢固，产生翘边、折边等现象。

3. 对胶水的要求

综上所述，高速贴标对胶水提出了如下要求：搅动稳定性；不拉丝，不喷粒；抗湿性；足够的粘结力（但不过分）；良好的亲和性和附着力；易溶于热水和热碱液；与碱无反应或较少反应；流动性好，可调出极薄的胶膜。

（1）胶水黏性　胶水黏度要适中，且在同一温度下黏性不变。如果黏度太大，揭标转鼓的揭标指取标时则可能撕坏标签；如果黏度太低，则易造成取标板从标盒中取不出标签或在容器上贴不牢，可能造成位移、翘边甚至脱落。酪素胶在温度低时黏度会增加，温度高时，黏度值相应会降低。黏度一般与胶水的流动性、分散性成反比，胶水的浓度越稀，胶水的流动性、分散性就越好，但黏度就越差。如果黏度过高，常用的方法是通过加热来降低酪素胶的黏度。

（2）纤维性　也就是我们通常所说的“拉丝现象”。拉丝短，使得贴标过程中不甩胶；拉丝长时，不仅增加胶水的耗量而且造成取标板、转鼓、标盒上附着大量的残胶，甚至于毛刷上带胶，从而影响取标，使得清理卫生困难，瓶身被胶污染。

（3）速干性　速干性是指胶水从接触瓶子到胶水完全干燥的时间。速干性一般同胶水的固含量成正比，固含量高，速干性好。胶水的固含量一般为30%～40%。贴标后要求干燥速度尽可能地快，但是必须保证贴标机的最后一组标刷刷标之前胶水不应干透。这里也要考虑标签纸的吸水性、容器的温度以及胶水的水分含量。如果干燥速度过慢，标签会由于瓶输送过程中的摩擦、碰撞而位移。

（4）稳定性　胶水的稳定性需要满足至少三个月的期限。当环境温度、湿度出现变化时，应对贴标效果影响不大，即胶水的性能要稳定。

（5）抗水性和抗冷凝性　贴标后的瓶子冷藏后在无外力作用下，24h 内标签不能因胶水溶解而脱落。故要求标签纸和胶水要有抗水性和抗冷凝性。

（6）pH　胶水的 pH 在 6.5～8.0 为宜，不应对标签纸、贴标机、胶水泵以及洗瓶机有腐蚀作用。

（7）可洗涤性　要保证洗瓶时，能快速将回收瓶上的标签纸、胶水洗掉，胶水必须完全溶入水中。

（8）安全性　胶水应无毒无味，生产过程中对人的副作用小，同时不应对环境有污染。有时胶水中的多种助剂（如退黏剂、防腐剂）和其他化学成分对人的嗅觉、视觉器官有刺激感，这样的胶水则不符合食品工业的安全要求。

思　考　题

1. 由于机器设备的缘故而造成标签贴歪的原因有哪些？
2. 标签纸应该满足的要求有哪些？
3. 酪素胶的优、缺点有哪些？
4. 贴标机的核心部件是什么？由哪些重要元件组成？

第十章 纯生啤酒及其他包装形式生产线

知识目标

1. 了解纯生啤酒生产线的特点。
2. 了解塑料（PET）瓶啤酒生产线的特点。
3. 了解易拉罐啤酒生产线的特点。
4. 了解桶装生产线的特点。

技能目标

1. 了解纯生啤酒生产的工作规程。
2. 了解玻璃瓶以外的包装形式。
3. 学会有关啤酒包装生产的物料计算。

第一节 纯生啤酒生产线

一、纯生啤酒与普通啤酒的区别

纯生啤酒与普通啤酒的区别在于普通啤酒经过巴氏杀菌处理，而纯生啤酒未经过巴氏杀菌的加热处理（但经过了相应有效的除菌处理，仍能保证其生物稳定性），其口味优于普通啤酒。

二、纯生啤酒灌装与普通啤酒灌装的区别

纯生啤酒灌装与普通啤酒灌装存在一定的区别。纯生啤酒为了保证其口味在

灌装过程中尽可能少地受到影响，其灌装过程要求非常严格。由于灌装后，不再进行普通啤酒所采用的巴氏杀菌工艺，因此纯生啤酒生物稳定性的保证，需要通过严格的控制染菌的可能才能得到保证。

在生产线的配置和设备的环节上，纯生啤酒的生产更体现出对微生物的控制。

纯生啤酒线的设备配置区别较大。介绍如下：

1. 包装物环节

易使用一次性容器包装，例如，塑料（PET）瓶、一次性玻璃瓶等。

2. 洗瓶环节

洗瓶机应采用双端式洗瓶设备，有必要在生产车间内用隔离墙将出口与入口处彻底分开，避免进口处空气与出口处空气的流通。机器应设置有内部清洗杀菌装置（使用蒸汽和过氧乙酸，参见第五章）。

3. 输送带环节

采用标准的不带滴水盘的输送带；采用带杀菌剂浸泡槽式的输送带；有 CIP 系统的输送带。

4. 空瓶验瓶环节

验瓶设备应采用直线式验瓶机，其开放式结构易于清洗。验瓶机采用卫生型瓶底喷吹系统（即喷吹瓶底系统采用无菌压缩空气等措施，见第六章内容）。

5. 灌装前瓶预处理环节

有必要采用冲瓶机（两槽式的，采用蒸汽和无菌压缩空气）对灌装前的瓶子进行冲瓶预处理。避免线上二次污染的可能，保证瓶中的绝对卫生。

6. 灌装、压盖环节

灌装设备应采用卫生型、防二次污染的设计，带有蒸汽处理过程的灌装系统则更佳。如下所示。

（1）机器台面采用易冲洗型台面（图 10 – 1）。易冲洗型台面各处倒角光滑，无死角，易冲洗，这意味着台面上残留的酒液能够被冲走，微生物生存的可能性降低到最小。

（2）宜采用气动式灌装机构（参见第七章内容），因气动式灌装机构设计简洁，内外都易于清洗。

（3）产品输送管道上装有防泄漏式阀门。

（4）压盖设备采用开放式设计，易于冲洗和 CIP 清洗。

（5）磁性瓶盖输送系统上有分拣装置来去除杂物。

（6）输送通道内有紫外线灭菌处理装置。

7. 卫生清洗用设备

CIP（原位清洗）：碱液罐、热水罐、清水罐含 0.2mg/L 的 ClO_2（清水供给

图 10－1　易冲洗型台面

多个设备包括洗瓶机、冲瓶机、灌装压盖机、输送带 CIP 系统、输送带润滑系统等）和 SIP（蒸汽原位杀菌）装置。

设备外部热水喷射冲洗设备：周期性对设备外部进行热水喷冲清洗。

高压喷射清洗系统：可移动，对链道外部进行喷冲清洗（不用加热）。

ClO_2发生器：在 CIP 系统的清水集中供给系统中提供含 0.2mg/L 的 ClO_2。

活动式泡沫清洁设备：喷冲清洗洗瓶机出瓶区域、空瓶验瓶机、冲瓶机和灌装压盖设备外部。

8. 灌装隔离区

对生产线中洗瓶机到灌装－压盖设备出口这个部分进行隔离处理。

采用空气处理装置对生产区进行空气加压处理，控制空间空气流通方向。对车间关键部位特别是隔离区的空气进行无菌过滤处理（100 级）。温度控制在 18～24℃，相对湿度控制在 55% 左右，每小时至少换 5 次新鲜空气。隔离区全天 24h，全年 365 天都在空气处理当中。整个灌装隔离区包括墙、顶棚、底板以及排污系统都需在卫生清洁程序可控范围内。

以上所述参考图 10－2。有关生产设备方面的内容请参见本章第二节塑料瓶啤酒生产线。

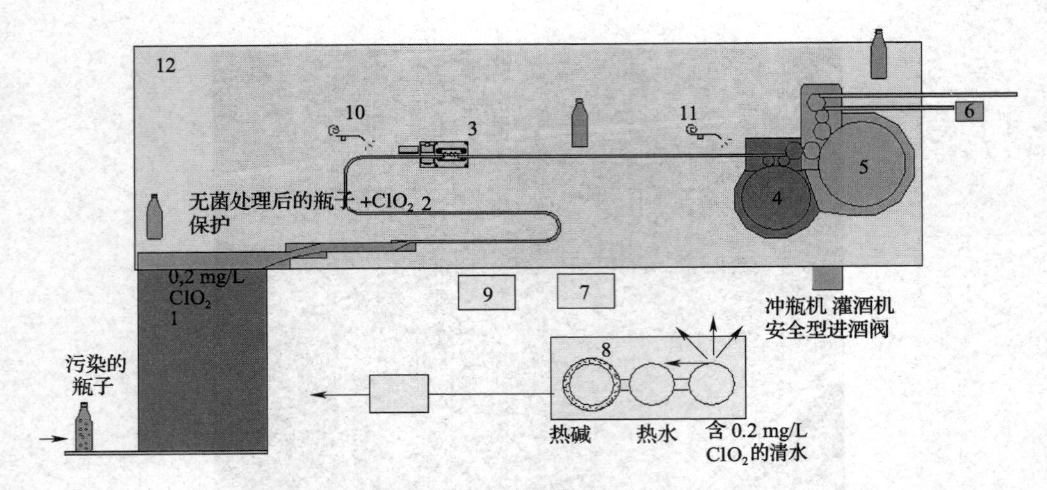

图 10－2　采用无菌灌装技术的纯生啤酒生产线（克朗斯，Krones AG）

1—双端洗瓶机　2—传送带　3—开放式设计的空瓶验瓶机　4—冲瓶机（蒸汽＋无菌空气）
5—灌装机（1 次蒸汽处理或 2 次蒸汽处理；开放式设计的压盖机）　6—磁性瓶盖输送系统
7—过滤机　8—CIP 系统　9—ClO_2 发生器　10—高压喷射清洗系统
11—移动式泡沫清洗设备　12—灌装隔离区的空气处理系统

三、纯生啤酒灌装的设备清洗

纯生啤酒灌装设备的清洗应严格执行规定的清洗程序，一般采取下面的清洗方案。

1. 输送带的清洗和润滑

输送带在使用过程中，一直是保持既润滑又清洗的原则，因此，所用润滑剂必须具有一定的杀菌作用，以保持输送带的清洁卫生。

可以使用专用润滑剂，也可以在普通输送带润滑剂里添加 2mg/L 的二氧化氯，润滑灌装机两侧的输送带。

2. 洗瓶机的清洗

（1）洗瓶机碱槽 1 或碱槽 2 使用浓度为 2% 左右的氢氧化钠，温度在 70～80℃。可以根据需要添加一些添加剂。

（2）在洗瓶机的温水区可以根据实际情况，添加一些防止结垢的添加剂，以保持洗瓶的光亮。

（3）洗瓶机清水区的喷冲水应添加 1～2mg/L 的二氧化氯，或相应的添加剂，以保证出瓶区瓶子的无菌。

3. 冲瓶机的清洗

应该用含 1～2mg/L 二氧化氯的喷冲水对冲瓶机进行冲洗，也可使用专用的添加剂到喷冲水里。

4. 纯生啤酒 CIP 过滤系统的清洗

（1）首先用清水进行冲洗。

（2）然后用1% ~1.5% 的专用氢氧化钠清洗剂以及0.5% ~0.7% 的专用催化添加剂循环清洗。

（3）清水冲洗。

（4）0.25% 的专用消毒剂进行消毒。

（5）根据需要，定期使用0.5% ~1% 的专用酸性清洗剂进行酸碱中和清洗。

5. 灌装机的 CIP 清洗

（1）一般简单 CIP 清洗

① 清水冲洗。

② 用75 ~80℃，1.5% ~2% 的含有氢氧化钠的专用清洗剂循环清洗 20 ~30min。

③ 清水清洗。

④ 用专用的0.25% 消毒剂消毒 2min，也可用热水消毒。

（2）定期 CIP 清洗

① 清水冲洗。

② 用75 ~80℃，1.5% ~2% 的氢氧化钠清洗剂循环清洗 20 ~30min。

③ 清水冲洗。

④ 60 ~65℃的 1% ~1.5% 的专用酸性清洗剂循环清洗 10 ~15min。

⑤ 用专用的0.25% 消毒剂消毒 2min，也可用热水消毒。

6. 灌装机表面清洗

用含 1 ~2mg/L 二氧化氯的喷冲水对灌装机进行冲洗，也可使用 0.25% 的专用清洗剂进行清洗。

二氧化氯的产生可以选用专用化学物品和发生器。

7. 泡沫清洗（灌装机及工作台等有关环境表面）

（1）清水清洗。

（2）2% 的专用泡沫清洗剂在清洗表面铺一层薄泡沫，作用时间 10min。

（3）清水冲洗。

（4）2% 的专用泡沫消毒剂在清洗表面铺一层薄泡沫，作用时间 10min。

（5）清水冲洗。

四、纯生啤酒灌装线的卫生要求

纯生啤酒作为一种严格要求的高品质啤酒，它的生产全过程必须严格遵守有关卫生规定。

1. 纯生啤酒生产区人员卫生保证流程（图10－3）

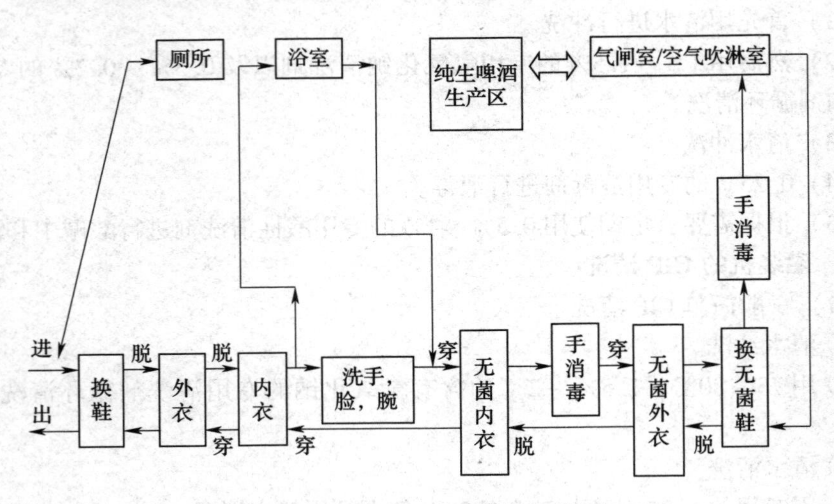

图10－3　生产区人员卫生流程图

2. 纯生啤酒生产区卫生要求

根据纯生啤酒对微生物的特殊要求，其生产区的洁净度级别要求达到100级。其测试可以采取静态测试，也可以采取动态测试。

（1）洁净度　指洁净环境中空气含尘量的多少和程度（包括微生物）。

（2）静态测试　指洁净生产区净化空调系统已处于正常运行状态，工艺设备已安装，但生产区没有人员的情况下所进行的测试。

（3）动态测试　指生产区已处于正常生产状态下所进行的测试。

3. 空气洁净度等级

空气洁净度等级见表10－1。

表10－1　生产区空气洁净度等级表

洁净级别	尘粒数/mm²		活微生物数/mm²	
	≥0.5μm	≥5μm	沉降菌	浮游菌
100级	≤3 500	0	≤1	≤5
10 000级	≤350 000	≤2 000	≤3	≤100
100 000级	≤3 500 000	≤20 000	≤10	≤500
大于100 000级	≤35 000 000	≤200 000	—	—

注：此表数据以静态测试为据。

第二节　塑料（PET）瓶啤酒生产线

一、包装材料

1. 塑料瓶的制成材料

塑料瓶通常由以下材料制成：PET，PEN 或者两者混合；其他塑料（PE、PC 等）。

现在使用较广的塑料瓶主要是由 PET 制成。PET（polyethlenferephthalat，聚对苯二甲酸乙二醇酯）是聚酯类，由乙烯基乙二醇与对苯二甲酸聚合浓缩而成。

2. PET 塑料的特性

塑料和周围环境之间一直进行着物质交换，可以透过气体、可逃逸成分和蒸汽。气体透过瓶壁是所谓的渗透性，瓶中内容物穿过瓶壁称为迁移性，材料阻隔气体交换的能力称为阻隔特性。

PET 塑料的阻隔特性相对较差，对于二氧化碳、氧气的阻隔作用（对于这两种气体的阻隔作用，通常简称为双阻特性）差，这意味着 PET 瓶中啤酒的二氧化碳会随着时间透过瓶壁向外扩散，而外界空气中的氧气也会透过瓶壁向内扩散，这样势必影响了 PET 塑料瓶装啤酒的保质期和口味。

就塑料容器而言，最早最广泛使用的材料就是 PE、PVC，大量在软饮料行业使用。这些材料因阻隔特性差而未能在啤酒行业广泛使用。使用高阻隔材料（EVOH、PA、PEN 等）是提高阻隔特性最直接的办法，但成本较高。

3. 改变阻隔特性的方法

为提高 PET 的阻隔特性，对啤酒 PET 瓶的研发从未停止过。提高氧气、二氧化碳阻隔特性的方法通常有三种：使用有阻隔层的多层瓶坯；通过共混、共聚或使用添加剂对 PET 进行改性；使用涂层技术。

（1）多层复合技术　采用此种方法的 PET 瓶通常是 3 层或 5 层，内外层为 PET，中间间隔层采用乙烯、乙烯醇共聚物（EVOH）、尼龙纳米复合材料（PA）或无定型尼龙加纳米黏土（MXD6）。具有代表性的多层瓶为 EVOH 与 PET，挤出吹塑法制成的 PET/EVOH/PET/EVOH/PET 五层瓶、PET/PA/PET、PET/MXD6/PET 等。

（2）PET 改性法

① PET 共聚改性通常采用二醇类、二酸类或 2，6－萘二甲酸二甲酯（DMN）作为聚载体，对 PET 进行共聚改性。

② PET 共混改性法：在 PET 中加入其他物质，如 LCP、MAX6、PEN 等可对其进行改性。

③ 纳米复合改性法：利用纳米材料（如纳米蒙脱土）对 PET 进行改性，提高 PET 的阻隔特性。

（3）涂层技术　采用一些阻隔特性好的材料，涂装到 PET 瓶的内壁或外壁上，以此来增强 PET 瓶阻隔氧和二氧化碳的能力。

① 环氧类涂层技术：利用环氧胺类阻隔材料对瓶内壁或外壁进行镀膜涂层。

② 碳涂层技术：采用电离技术将乙炔电离分解成离子碳和离子氢，在瓶内壁形成精细的涂层，以此提高 PET 瓶的阻隔性。

③ 氧化硅涂层技术：采用电离技术将硅离子气体和氧气混合后涂布在瓶子外壁形成涂层，能提高瓶子的阻隔特性以及耐磨程度。

二、PET 瓶啤酒包装生产线组成

图 10－4 为克朗斯公司的 PET 瓶啤酒包装生产线。同时，也可作为纯生啤酒生产线。

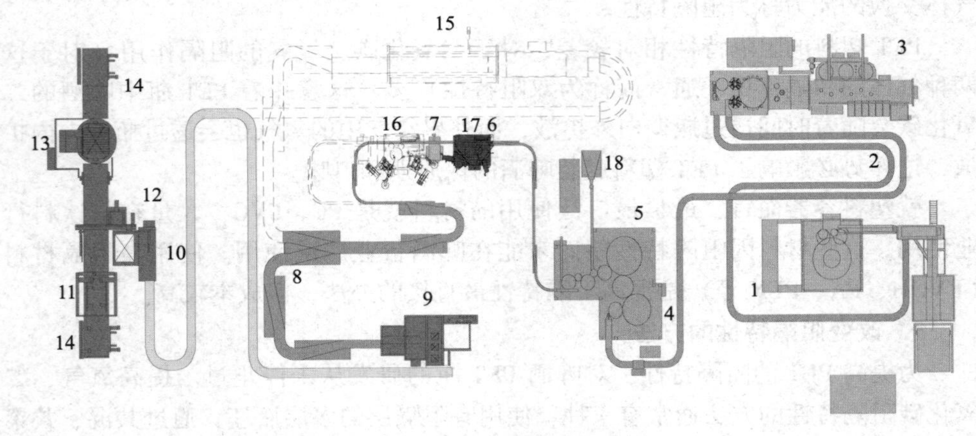

图 10－4　PET 瓶啤酒包装生产线（克朗斯，Krones AG）

1—吹瓶机　2—PET 瓶空气输送系统　3—涂层设备　4—冲瓶机　5—容积式 PET 瓶灌装机　6—薄膜贴标机　7—灌装液位和标签检测装置　8—瓶装输送带　9—裹膜包装机　10—箱型输送带　11—垛板库　12—码垛机　13—垛裹膜装置　14—垛输送带（虚线部分为扩展部分）　15—托盘裹膜一体式包装机　16—薄膜贴标机　17—激光打码机　18—盖输送带

1. PET 瓶的制作设备——吹瓶机

生产线上吹瓶机 1 之前的设备为瓶坯卸垛机，由人工去除瓶坯垛外层薄膜包装，瓶坯则由专门的分拣－输送装置送入吹瓶设备。

瓶坯外形小巧而壁厚，样子像带螺纹的试管。瓶坯有着各种规格和形状，带有预先成形好的螺纹瓶口造型，在螺纹下有一个支撑环（图 10－5）供输送机构或抓瓶装置抓持。

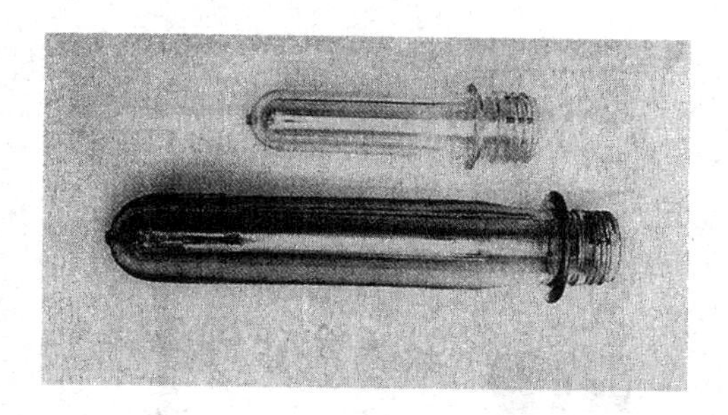

图 10－5 PET 瓶坯

设备工作过程（图 10－6，图 10－7）：在一个约 12m² 的面积上设置有两个上下排布的回转轮盘，二者前后串联完成由瓶坯到成瓶的转换。瓶坯经由炉体上部进行非常均匀的加热，然后转入到下面的吹瓶轮盘 6 上，最终制成一定形状的瓶子。

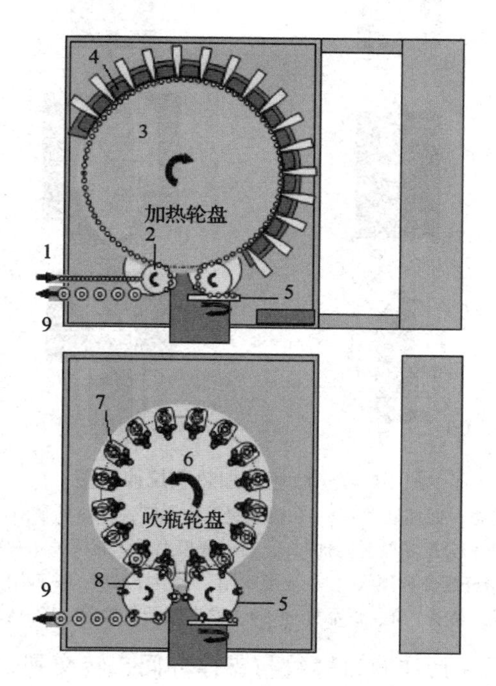

图 10－6 吹瓶机

1—瓶坯输送 2—输入翻转星轮 3—加热轮盘 4—加热炉模块 5—传送星轮－下降星轮至下面的吹瓶轮盘 6—吹瓶轮盘 7—成形膜载体 8—输出星轮 9—输出传送带

在吹瓶机工作中：

（1）瓶坯先通过一个震动器和一个刚性输送装置，瓶口朝上地沿供料导轨滑行，与此同时，还要检验并剔除不合格的瓶坯［图 10－7（1）］。

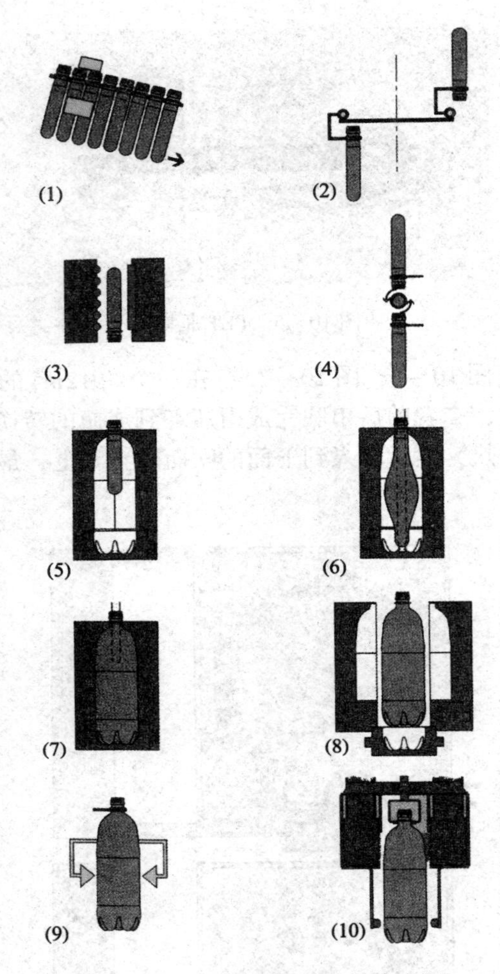

图 10－7　瓶坯的加热和拉伸吹塑

1—送料和检查，瓶坯处理　2—在输入星轮中翻转，加热和平衡　3—加热器
4—输出－垂直和分配星轮，附加时间　5—底模上升，瓶模关闭和锁定处理时间
6—吹塑杆延伸和预吹　7—成形吹制，吹塑杆退回，冷却附加时间
8—解锁，开模，底模下降，成品处理　9—取出瓶子，检验　10—转入气动输送带

（2）接着由夹具夹持住瓶口螺纹与支撑环间，转交到一个传送装置上［图 10－7（2）］。

（3）接着瓶坯在传送时由红外线均匀加热［图 10－7（3）］。

（4）瓶坯不断绕瓶轴线旋转，实现十分均匀的加热［图 10－7（4）］。

（5）瓶坯被传送到下面的吹瓶站，进入吹瓶站后，瓶模关闭［图 10－7（5）］。

（6）吹塑杆缓慢导入，直至伸展到瓶模底部。吹塑过程中先用较低压力进行预吹［图 10－7（6）］。

（7）然后立即提高到压力至4MPa进行成形吹塑，此时瓶子的轮廓和底部造型或支脚形状都已经形成，吹塑杆抽回［图10－7（7）］。

（8）在冷却一段时间后瓶模开启［图10－7（8）］。

（9）瓶子由输出星轮转接过来，然后进行瓶子检验（高度、直径），在此将问题瓶剔除［图10－7（9）］。

（10）成品瓶由气动传送装置送出机器［图10－7（10）］。

2．空PET瓶的输送装置

PET空瓶质量在80g以下，如此之小的质量很难保证瓶子能够站立在平顶链输送带上输送。一般都是采用机械机构夹持其颈部的支撑环或者采用压缩空气进行气动输送，如图10－8和图10－9所示，压缩空气（无菌要求）吹向支撑环下，保证了其最小的摩擦和磨损。

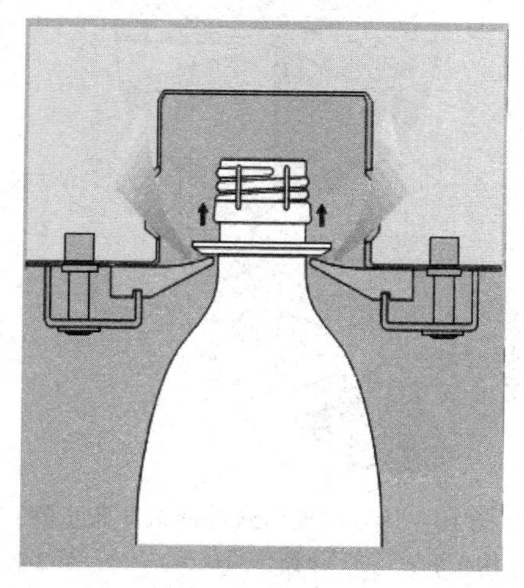

图10－8　气动输送装置

图10－9　PET瓶在线上输送中

3. 涂层设备

先进的 PET 瓶装生产线上设有涂层设备，将空瓶外喷涂上阻隔涂层，以提高 PET 瓶对氧气和二氧化碳的阻隔性。

4. 冲瓶机（两通道式）

当成瓶输送至冲瓶机后，夹持式的输入星轮将瓶颈的支撑环下夹持住，将瓶送入冲瓶机。冲瓶机主回转体上安装有多个冲瓶站，冲瓶站将瓶接过后翻转成瓶口朝下，在回转过程中依次完成第 1 次蒸汽喷冲，停顿后第 2 次喷冲蒸汽，再次停顿后喷冲无菌压缩空气，然后沥干（图 10－10）。

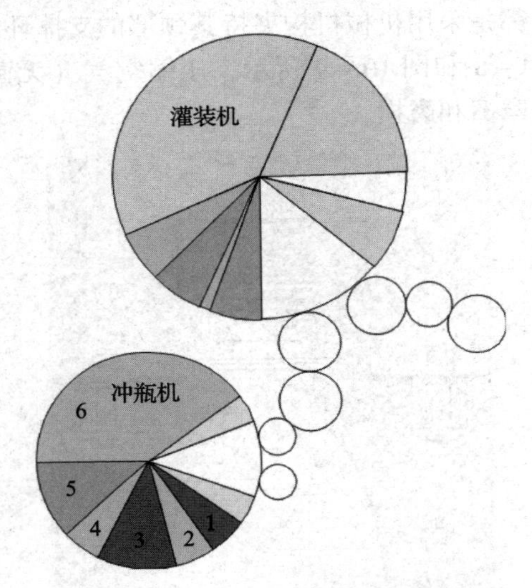

图 10－10　两通道式冲瓶机冲瓶步骤

1—第 1 次蒸汽喷吹（约 0.5s）　2—停顿（约 0.5s）　3—第 2 次蒸汽喷吹（约 1.0s）
4—停顿（约 0.5s）　5—无菌空气冲洗（约 1.0s）　6—沥干（约 3.5s）

若采用三通道式的冲瓶机，还可对瓶进行杀菌液的喷冲清洗。

当冲瓶完毕后，瓶将翻转成瓶口朝上，被中间星轮直接送入灌装机灌装。

该冲瓶机为两通道式冲瓶机（图 10－11），内有两个通道，分别用来供给蒸汽和无菌空气。此冲瓶机采用单次蒸汽处理，若不采用蒸汽处理过程的冲瓶机，两通道则用来供给杀菌剂和无菌空气。还有三通道冲瓶机，则其冲瓶工艺为蒸汽处理、杀菌剂处理和无菌空气喷吹。

5. 灌装机

该型灌装机采用容积式长管灌装机构（图 10－12），采用电磁流量计来控制灌装液位。该灌装机构采用气缸控制液阀，当流量计返回的液体体积信号达到预设值时，液阀即刻关闭，实现精确灌装。灌装机构的其余通道阀门则都由气动薄膜阀控制。

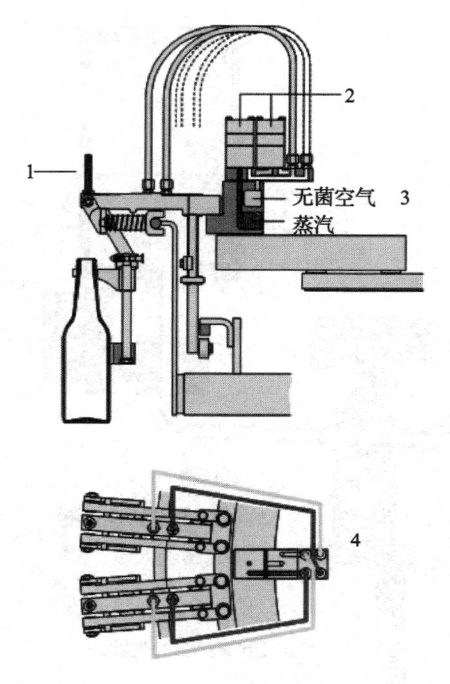

图 10－11 冲瓶站结构图

1—喷冲喷嘴 2—气动控制阀门 3—蒸汽/无菌空气通道 4—单阀控制两路喷冲单元

灌装步骤见图 10－13。

（1）CO_2冲洗 如图 10－13（1）所示，当夹持机构夹住 PET 瓶的支撑环上升后（并未完全密封），阀门 2、3、6 打开，连通环形槽，利用酒槽里的 CO_2（CO_2比空气重的特性）来驱赶瓶中的空气。

（2）背压 如图 10－13（2）所示，阀门 5、6 打开，连通 CO_2槽，槽中的 CO_2纯度较高，保证瓶中背压的效果。

（3）慢速灌装 如图 10－13（3）所示，液阀 1 及阀门 3、7 打开，酒液通过酒管缓慢流到瓶底，此时为慢速灌装阶段，避免酒液下落到瓶底激起大量泡沫。

（4）快速灌装 如图 10－13（4）所示，液阀 1 及阀门 2、3、7 打开，回气通道由原来的慢速回气通道，变为快慢两条通道回气，酒液下落的速度加快。

（5）灌装结束 如图 10－13（5）所示，当流量计输送的累计流量信号达到预设值液阀 1 关闭，阀门 7 依旧保持打开。

（6）卸压 如图 10－13（6）所示，阀门 4、7 打开，卸压槽连通瓶颈上方，瓶中的气体缓慢卸压。

（7）酒管排空 如图 10－13（7）所示，当卸压完成后，夹持机构下降出瓶。酒管里仍残留着酒液，这些酒液已在额定灌装量计算之内，必须排入到瓶中。阀门 6、7 打开，酒液从酒管中流入瓶中。

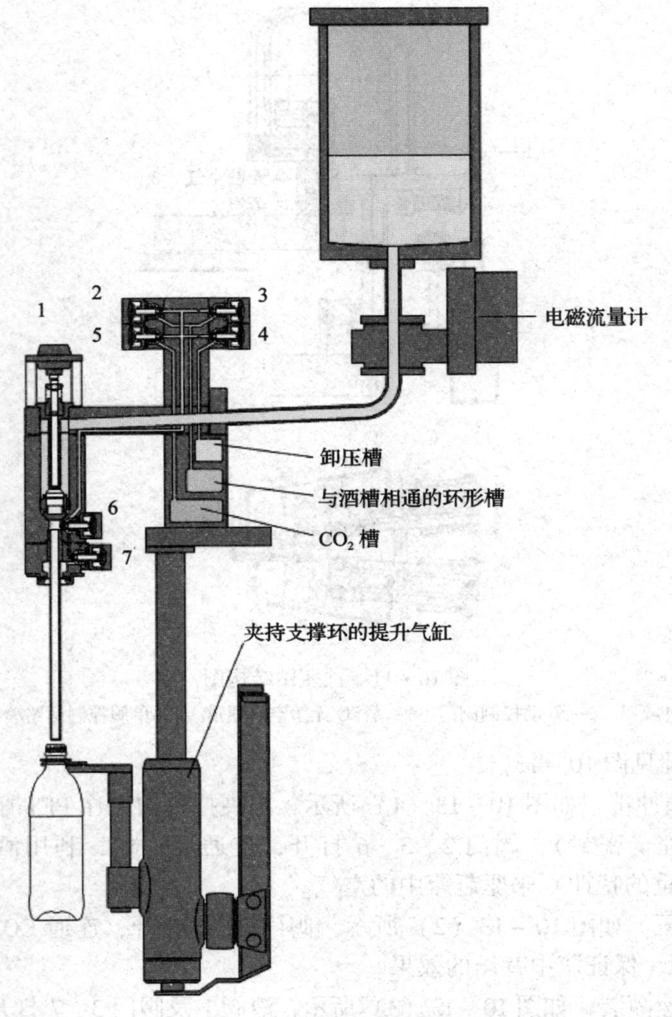

图 10－12　PET 瓶容积式长管灌装机构

1—气动控制式液阀　2—CO_2 冲洗阀门/灌装快速回气阀门　3—灌装慢速回气阀门
4—卸压阀　5—CO_2 背压阀　6—酒管冲洗阀　7—酒管回气阀/CIP 阀

（8）CIP 阶段　如图 10－13（8）所示，机器定期进行 CIP 原位清洗时，需给每个酒阀机构加装 CIP 清洗帽。阀门 1～7 按照 CIP 程序依次打开，形成若干流动通道供清洗液冲洗。

6. 压盖机

压盖设备内容请参见第七章相关内容。

7. 液位及标签检验装置

检验设备内容请参见第六章相关内容。

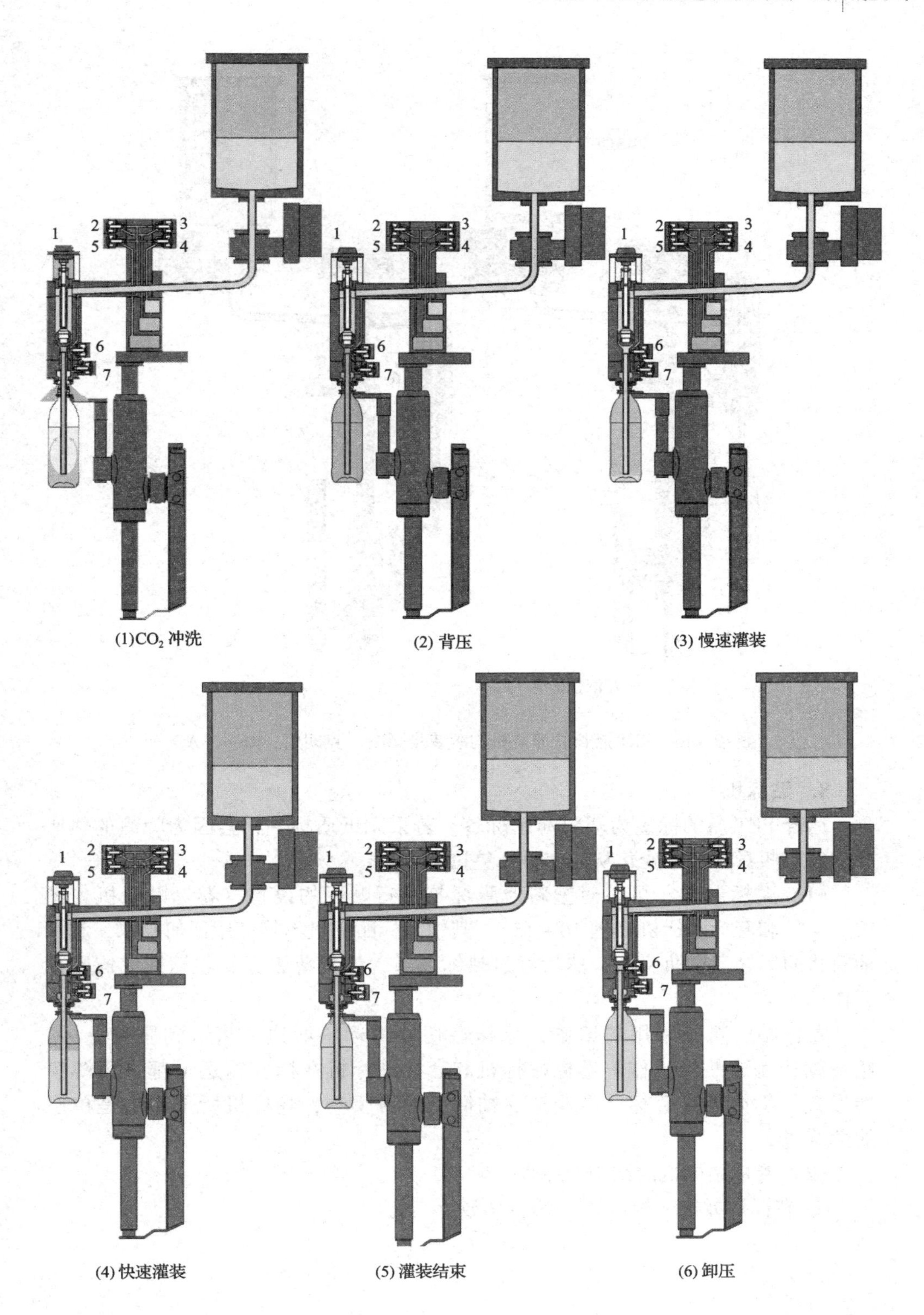
1
2
3
4
5
6
7
(1)CO_2 冲洗
(2) 背压
(3) 慢速灌装
(4) 快速灌装
(5) 灌装结束
(6) 卸压

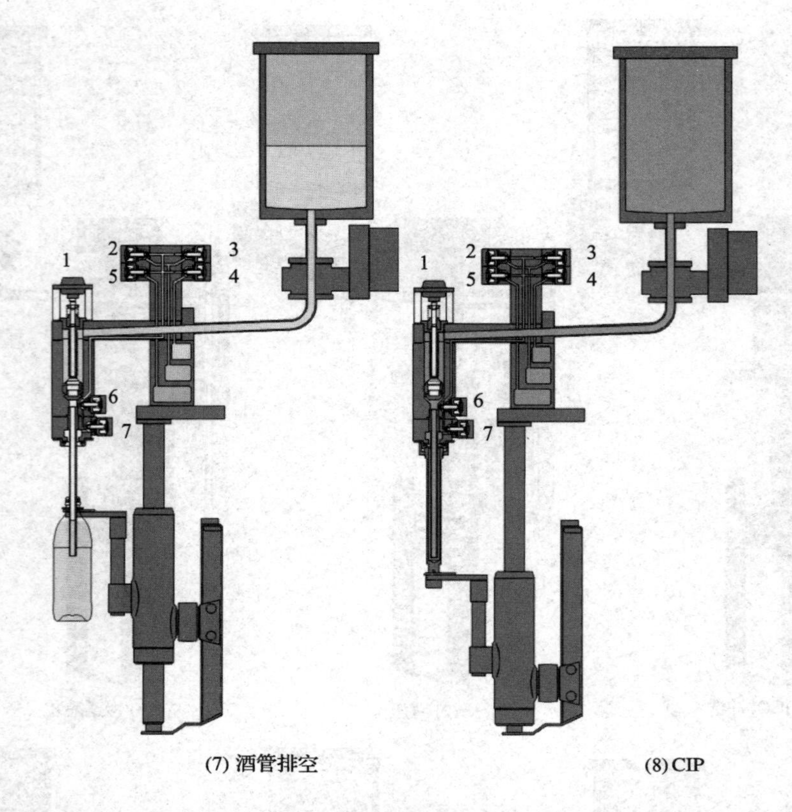

图 10 - 13　PET 瓶长管灌装机构灌装步骤图（克朗斯，Krones AG）

8. 贴标机

适合 PET 瓶的标签为塑料薄膜标签。若采用纸质标签，会因为啤酒的热胀冷缩引起瓶身的伸缩变化从而使得标签拉裂。

（1）贴标形式　可以对塑料薄膜标签进行贴标的设备有卷标贴标机（图 10 - 14）和套标贴标机（图 10 - 15）。其中套标贴标机不需使用任何胶水，利用袖筒状的标签套在瓶身上，然后经过热缩通道，塑料薄膜标签收缩即完成贴标工作。

卷标贴标机则采用热熔胶，涂抹在切好的标签两边，当送到瓶身上后，瓶身旋转完成贴标工作。卷标贴标机和套标贴标机在标签输送上都采用薄膜卷形式，不同的是套标已经制造成袖筒状的薄膜卷，卷标机所采用的是单层的薄膜卷。

（2）卷标贴标机的结构及原理

① 卷标贴标机结构：如图 10 - 16 所示。

图 10－14　卷标贴标机 Contiroll（克朗斯，Krones AG）

图 10－15　套标贴标机 Sleevematic（克朗斯，Krones AG）

进标辊（速度与标的长度相适应）连续地将标膜从标卷盘拖离。标签平衡装置起到导向和保持标膜笔直拖动的作用。由伺服电机驱动的切割装置，在切标点监控装置的联合作用下，标签被准确地切割成一段段。

两条狭窄的热熔胶条被热胶辊涂抹到标签的首、尾两边（图 10－17）。当热熔胶条被准确涂到标的首端，标签被传送到旋转的容器上。这时胶条起到准确定位标签的作用。当容器旋转，标签伸展开卷到容器上。当标签的尾端胶条被贴到容器上，整个贴标过程结束。

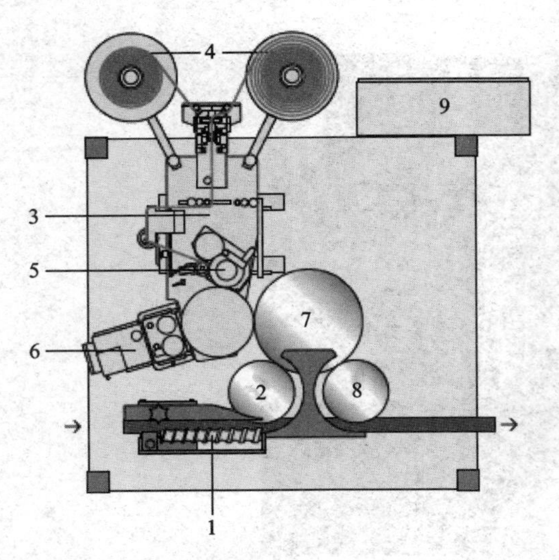

图 10-16　卷标贴标机 Contiroll（克朗斯）

1—分瓶蜗杆　2—进瓶星轮　3—贴标单元
4—标卷盘　5—切标单元　6—热熔胶单元
7—容器转台　8—出瓶星轮　9—控制柜

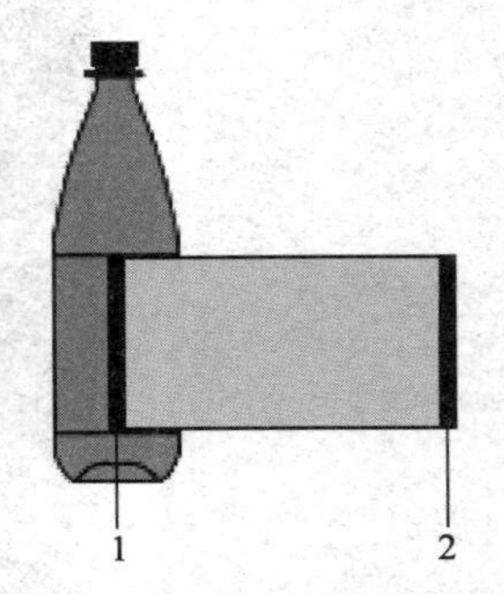

图 10-17　标签被涂抹热熔胶

1—首端的胶条　2—尾端的胶条

② 贴标单元的结构：卷标贴标机贴标单元结构如图 10-18 所示。

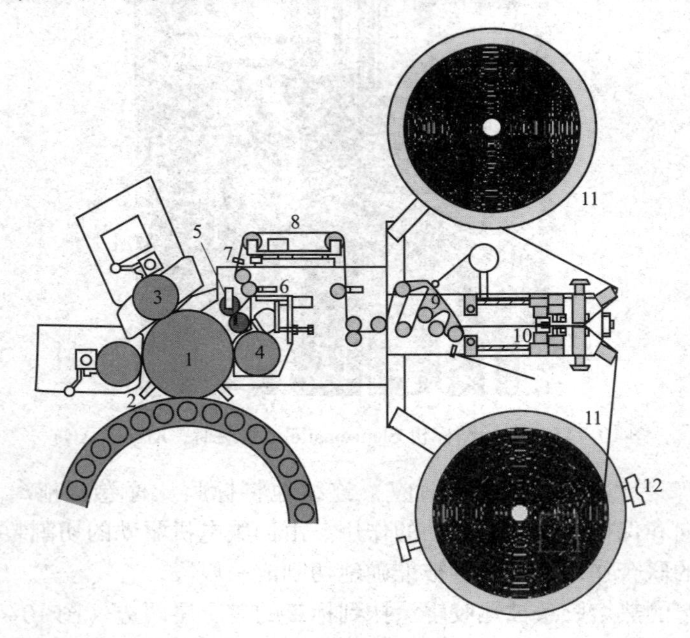

图 10-18　卷标贴标机贴标单元

1—抓标鼓　2—抓标鼓监控　3—涂胶装置　4—切割鼓　5—带压紧轮的进标鼓　6—切标点探测器
7—超声波探测器；标签平衡调节装置　8—标签卷导向装置　9—张紧轮　10—接标台
11—带抱闸的标卷盘　12—标签用完检测开关

当机器开始正式工作前，需要人工将标签膜经进标辊送到接标站，进行人工接标，以便机器通过检测装置能够自动对准标膜的切标点。

③ 切割鼓和抓标鼓：如图 10－19 所示，切割鼓在监控光电开关的监控之下，配合编码器零位和切割位置之间的偏差设置对标签进行精确切割。然后，抓标鼓（和冷胶贴标机的揭标转鼓结构类似）将标签边缘抓住，旋转传送到瓶身上。经过涂胶装置 9 时，胶条被抹到首端和尾端。

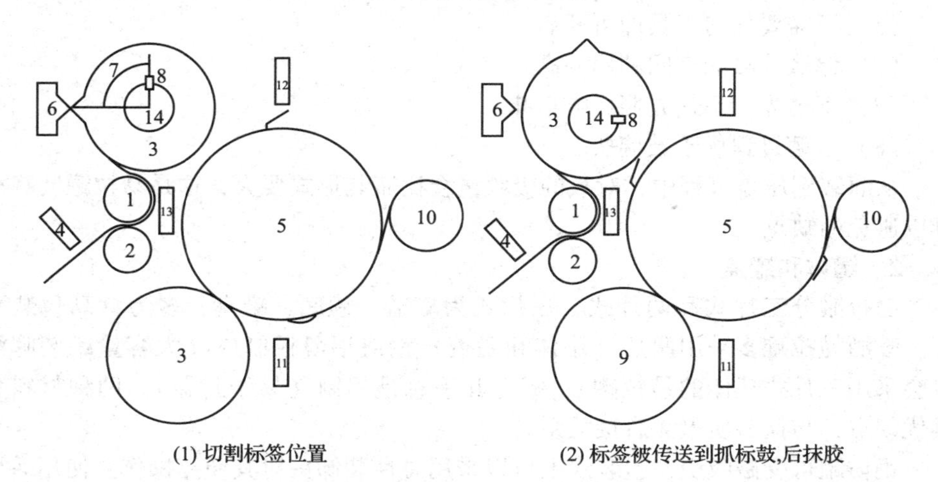

图 10－19　标签被切割传送到抓标鼓并抹胶

1—进标辊　2—压紧辊　3—带旋转切刀的切割鼓　4—切标点检测开关　5—抓标鼓
6—固定切刀　7—切割偏差　8—编码器零位　9—涂胶装置
10—待贴标的容器，瓶托　11—抓标鼓监控开关 2　12—抓标鼓监控开关 3
13—抓标鼓监控开关 3（未使用）　14—切割鼓上的编码器

④ 涂胶装置、标签平衡传送控制装置、张力控制装置（略）。

9. 裹膜一体式包装机

一体式包装机请参见第三章相关内容。

10. 码垛设备

码垛设备请参见第二章相关内容。

第三节　易拉罐啤酒生产线

一、包 装 材 料

1. 易拉罐的特点

易拉罐越来越多地用于饮料的包装，专门包装啤酒、含 CO_2 饮料、牛奶、茶等的易拉罐有 250 ~ 500mL 的各种规格。易拉罐之所以受欢迎是因为其一系列的优点：

（1）不会破碎。

（2）重量较玻璃瓶轻很多。

（3）可省去较重的箱子以及搬运简单。

（4）回收方便，利于循环。

（5）不需要任何工具即可开启。

（6）储藏冷藏的空间利用率高。

（7）不透光，不怕光照影响口味。

（8）杀菌过程优于玻璃瓶。

从灌装到压盖过程中，对氧的吸收量会比瓶装形式要大，这是易拉罐装啤酒难以避免的缺点。

2. 罐体和罐盖

易拉罐分三片式和两片式，三片式为罐盖、罐底、罐身，多为食品包装采用。啤酒易拉罐多采用两片（罐体和罐盖）钢或铝薄板制成（大容量罐装啤酒也会采用三片式罐体的易拉罐），罐盖几乎总是铝制（易于封盖）。两种材料各具优缺点，与饮料质量无直接关系。

钢质罐可受磁吸引，包装线上可以采用磁性装卸头对其便捷操作；使用后可更好分选进入循环系统。铝质罐则可直接融化重新加工。

两片式易拉罐采用金属板材深拉伸工艺加工而成（图 10 – 20），历经多个工序步骤，直到啤酒灌装压盖后，才形成一个完整的易拉罐罐体。

易拉罐内部必须至少承受 0.6MPa 的压力。内部带压的易拉罐具备很好的稳定性和强度，但是空罐则轻易能用手压扁。为此，灌装一般饮料时需人为添加一些保护性气体。罐的内面需经环氧树脂涂膜处理，以便使金属罐体与啤酒隔离开来。

拉开开启方式的罐盖由铝制薄板制成（图 10 – 21）。罐盖常见的有两种形式，拉环式和留片式。

拉环式，采用抛弃型的拉环和拉舌，即开启后拉环和拉舌与罐体分开可抛弃掉。国内早期多采用这种罐盖。

留片式，就是联体型的按钮式拉舌，也就是在拉动拉环后，拉舌会向罐内打开。开启后依旧保留在罐身上，便于回收。现今，出于环保和安全的考虑，留片式的 SOT 盖已大量使用。

易拉罐的大小和形状多种多样，并且已有了很大的发展，主要体现在减轻重量的同时增强强度，用以满足消费者的不同需求。罐盖大小的变化也是发展的结果，由原来的 206 盖发展到 202 盖（国家标准还是使用 206 盖，原 209 型已经取消）。

图 10－20　易拉罐制造过程

3. 易拉罐的形状

易拉罐的规格有 250mL、275mL、330mL、355mL、500mL（206 罐）。0.33L 和 0.5L 的易拉罐主要外形尺寸见表 10－2，并参考图 10－22。

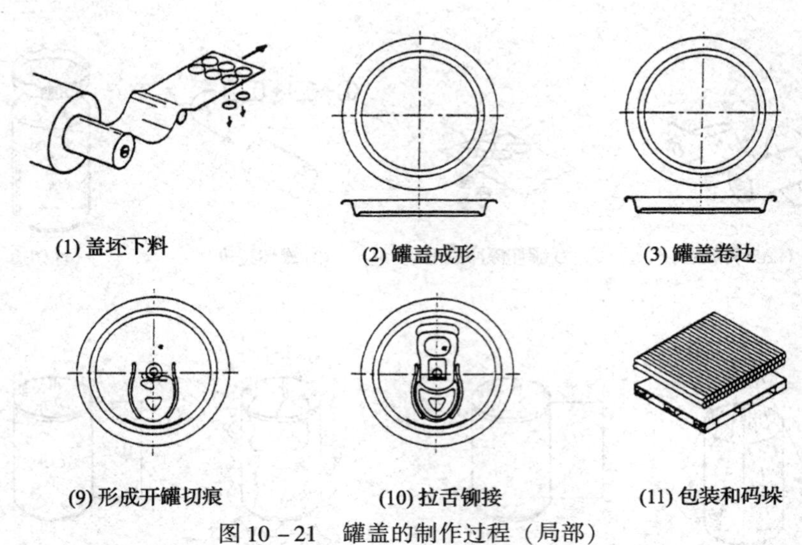

图 10－21　罐盖的制作过程（局部）

表 10－2　罐型外形尺寸数据

项目	0.33L	0.5L
A 封罐后罐高/mm	115.2 ±0.4	163 ±0.4
B 罐首空间高/mm	12.2 ±0.5	14 ±0.5
C 罐口内径/mm	57.4 ±0.3	
D 罐身外径/mm	66.1 ±0.4	
E 立置底环直径/mm	53.6 ±0.2	52.8 ±0.2
F 罐底深度/mm	11.2 ±0.3	

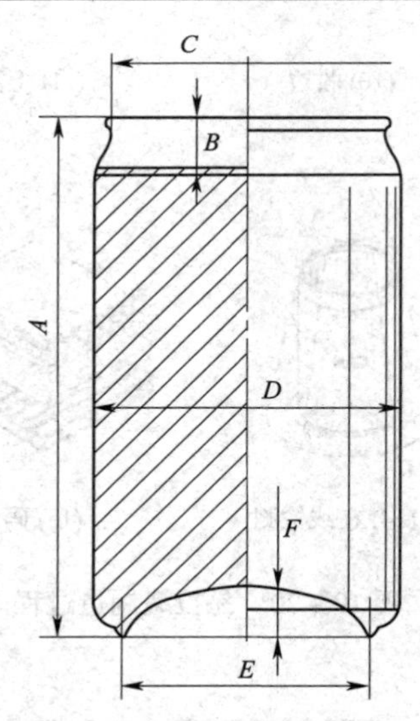

图 10－22　啤酒易拉罐

A—罐高　*B*—罐首空间高　*C*—罐口直径　*D*—罐身外径　*E*—立置底环直径　*F*—罐底深度

二、易拉罐啤酒生产线

易拉罐啤酒生产线和瓶装啤酒生产线最大的不同在于，易拉罐不需要像洗瓶机那样的设备来清洗罐体。易拉罐在制造好后，采用堆垛形式供应。在垛堆外采用薄膜包裹来保证罐体内的卫生，所以生产线前端所必需的设备是新罐的卸垛机。

1. 新罐卸垛机

新罐卸垛机请参见第二章相关内容。

空罐在线上的传送必须平稳，因为罐体在此时耐冲击能力极差且易倒伏。依靠传送带围栏及导板增大罐流的传送平稳度，新罐被送入冲洗机。

2. 冲洗机

经由新罐卸垛输出的罐体在较高位置（新罐卸垛机的工作特点），在多列罐流分成单列罐流输送之后，便可以轻易地利用罐体重力作用实现翻转，并在翻转的同时对罐进行冲洗，就是将其沿一向下倾斜的传送通道传送的同时进行清洗。

传送通道和地面呈约30°的倾角。通道中的翻转器可以根据罐的大小快速更换。在沥干之后，罐体在第二个翻转器处再次翻转回罐口朝上的状态，并送往灌装－封盖设备。

3. 灌装－封盖设备

请参见第七章相关内容。

4. 巴氏杀菌

对于易拉罐啤酒的巴氏杀菌，应遵循其包装形式特点。因罐体为金属且壁薄，热传递速度快，所以杀菌温度不能超过62℃。过高的温度可能导致内部压力升高、罐体变形。

5. 贴标机

一般易拉罐身上都印刷有生产商要求的图案，给易拉罐贴标貌似多余。随着社会对食品卫生要求的提高，对易拉罐贴上封口标签，既能保证罐口卫生，又能提升产品的包装档次。

当然，也有观点认为可以给易拉罐贴环身标签，这样可以不再使用印刷商标图案的罐体，而是各生产厂家都使用统一的空罐，灌装后再贴上厂家的商标。这样的目的是为了缩短原料的制造周期以及供货周期，降低了成本，给生产厂家的产品包装装饰方面提供了更灵活的选择。

不管是给易拉罐贴封口标签，还是贴环身标签都是现今对啤酒包装的创新和发展。

6. 装箱机或一体式包装机

可以采用纸箱一体式包装机，也可采用裹膜托盘一体式包装机，也可使用传统的采用磁性装卸头的装箱机。

第四节　啤酒桶装生产线

一、包 装 形 式

1. 木桶

木桶作为容器用于储存和运输啤酒已有数百年的历史。传统木制啤酒桶一般以橡木为原料，它由条形桶板、前底板、后底板以及桶箍组成。

桶板经弯曲成型以便能通过桶箍收紧。人工制桶需要工人借助专用的凿子和锤子很费力地给桶加箍。较大的啤酒厂有专用设备来进行这项工作。在打箍之前，还通过设备将桶沉入水中看其是否冒气泡，借此检测桶的密封性。

木桶的塞孔（接榫孔）位于某个桶板的中间，在前底板上装有放酒孔及衬套。标明内容物用的木制铭牌上烫印有啤酒厂家的名称和桶号。在巴伐利亚地区，木桶上还另有一个放酒孔（称其为巴伐利亚孔），这样桶可以直立状态下安装放酒头。

木制桶都需要涂一层松香、石蜡和松脂油组成的柏油。在180℃的高温下将柏油喷射到桶内，然后通过桶的旋转或滚动使其均匀分布到桶的内表面上。每次灌酒之前都要用灯光对桶进行检验，不合格的桶需要重新喷涂处理。

一般木桶壁厚3cm以上，这样做是为了能够承受内部压力以及输送和搬运过程中的机械冲击。但这也意味着，即使是空桶质量也是相当可观的。一个容量30L的空木桶，重约25kg；容量50L的，重约32kg。

木桶包装因其劳动强度大，清洗和灌装不易实现自动化，现今仅限于广告宣传作用。

2. 金属桶

作为木桶的替代品而开发出的金属桶克服了传统木桶的一系列缺点。

金属桶有两种外形，腹鼓形和圆柱形。腹鼓形桶上装有两个环形橡胶箍，便于桶横向放置和滚动。

金属桶根据其材质，可以分为铝桶和合金钢桶。

圆柱形金属桶一般由镍铬合金钢制成，桶身带有两个为横向放置而设置的凸缘。每个金属桶上都设有一个旋塞栓孔，灌装之后必须将一个包裹了密封布片的旋盖旋入栓孔进行密封。可以看出金属桶的缺点为不具备自动化生产条件，封桶手段很难保证严格的无菌。

3. Keg 桶及其附件

Keg 桶是圆柱形金属容器，带有密封的内腔，通过一个连接附件可以进行清洗、灌装和排空等。连接附件中有一根一直伸到桶底部的管子，由此实现灌装和排空。

（1）材料　Keg 桶的制造材料必须满足不影响啤酒口味、坚固不易变形、能承受压力、易于加工、尽可能轻、成本适中等要求。

① 铝制 Keg 桶：2.5～3mm 厚度，经过内涂处理以防锈蚀。内净层采用合成树脂漆或环氧树脂。

② 镍铬合金 Keg 桶：无外敷层的 Keg 桶（壁厚 1.0～1.5mm）和有外敷层的 Keg 桶（壁厚 1.3～2.0mm）。有外敷层的 Keg 桶，外层由聚氨酯塑料制成，这样可以提高强度且降低处理过程中产生的噪声，还可以增强隔热效果。

（2）Keg 桶的附件装置　每个 Keg 桶上都有一个螺纹连接口，可用于连接一个专用配件。这个配件通常被称为酒矛。该附件装置包括一个带外螺纹连接口的阀体和一个伸入桶底的直管（图 10－23）。阀体上设有液体阀和背压气体阀，在阀体上可以直接连接售酒头。在放酒时，该旋接在 Keg 桶上的酒矛要连接 CO_2 气源。在运输时，其附件必须用专用塑料帽密封防止污染。

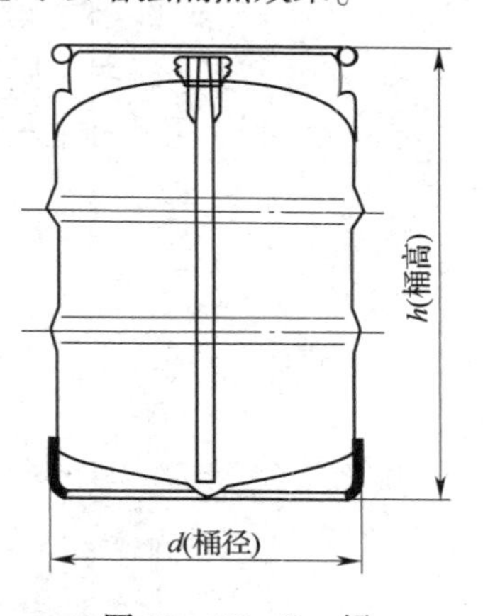

图 10－23　Keg 桶

Keg 的附件可以根据其形状分为：平板式、篮筐式、组合式。

① 平板式酒矛（图 10－24）：因其上部平坦而得名，包括一个既用于啤酒又用于背压气体的双功能阀门。这个酒矛的特点是结构部件少，因此价格低，便于维护。

② 篮筐式酒矛（图 10－25）：包括两个分开的阀门，一个用于输送啤酒，另一个用于输送背压气体。其优点是牢固和质量轻。

③ 组合式酒矛（图 10－26）：是篮筐式酒矛的双阀门结构和平板式酒矛的结合，使其操作更简单。

（3）Keg 桶的灌装和清洗　根据企业规模和 Keg 桶装啤酒灌装比重的不同，可选择各种不同生产能力的处理设备。最小的设备上仅清洗和灌装通过自动设备进行，其他处理项目则需人工完成。中大规模的设备上所有处理步骤全都自动地按照顺序在生产线上实现。

卸垛：卸垛机将 Keg 桶由垛板转移到输送带（平顶链输送带或辊轴输送带）上，并送往翻转机。

去除酒矛盖：为防止污染，通常在酒矛上加上塑料的保护盖。这个盖子必须在翻转前除去，否则无法实现机构与酒矛的对接。

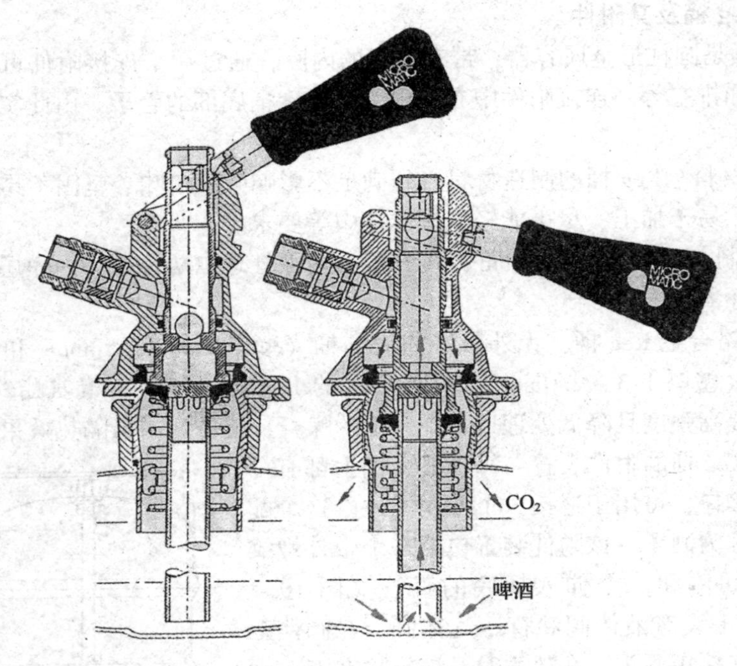

图 10－24　平板式酒矛

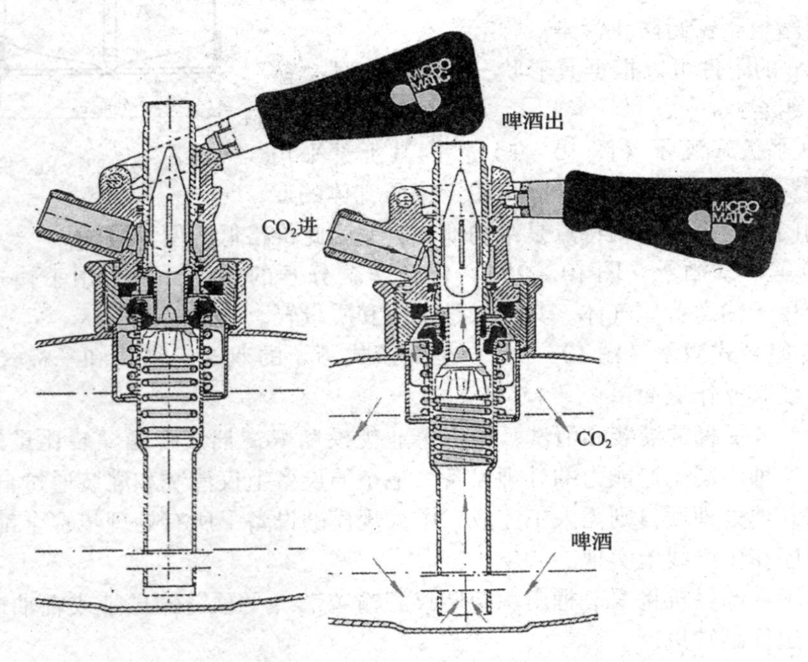

图 10－25　篮筐式酒矛

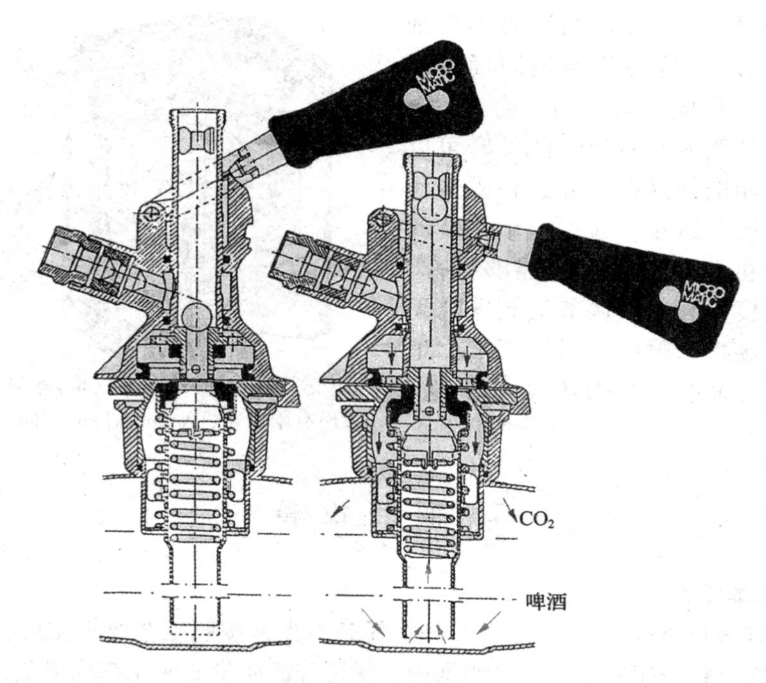

图 10－26　组合式酒矛

翻转：Keg 桶在夹具的作用下翻转 180°，呈酒矛接口朝下的倒置状态。

试压：Keg 桶需始终保持必需的气体压力，即使在酒液被完全排空之后。内部的压力保持可以阻止外部物质进入桶内部。所以，在清洗步骤之前需检查密封情况。发现压力不足或完全消失则表明密封存在问题、酒矛损坏、Keg 桶被非法处理。试压未通过，必须查明原因。

排空残留物：借助压缩空气或二氧化碳排空残液和留在其中的 CO_2。

外部清洗：在进行内部清洗前，需先对 Keg 桶的整个外部进行水和碱液浸泡、热洗和冷水清洗。由于天气、保存地点和保存时间等因素会影响 Keg 桶外部的清洁和美观。这关系到灌装步骤的安全和企业的形象，因此外部清洗非常必要。外部清洗采用高压喷冲和机械刷洗的方式，在此之外还应去除可能有的商标或喷码。

内部清洗：由于无法得知啤酒桶所处状态以及内部情况，考虑到残留酒液中有大量微生物存在的可能性，必须采用充分的内部清洗将微生物菌群彻底杀灭。处理过程分几个清洗灭菌站进行，所涉及的步骤会随机器的不同而有差别。详细内容以及灌装步骤请参见后面。

4. Keggy 小型桶

小型桶通常指 10～15L 的圆筒状包装容器。这类啤酒桶又有操作简单的配件，可以从啤酒厂或其他饮料商那里租借，主要供家庭使用。

Keggy 桶为容量为 12L 的小型桶（图 10 - 27）。这种桶除钢制桶体外还包括一个集成了调压阀的内置 CO_2 储气罐。其四壁具有弹性的外套可以很好抵抗冲击和敲打，并起到隔热作用，同时便于运输，通过一个快装式的配件使得非专业人员也能够操作，省去了连接售酒器，调节气阀等辅助工作。连接特殊附件后可以用 Keg 桶的设备进行灌装，当然还要充填 CO_2 到气罐内。

图 10 - 27　Keggy 小型桶（Keggy 饮料系统股份有限公司，Neunkirchen，Siegerland）

二、桶 装 设 备

1. 基本任务

啤酒桶装设备（图 10 - 28）的基本任务不光是按照工艺要求完成将从清酒罐送来的啤酒按一定容量灌入啤酒桶内，保证啤酒质量的变化在规定范围内，还要在灌装啤酒之前对啤酒桶内、外部进行清洗杀菌。

图 10 - 28　啤酒桶装机（GEA 公司）

2. 啤酒桶装设备的基本结构

（1）机座部件（图 10 - 29）　主要用于安装输送装置、灌装阀门、阀门、管路及控制元件。

（2）输送装置　完成输送啤酒桶及对啤酒桶的处理工作，如啤酒桶的翻转等。

（3）压力控制装置（图 10 - 30）　在灌装过程中，控制啤酒液面上方气体压力的大小。

图 10－29 啤酒桶装机机座部件

图 10－30 啤酒桶装机压力控制装置

（4）清洗装置（图 10－31、图 10－32） 使用工艺要求的清洗剂，完成对啤酒桶内和桶外部的清洗。

图 10－31 对桶外部进行清洗

图 10－32　啤酒桶装机清洗装置

（5）检验装置（图 10－33）　检验已灌装的啤酒是否符合设计所要求的容量，一般采用电子秤称重的形式。

图 10－33　啤酒桶检验装置

（6）定位装置（图 10－34）　确定移动工作台是否到位，确定啤酒桶是否到位并使其位置不发生变化。

（7）安全装置　在紧急情况下，能自动停止设备工作，以保证人员和设备的安全。

图 10－34 啤酒桶装机定位装置

三、啤酒桶装设备的工作过程

未经清洗的 Keg 啤酒桶由专用设备或人工放置到输送辊道或输送带上，啤酒桶由输送装置准确地送到清洗工位，经压紧密封后，开始清洗过程。

1. 清洗工艺［图 10－35（1）］

（1）冲入二氧化碳气体（压缩空气）排空残酒。

（2）清水冲洗（最后一道清洗水）。

（3）压空。

（4）碱液清洗（温度一般为 60℃以上，85℃以下，建议温度偏低为好）。

（5）压空。

（6）清水冲洗（至 pH 呈中性）。

（7）压空。

（8）热水清洗（温度一般为 85～92℃）。

（9）压空。

2. 清洗完毕后，对啤酒桶需进行灭菌处理［图 10－35（2）］

（1）蒸汽冲入，压出上一工序进入的气体。

（2）蒸汽保压一定时间。

3. 灭菌过程后，啤酒桶进入灌装工位［图 10－35（3）］

（1）二氧化碳冲入，压出保压的灭菌蒸汽。

（2）按工艺所要求的灌装压力进行二氧化碳背压。

（3）背压结束后，灌装阀门开启，啤酒从进酒管道进入啤酒桶。同时，回气管道阀门开启，在保证灌装压力不发生变化的情况下，进行回气控制。慢速起始灌装阶段，快速主灌装阶段，然后慢速灌装。

（4）当啤酒被灌装到预定容量时，由反馈信号关闭灌装阀，停止灌入，灌装结束。

4. 灌装结束后，压紧装置上升，松开（工作台下降），输送装置将其输送到下一工位，进行加盖和贴标工序［图 10－35（4）］

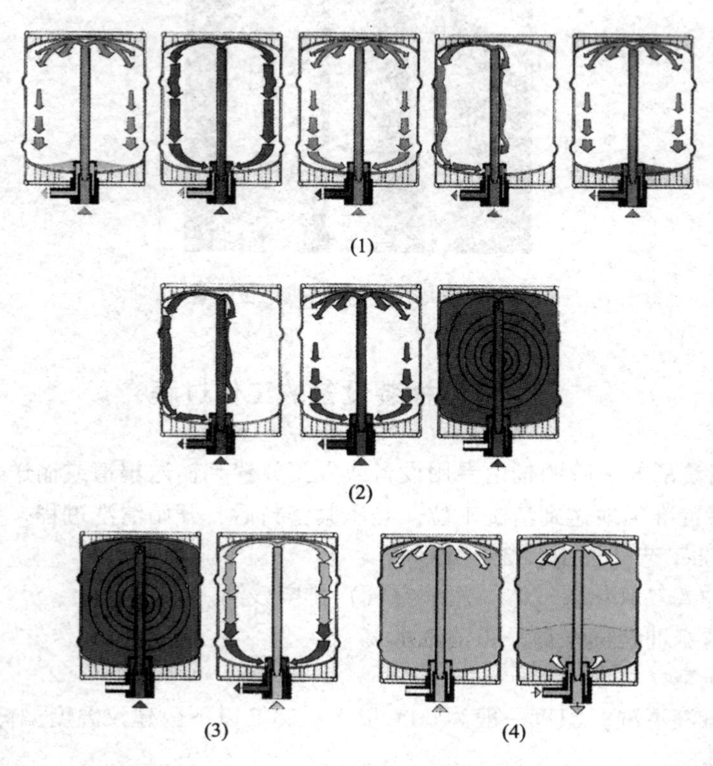

图 10－35 桶装机 Innokeg Senator Junior 工作过程（KHS，多特蒙德）

四、啤酒桶装设备的操作规程

1. 操作人员必须按时上岗，穿戴整洁，注意安全卫生

2. 检查设备状况是否正常

3. CIP 清洗

（1）每天开机前以 65℃ 热水对输酒管道及各气管进行清洗，清洗时间 10min 以上。

（2）每天灌装前，应提前按工艺技术要求准备热水和碱液。

（3）每星期或停产一段时间再生产时，必须用 3%～5% 浓度碱液清洗、浸泡输酒管道及各气管30min以上，再用65℃热水、清水清洗干净。

4. 灌装准备

（1）按照工艺要求，调整二氧化碳气体的供给压力。

（2）按照工艺要求，调整压缩空气的供给压力。

（3）开启主进酒阀。

（4）排出送酒管内引酒液体或气体。

（5）运行机器。

5. 保证空桶和满桶的输送

6. 工作完毕后停机，关主进酒阀

（1）将储酒罐内啤酒排空。

（2）重复步骤3、4进行原位清洗，为下一班生产做准备。

7. 清洗机器、地面，用压缩空气喷枪吹干机器，使机器无黄斑、干净整洁

8. 操作人员须认真、实事求是地做好操作记录，如发现问题，应及时请有关人员调整解决

五、啤酒桶装设备的基本维护和保养

1. 每天的基本维护和保养

（1）每天灌装完毕后，应尽快彻底清洗机器。

（2）清洗完毕后，保持机器的干燥。

（3）关闭各供气阀门，使阀门处于非工作状态。

（4）排空所有供气管道气体，使所有管道处于常压。

（5）按说明书要求，进行润滑加油工作。

2. 每周的基本维护和保养

（1）每周工作结束后，完成每天的基本维护和保养工作。

（2）检查机器工作状态，对每周应进行润滑的润滑点进行注油。

（3）对工作场地进行彻底清洗，并清理工作场地。

3. 每月的基本维护和保养

（1）检查运动零件的工作状况。

（2）更换磨损件。

（3）对每月应进行润滑的润滑点进行注油。

（4）检查各阀门的工作状况。

4. 每季的基本维护和保养

（1）检查运动零件的工作状况。

（2）更换磨损件。

（3）对每季应进行润滑的润滑点进行注油。

（4）检查各阀门和泵的工作状况。

5. 每半年的基本维护和保养

（1）检查气缸、阀门和泵的工作状况。

（2）更换磨损件。

（3）对每半年应进行润滑的润滑点进行注油。

（4）对所有阀门和管道进行彻底清洗。

6. 每年的基本维护和保养

（1）检查气缸、阀门和泵的工作状况。

（2）更换磨损件。

（3）对每年应进行润滑的润滑点进行注油。

（4）对所有阀门和管道进行彻底清洗。

（5）按维修计划更换易损件（如密封圈等）。

第五节　包装车间的专业计算

一、包装车间的物料计算

1. 瓶盖用量计算

理论瓶盖需要量 = 灌装吨数 × 1554 + 灌装吨数 × 1554 × 瓶盖损失百分数

瓶盖损失百分数一般由经验得出。

实际瓶盖需要量 = 理论瓶盖需要量 ×（1.01～1.02）

2. 瓶子用量计算

理论瓶子需要量 = 灌装吨数 × 1554 + 灌装吨数 × 1554 × 瓶子损失百分数

瓶子损失百分数一般由经验得出。瓶子损失包括：瓶口破损；洗不干净瓶；灌装过程中爆炸的瓶子（一般计算刚开始灌装即爆炸的瓶）。

实际瓶子需要量 = 理论瓶子需要量 ×（1.02～1.04）

3. 商标用量计算

理论商标用量 = 灌装吨数 × 1554 + 灌装吨数 × 1554 × 商标损失百分数

商标损失包括：在贴标机上码放商标时抽出的不整齐的商标；商标纸质量问题造成的标损；机器调整不到位所引起的标损；贴标胶质量问题所引起的标损；操作不当所引起的标损。

实际商标用量 = 理论商标用量 ×（1.01～1.03）

4. 商标贴标胶用量计算

理论商标贴标胶用量 = 灌装吨数 × 1554 × 每瓶商标纸面积 × 每平方米用胶量
+ 灌装吨数 × 1554 × 误贴商标百分数 × 每瓶商标纸面积
× 每平方米用胶量

误贴商标包括：涂抹胶水后，未能完成贴标的商标；涂抹胶水后，完成贴标，但必须重新贴的商标。

实际商标贴标胶用量 = 理论商标贴标胶用量 × （1.01 ~ 1.02）

5. 包装箱用量计算

（1）塑料箱

理论塑料箱用量 = 每天计划产量（吨啤酒/d）×1554/每箱瓶子数

实际塑料箱用量 = 理论塑料箱用量 ×1.01（1.02）

（2）纸箱

理论纸箱用量 = 每天计划产量（吨啤酒/天）×1554/每箱瓶子数

实际纸箱用量 = 理论纸箱用量 ×1.001（1.003）

6. 垛板用量

理论装载板架用量 = 理论塑料箱用量/每板架箱数

实际装载塑料箱用量 = 理论装载塑料箱用量 ×1.002

二、包装车间的酒损计算

包装车间的酒损 =（清酒罐的啤酒容积 - 已灌装到瓶子里的成品啤酒的容积）/清酒罐的啤酒容积

实际计算需要考虑回收啤酒的数量，则：

实际包装车间的酒损 =（清酒罐的啤酒容积 - 已灌装到瓶子里的成品啤酒的容积 - 回收啤酒的容积）/清酒罐的啤酒容积

思 考 题

1. 纯生啤酒与普通啤酒有哪些差别？
2. 如何使 PET 瓶适合包装啤酒？
3. 易拉罐包装有哪些优点？作为啤酒的包装材料又有哪些缺点？
4. Keg 桶的附件有什么功能？

参考文献

[1] 昆策编. 湖北轻工职业技术学院翻译组译. 啤酒工艺实用技术（第8版）. 中国轻工业出版社，2008.

[2] 徐燕莉. 表面活性剂的功能. 北京：化学工业出版社，2000.

[3] Anderson R. G，Lorenz R. Web Machine Coordinated Motion Control via Electronic Line - Shafting. IEEE，IAS Annual Tech. Conf.，1999.

[4] 章培红. 装箱机复合连杆机构的轨迹及运动特性研究. 机械制造研究，2009，38（3）：81～83.

[5] 周文玲，刘安静. 浸冲式洗瓶机进瓶装置的比较研究. 包装与食品机械，2007，25（3）：9～11.

[6] 中国轻工总会. GB/T 4544—1996. 啤酒瓶. 北京：中国标准出版社，1996.

[7] 全国包装机械标准化技术委员会. GB/T 24571—2009. PET瓶无菌冷灌装生产线，北京：中国标准出版社，2009.

[8] 国家包装产品质量监督检验中心（广州）. GB/T 9106.1—2009. 包装容器 铝易开盖铝两片罐. 北京：中国标准出版社，2009.

[9] 周亮. PET瓶的包装技术. 中国供销商情·中国啤酒，2003，1：55～56.

[10] 周亮. 装箱机的改造——啤酒礼品包装的关键. 啤酒科技，2004，7：33～34.